U0155328

开卷有益! 好评如潮!

这本聪明至极的书，将微生物世界的细枝末节串联起来了。读完之后，我再也不会忽视我的微生物了。

——柯克·约翰逊（Kirk Johnson），美国国家自然历史博物馆馆长

我爱这本充满亲和力的、博学而睿智的书！这是蒙哥马利和贝克尔给我们的一份大礼！他们以自己的亲身经历、历史事实和前沿科学，促使我们去深刻理解并认知我们与微生物世界的关系。一旦把微生物当作我们的盟友，以全新的方式看待这个看不见的世界，我们便可以重塑我们的身体、土壤和世界的健康。这令人激动而且绝对必要。在消化了这本佳作的精髓之后，我相信这完全有可能。

——黛博拉·孔斯·加西亚（Deborah Koons Garcia），纪录片《未来食物和土壤交响乐》（*The Future of Food and Symphony of the Soil*）的制作人

微生物和土壤。微生物和人类。蒙哥马利和贝克尔以全面的学识帮我们修复了古老的主客二元论中的分裂之处。

——韦斯·杰克逊（Wes Jackson），土地研究所（the Land Institute）创始人、主席

蒙哥马利和贝克尔以引人入胜的叙述解释了微生物的重大价值和惊人效果，他们就像伟大的故事讲述者，将一个看不见的世界带到我们眼前。

——乔尔·萨拉汀（Joel Salatin），波利弗斯农场（Polyface Farm）主人

这是一个非常必要的微生物宣言，它挖掘出了微生物的很多谜团，揭示了微生物的奇妙之处，澄清了土壤健康、地球和我们个人健康之间的紧密联系。

——凯西·麦当娜·斯威夫特（Kathie Madonna Swift），
营养学家、《速食》（*The Swift Diet*）作者

一次令人愉悦的阅读经历！《看不见的大自然》不仅探索了微生物世界的运行，而且还探究了那些增进我们认知微生物世界的人和方法。

——杰夫·洛温费尔斯（Jeff Lowenfels），园艺学家，《合作》（*Teaming with*）作者

非常迷人，可读性极强！通过个人经历和生动的历史插曲，作者带领我们踏上了一段愉快的旅程，为我们揭示了为何微生物对所有生物（包括我们）的健康至关重要。

——莫斯里欧·谢策特（Moselio Schaechter），圣地亚哥加州大学教授

这是一本很及时的书。环保人士和大众关注并回应的通常都是巨型动物——从大象、老虎到美洲鹤、帝王蝶在内的富有魅力的大型生物。但是我们忘记了，在生命占据地球的大部分时间里，这里一直是一个微生物世界。

——大卫·铃木（David Suzuki），加拿大广播公司
《事物的本性》（*Nature Of Things*）主持人

博物文库·生态与文明系列

THE HIDDEN HALF OF NATURE
THE MICROBIAL ROOTS OF LIFE AND HEALTH

看不见的大自然
生命和健康的微生物根源

[美] 大卫·R. 蒙哥马利
(David R. Montgomery)

[美] 安妮·贝克尔
(Anne Biklé)

著

徐传辉　毛雅珊　陆　江　译

北京大学出版社
PEKING UNIVERSITY PRESS

著作权合同登记号　图字：01-2016-4371

图书在版编目（CIP）数据

看不见的大自然：生命和健康的微生物根源 / （美）大卫·R.蒙哥马利，（美）安妮·贝克尔著；徐传辉，毛雅珊，陆江译. — 北京：北京大学出版社，2021.7
　（博物文库·生态与文明系列）
　ISBN 978-7-301-32247-5

　Ⅰ.①看…　Ⅱ.①大…②安…③徐…④毛…⑤陆…　Ⅲ.①微生物—普及读物　Ⅳ.①Q939-49

中国版本图书馆CIP数据核字（2021）第112618号

The Hidden Half of Nature: The Microbial Roots of Life and Health
Copyright © 2016 by David R. Montgomery and Anne Biklé
First Published by W. W. Norton & Company
Simplified Chinese Edition © 2021 Peking University Press
All Rights Reserved.

书　　　　名	看不见的大自然：生命和健康的微生物根源
	KANBUJIAN DE DAZIRAN: SHENGMING HE JIANKANG DE WEISHENGWU GENYUAN
著作责任者	〔美〕大卫·R.蒙哥马利　〔美〕安妮·贝克尔 著
	徐传辉　毛雅珊　陆 江 译
策 划 编 辑	周志刚
责 任 编 辑	周志刚
标 准 书 号	ISBN 978-7-301-32247-5
出 版 发 行	北京大学出版社
地　　　　址	北京市海淀区成府路205号　100871
网　　　　址	http://www.pup.cn　新浪微博:@北京大学出版社
微信公众号	通识书苑（微信号：sartspku）
电 子 信 箱	zpup@pup.cn
电　　　　话	邮购部010-62752015　发行部010-62750672
	编辑部010-62753056
印 刷 者	北京中科印刷有限公司
经 销 者	新华书店
	880毫米×1230毫米　A5　12.25印张　275千字
	2021年8月第1版　2021年8月第1次印刷
定　　　　价	68.00元

目录 CONTENTS

前言

哥白尼的日心说揭开了现代科学的序幕，我们正在经历一场同样激动人心的科学革命。然而，当前的这场科学革命不是聚焦于巨大的行星，而是关注肉眼不可见的微观生命。一系列密集的新发现正迅速揭示地下、我们体内和地球各处生命的秘密。科学家们发现，我们所知的世界其实是基于另一个几乎被我们忽视的世界之上的。

纵观历史，博物学家们在没有工具协助的情况下，仅依赖眼、耳和手去发现世界。然而，一旦涉及这个看不见的世界，感官便会阻碍我们，以至于让那个微观的世界全然处于一片神秘当中。直到近年，新的基因测序技术和功能更强大的显微镜才为我们打开了这个世界的一扇窗。科学家们发现，复杂的微生物群落驱动着我们赖以生存的众多事物，从土壤肥力到健康的免疫系统，不一而足。

我们对微生物生态学重要性的好奇心来得不可思议——是在前往自家后院的足不出户的旅程中产生的。安妮和我都在观察和关注自然方面受过训练：我研究地质作用力如何在漫长的时间段内塑造地形地貌，而安妮则是一位公共健康领域的生物学家和环境规划师。

因此，当我们买了一所房子，开始在院中掘地，发现土壤太过贫瘠时，我们受过训练的头脑便开始运转。我们最先考虑的就是究竟怎样才能让这么差劲的土壤为一座花园提供足够的养分。安妮首先行动，随心所欲地把有机质铺在毫无生气的土壤上——这些有机质可真不少！一吨吨的咖啡渣、碎木片、树叶、自制堆肥茶在土壤中瞬间便没了踪影。看！根本没多久，我们新花园中的植物便开始繁盛、疯长起来。

我根本没想到，这样死气沉沉、并不起眼的有机质，竟能孕育出这一片勃勃生机。就是这个简单的谜团让我俩开始了探索之旅。很快，我们就发现，土壤中极微小的生物细细咀嚼、吱吱咬碎了有机质，将之变为营养元素，供生长中的植物大快朵颐。这个看不见的世界靠微小、不可见且少为人知的生物运行，这一事实简直让我们着迷。然而，它们不可否认的效果在我们脚下层层呈现——不到十年，这片荒芜的土地已发展成茂盛的花园。

获得新生的土壤给我们展示了种种惊人事实，也告诉了我们如何去解决一个困扰人类已久的问题——如何在不消耗或破坏土壤的前提下产出食物。我们后门外的实验证明了早期从事有机种植的农民和园丁的远见卓识。通过培育地下的生物，我们可以修复古老的耕作方式和现代滥用杀虫剂及化肥给土壤造成的伤害。但我们的探索还不止于此。我们发现，土壤生物仅仅是看不见的大自然的一部分！

当安妮被诊断患上癌症，我们对于人体内微生物的观念由此发生了变化。病症从哪儿来？这使我们也开始思考体内微生物变化的问题。一开始我们也持传统医学观点，认为微生物多半是病原体。我们都曾经体验过现代医学在对抗感染时的威力，也感谢抗生素救过我们的命。但是，关乎我们健康的并不仅仅是微生物世界中那些不善的成员。

最新的微生物学研究发现告诉我们，我们的身体并不是自己想象的那样。几年前，一大群科学家在《科学》和《自然》上公布了他们的研究成果，让我们一下子松了口气。细菌、原生生物、古菌、真菌……无数种不可见的微小生命在我们体表和体内苗壮成长，被看作没有生命的病毒也一样。它们的细胞数量远远超过了我们自身的细胞数量——起码是三比一的比例，有些人甚至认为达到十比一，然而我们对它们的作用却知之甚少。跟动植物和人体一样，我们的星球也里里外外被各种微生物覆盖、包裹着。它们不仅数量众多，且顽强坚韧，能够忍受地球上一切最极端的恶劣条件。为了帮助各位畅游激动人心的微生物世界，我们在书中列出了一个词汇表和一些注释，并为有兴趣做深度研究的读者提供了详尽的参考资料。

我们越研究这些新发现，就越为微生物在保持植物和人类健康上所起的相同作用所吸引。我们现在知道了生存在人体内外的微生物的新名字：人体微生物组。我们开始明白微生物是如何恢复土壤肥力，帮人体抵抗现代慢性疾病的。我们就在这条发现自然的全新道路上蹒跚前行。

关于大自然这看不见的另一半，科学界正在酝酿一场革命。在这本书里，我们将讲述我们是如何发现与这场革命相关的理念和洞见，并与它们建立关联的。我们依靠、汲取、拥护许多科学家、农民、园丁、医生、记者和作家们的工作。这是一个探索人类与微生物关系的故事。我们正意识到，过去被视为祸害的微生物，可以帮我们解决一些我们正面临的最迫切的问题。

这个关于微生物的全新视角让人震惊——它们是构成我们和植物的基础部分，并且一直以来都是。这样一种视角为农业和医疗的新实践提供了巨大的潜力。从微观尺度思考一下畜牧业或园艺吧。在农场和花园中培育有益的土壤微生物可以帮我们抵御害虫、促进丰收；在医学界，关于人体的微生物生态学研究正催生出新的疗法。如果是在几十年前，这样的想法会显得荒谬可笑，正如几个世纪前人们认为"存在这些看不见的生命"这一观点荒诞不经一样。以微生物为健康基础的新兴科学，直接挑战了那种不分青红皂白地灭杀农业土壤里和人体内微生物的"智慧"之举。有些微生物是我们安静的秘密伙伴。

无疑，只有从划分清晰的学科角度研究自然世界才能帮助我们了解整体的复杂性。学科的细致分工使得科学家能够取得惊人的成就，这成为我们在庄稼和人体得病时寻求治疗的标准方法。然而这个有限的优势遮蔽了微生物世界与我们之间广泛存在着的根本联系。

科学家写作和交流科学发现的方式已经发生了深刻的变化。拿起一本一个世纪之前的《自然》或《科学》杂志，一般读者都能读懂几乎任何一篇文章。如今却不是这样了。现代科学术语多半极其乏味。且不说挑选某个研究群体或者期刊，单单是为写作本书而研读文献，我们就经常发现自己在这样的语句中艰难跋涉：

　　小肠表皮细胞上的 NOD1 蛋白通过识别（细菌的）肽聚糖，从而产生 CCL20 和 b-defensin 3 等因子，招募 B 细胞到小肠隐窝处的能够诱导淋巴组织的树突状细胞聚集体，诱发免疫球蛋白 A 的表达。[①]

　　尽管大多数人读不懂，但实际上这正是简洁的科学著作的一个例子——学术顾问们和编辑们鼓励、有时甚至坚决要求的那种风格。它把一页的内容精简成了一句话。但是，除了该领域的技术专家，谁能理解它的含义呢？用容易理解的话说，这个语句的意思是，肠细胞能识别特定种类的细菌，识别出来以后，免疫细胞就会释放出对健康至关重要的物质。当然，原文传达了更多细节，比如涉及的特定分子和免疫细胞的名称，但是有时这些细节会让更重大的信息变得模糊。我们越深地钻研微生物科学，我们就越清晰地认识到，关于微生物生态如何影响我们的健康和环境，我们需要了解得更多。

　　微生物学和医学研究者正慢慢发现人类和微生物之间复杂的共生关系。细菌与我们的肠道细胞排列共存，在我们的肠道深处它们教会并训练免疫细胞辨别敌友。与之类似，土壤生态学家也发现了土壤生物影响植物健康的惊人事实。在病原体侵犯植物大门时，植物根须内外的细菌菌群就会帮忙鸣响警钟，组织防御。

　　很多证据表明，在土壤中和我们体内的大多数细菌都对我们有益。纵观陆地生命史，微生物不停地分解地球上的所有有机质，如树叶、树枝和骨头，从已死的生命中塑造出新生命。然而，我们对

[①] Maynard et al. 2012, 233.

待看不见的那部分自然所采用的方式仍然是斩尽杀绝，而不是了解它、发扬其有益的一面。在 20 世纪与微生物进行的战争中，我们不知不觉中凿掉了自己站立的根基。

许多神奇的变革性新产品和微生物疗法在农业和医学领域即将大放异彩，我们有着深刻而简单的理由去关心这看不见的大自然。它们是我们的一部分，而不是与我们毫不相干。微生物在我们体内调节着我们的健康。它们代谢的很多副产品是我们身体所需的基本物质。地球上这些最微小的生物，从远古进化开始时起就与所有的多细胞生物形成了长久的合作关系。它们在我们身边主宰着这个世界，小到从岩石中摄取植物所需的营养元素①，大到促成全球碳氮循环，维持生命之轮的运转。

现在是时候重新认识微生物在我们生活中的关键作用了！它们塑造了我们的过去，如何对待它们也将塑造我们的未来，而我们刚刚才开始懂得这些。因为，我们将永远无法逃脱我们的微生物摇篮。看不见的大自然深藏于我们体内，正如我们也深藏在它们之中。

---

① 植物所需的营养元素（nutrients plants need），一般称为植物营养元素（plant nutrients），它们是构成植物体内有机结构的组成成分。植物正常生长发育所需要的营养元素有必需元素和有益元素之分。必需元素指植物正常生长发育所必需而不能用其他元素代替的植物营养元素。必需元素的生理功能可概括为：构成植物体内有机结构的组成成分，参与酶促反应或能量代谢及生理调节。根据植物需要量的多少，必需元素又分为大量元素（亦称常量元素、主要元素）和微量元素。其中，大量元素有碳、氢、氧、氮、磷、硫、钾、镁、钙等；微量元素有铁、锰、锌、铜、硼、钼、氯等。大量元素与微量元素虽在需要量上有多少之别，但都是植物生命活动所不可缺少的。有益元素指一些植物正常生长发育所必需而不是所有植物必需的元素。如，硅是稻、麦、甘蔗等禾本科植物所必需的，缺硅会使植物生殖生长期的受精能力减弱，降低果实数和果重。——译注

第一章
死　土

　　看不见的大自然是我们给那些在我们脚下繁盛、我们所知甚少且无法用肉眼看见的微小生命形态所赋予的名字——它们不仅在我们脚下，还在我们的身体里。

我们开始也不是有意要研究这个。安妮想要一个花园，我并没有反对。我俩谁都没有想到，在北西雅图买一幢摇摇欲坠的旧房子会彻底改变我们对自己和世界的看法。毕竟，院子并无特别之处——在破旧的百年草坪上，几株植物被风吹得摇摇晃晃。跟大多数的房屋买家一样，我们懒得费事去掀开覆盖物查看下面的土壤。一百年前，这里曾是一片原始森林。我们理所当然地认为，这里可以长成花园。因此，我们雇了一个调查员检查房屋，却没有对土壤做进一步考量。

几年后，经过精心策划，等待已久的日子终于来临。那天烈日炎炎，我们站在刚刚清理过的裸露空地上，周围是一圈盆栽的灌木和树木。它们看起来像训练有素、耐心等待晚餐的狗。我们既喜悦又紧张。在八月初种植的确有点冒险，既然我们装修房子所造成的混乱和延误耗尽了整个春天，我们只得选择这个时节。

安妮两手抓起铲把，跳起来踩在铲身凸起处，铲头缓缓滑入土壤。她开心地抬起头看着我，一直以来拥有花园的梦想要成真了。她把挖起的土堆在洞旁，土堆呈棕色，还带着六月雨的潮湿感。安妮第三次跳起来踩在铲背上时，一声沉闷的"叮——"从洞中传来，她的脚也被弹开了。她又试了一次，叮叮声又响起。她把铲子像投标枪一样丢入洞口。铲子碰到了洞底，砰的一声倒在一旁。

我们一起弯腰往六英寸①深的洞里看去。最上面是一层牛奶巧克力色的薄土，接下来是卡其色和褐灰色交织的一层，下面的土壤呈现出油光，颜色变成了带有米色条纹的杂灰色。问题显然出在洞底——从玻璃珠到高尔夫球那么大的石块紧密地压在硬质黏土上。是冰碛物。我抬头看安妮，看到了她扫过这些黑色塑料盆中植物时眼中的惊慌。我们筹备这一天已经好几年了，而这该死的土壤却不合作。

这是怎么回事？坦诚地说，这有点尴尬。作为地质学家，土壤和岩石属于我的研究领域。安妮是生物学家兼园丁，面对植物她驾轻就熟。有谁会比我们夫妇更应该注意鉴别土壤呢？土壤横跨我们的研究范围，然而我们只注意到了自己研究的这一半。

一时之间，我简直为没有在买房之前想到在院子里挖一个洞看看而懊悔。在我遍及世界的田野调查中，我为了看脚下有什么而挖过成千上万的洞。但是不知为何，我从未想过低头去看看自己生活的城市地表。因此我们就站在那儿，想着如何把岩石般坚硬的冰碛物变成一片梦幻花园。不论后果如何，安妮坚决反对把植物继续栽种在盆里，于是它们被种入土里。

---

① 1 英寸 =0.0254 米。——译注

17000 年前，一片从加拿大冲出的冰川划过西雅图和华盛顿西部。正是这种自然地理的攻击造成了我们的窘迫。因为这片古老的冰山压平了我们的院子，我们只得面对一个双重问题——一层可怜的有机质覆盖在风化的黏土和水泥般的冰碛物上。除非把整个院子翻一遍，拖点新土进来，否则我们没法改变那坚若磐石的冰碛物，只能任其继续在那儿。但是至少我们可以改造接近地表的土层。

肥沃的土壤处于地理学和生物学的交界地带，它是风化的岩石碎片和腐烂有机质的综合体。我们只有岩石那部分，而缺少另一半。我们需要有机质，很多有机质。

我们都知道，买来的数卡车商业堆肥会进一步透支我们已经很紧张的预算。安妮曾把我的敞篷小货车装满鸡粪，臭味好几周挥散不去。想起这些，我就强烈要求采取一种少味、低成本的方案。我可不想重复那段经历。虽然我明白，在我家的土壤中培育一点有机质是个好主意，但我并不愿意让安妮把我们的新院子变成肥料堆。

因此，她想了另一个我没法拒绝的办法。没有味道，不需要我劳心费力，没有支出——什么都不需要。她想在周围寻找木片和叶子，把它们堆在我们新开辟的种植床（planting beds）上。虽然这样对我没什么影响了，我却不觉得这个有关覆盖层的主意有多么妙。木片和枯叶能有什么用？我觉得，木片永远也不会分解，枯叶在腐烂、混入土壤前就会被吹走。

当然了，我能看到安妮的"覆盖层计划"确实迅速发挥效果。八月和九月，她花了大把时间拿着水罐、喷壶和胶皮管跑来跑去，有时一天两次，边跑边抱怨庭院设计师一而再、再而三地耽误进度。如果她抱木片覆盖在土壤之上，就能帮助保持土壤湿润，也会抑制我们疯涨的水费。

有一个问题曾困扰安妮的一颗"园丁心"，不过她辛勤的劳作阻止了问题的出现。她在镇上其他人的空地和院子里也见过这一问题，只有那些有着一堆园丁的豪华花园看似能免受其扰。她在工作中也看到过这个问题，看到外来入侵植物爬上爬下，沿锡达河蔓延滋生，威胁着在枯水期的河漫滩上种植的本地植物，形成灾害。在西雅图温和湿润的气候下，不该在此的有害植物发展壮大，向着花园和自然地带霸凌延展。这种不受欢迎的植物俱乐部的特许会员——虎杖，也来到了我们的房子边上。它是太平洋西北地区的野葛藤，像野火一般蔓延又难以摆脱。我们买房子的时候，一丛虎杖像门房一样站在车道尽头。当前来修整花园地表的推土机驾驶员把它连根铲除，又扔到自卸卡车中时，安妮为之欢呼雀跃。她知道，只要她勤于维护种植床上的覆盖层，就能把不受欢迎的植物驱逐出我们的新花园。

她的第一份有机质就来自邻里。她听说树艺公司为了不付垃圾处理费而会赠送木片。因此她打开通讯录开始打电话：巴拉德树木服务公司、西雅图树木保护公司……她把自己的名字登在这些公司的回收单上。过了一阵，每当这些公司有员工来附近工作，卡车装满的时候，他们就过来停一下，把五到十码的木片倒在我们的车道上。安妮和一位有一块角落地的邻居交上了朋友，他院子里的种植床上几乎有一打橡树。每当秋天，他非常高兴地让安妮把成堆的树叶拖走。安妮很快掌握了快速识别人丢弃的有机质的本领，譬如识别镇上众多的星巴克咖啡馆后面扔出来的一袋袋咖啡渣。

我们院子的糟糕状态反映出了前两任主人的偏好。挪威人奥斯特博格一家在 1918 年建造了我们如今的房子。从 20 世纪 30 年代一位估价人的照片中可以看出，他们一家并不是园艺爱好者。在这张从人行道上拍摄的、灰暗的黑白照片中，车道紧靠房子东边，一路通向院子后面的车库。一丛丛野草包围着房子，一堆废木头斜靠着车库，低矮的细铁丝围着前院。1988 年，奥斯特博格家族的最后一位成员去世，在此地长大的邻居买下了这个院子。显然，此人对园艺也丝毫不感兴趣。我们买房子的时候，这片地方看起来和 30 年代的照片没有什么区别，除了没有细铁丝围栏。

然而我并不认为一切都很糟糕。80 年的野草草坪让院子绿意盎然，并且为齐娜（Xena）——一条拉布拉多犬和松狮的混血，我们从城市中把它解放了出来——提供了极好的掷网球的地方。草地不需要照管，初秋的几场雨就能恢复一切生机。然而安妮一开始就认为院子是个大问题，我也很愿意让她去规划花园。事实上，我知道什么也阻挡不了她。她想要一个花园——这个主意真糟糕。并且我们俩谁也不想让我主管这件事。只要是交给我照顾的绿色植物，都活不了几个月。

她最先考虑的是如何将这个边长一百多英尺①、野草丛生、蒲公英遍地的院子变成花园。房子的前面和后面各有一小片同样的草地，与之连成一个伸展的 U 字形场地，留待我们攻克。南向的后院里，一棵花旗松和一棵冬青树像马戏团的小丑一样纠缠在一起，一棵像金刚一样的马栗树把房子的一角遮得密不透风。在房子西边，带刺的落叶灌木在争夺光线和空间的斗争中彼此扼杀。

---

① 1 英尺 =0.3048 米。——译注

在她的脑海中，满园的绿植甚至溢出到街上。她想要叶子和花瓣在每个季节都舒卷飞舞。她觉得花园应该是让我们沉醉并随时光顾的地方。我很快就会了解，打理出这样一个地方，培养土壤中看不见的生命，与照料我们喜爱的植物，其技艺同等重要。

科罗拉多首府丹佛南郊的利特尔顿，安妮长大的地方，并不是能够激发植物生命力的地方。当时丹佛地区更以臭烘烘的养殖场和冬日逆温天气下的棕色雾霾而非乡村花园著称。尽管家中长辈中没有园艺爱好者，她们不能给予安妮园艺方面的教导，安妮还是自发地萌生了对绿色植物的喜爱。

她喜欢看科罗拉多的季节更替。大概七岁的时候，她就注意到车道旁小花园中像宝石一样的球状植物从三月的积雪中冒出来。令她印象深刻的还有樱桃色的郁金香勇敢地向白皑皑的冰雪世界探出头。六月里，从孤零零的假山庭院中长出的鸢尾花也给她留下了深刻印象，它们的花魔术般地从疙疙瘩瘩的岩石和看似生气全无的植物块茎中长出来，那块茎就暴露在石块和其他大块头植物之间。她踮着脚，把鼻子尽力地凑到紫色的花中，感受它们紫罗兰色的花瓣轻轻扫过自己的脸。她深深地吸气，吸进那像紫苏达①一般的芬芳。直到今天，她还是不能够抗拒绚丽的大朵鸢尾花。

当安妮还是个少女时，她曾在南向客厅窗下的古旧柳条编圆桌上摆了一排植物。喜林芋从花盆和银斑点点的秋海棠和小仙人掌之间穿过。安妮扮演创世者的角色，把植物搬得离窗子或远或近，看

---

① 紫苏达（grape soda），山茶科山茶属植物。单瓣型，花深紫红色，小型到中型花，长圆状，瓣面上有黑色脉纹，花心可见筒状雄蕊。——译注

看植物有何反应。它们的趋光性吸引了她，她能巧妙地在数天之内让植物弯曲环绕又恢复笔直。数年之间，她已经能够让濒死的植物起死回生。植物能以独特的力量，让她振奋，使她敬畏，给她鼓舞。

虽然我们在不同的地方成长，却大有相似之处。和20世纪六七十年代长在郊区的绝大多数孩子一样，我们在附近的院子、空地和原野里玩耍。夏天我们去附近的野地和小溪远足，用小瓶小罐捉住我们能智取的动物，带回家观察一阵。这些地方的自然氛围，易感、易见、易嗅，也形塑了我们。

我长在加州，喜欢户外活动。我对地理学的兴趣始于和童子军们去内华达山脉徒步旅行的经历。穿越整个国家的花岗岩山脊，让我认识到大地是一个生命系统，并且锻炼了我识别地图的能力。这些早年的经历，对地貌的思考，最终把我引向地貌学，一门研究地球表面形态特征变化的学科。

我青少年时，卧室对着"奶牛山"，那是斯坦福校园里最后一方用作农场的用地。我的弟弟、我的朋友们和我会一起穿过原野、水道，藏在高高的草丛中，爬上疙疙瘩瘩的大橡树。大学读到一半的时候，我请假去澳大利亚的一家矿场工作，到南太平洋旅行。在离城市很远的地方，我找到了真正的自然。我去往澳大利亚内陆，生活在袋鼠和咸水鳄之中，在大堡礁学会了潜水；探索了新西兰的南阿尔卑斯山脉。这些经历加深了我对自然的感受，让我知道应去哪里寻找自然。

安妮对自然的兴趣在全家去落基山脉野营时又进一步加深，发展成了对生物学的热情。她去圣克鲁兹上大学时，为加州中部海岸线上那些恣意生长着的、如同身处永恒春天般的植物感到震惊。这进一步滋养了她对植物的狂热之爱，在研究生时期，我们相遇了，此时她对植物的热爱更加高涨。

她和五个室友把她们位于伯克利北部的弹丸小院中的草皮清除干净，沿着人行道给南向的前院加上一圈小栅栏。她们种了一棵树、一堆常年开放的花和一些灌木。安妮成了主要的照管者。她时刻关注着哪种植物需要最多的水，哪种植物需要加强防护以抵御少有的寒潮。为此，她用落叶和植物碎渣将土壤覆盖起来。我非常喜欢她们的花园和通往她们门廊的砖石小路。安妮的照管使得小院既吸引人又不失野性。

我读完博士、受聘于华盛顿大学后，我们搬到了西雅图。安妮说服了房东，让她在我们租住的前院开发几块菜圃（vegetable beds）。这是我第一次认识到鸡粪有多臭，而安妮则认识到了它促进植物生长的巨大威力。在她那几小块以鸡粪为肥的菜圃上，她种了很多番茄、甜菜、生菜和九层塔，我们整个夏天基本上都不用去买菜。

当我们最终买了房，安妮开始计划打造出一个真正的花园。我们都喜欢在日常生活中加入更多的自然元素。但是以安妮的园艺经验，设计出一个花园并不容易。她从未拥有过这么大的地盘。而且，我们无从着手。这里没有任何花园曾经存在的痕迹，没有破碎的石墙，也没有爬满花藤的院门，在杂草丛生的地上也没有惹人怜爱的常青植物。

因此，安妮寻遍了书籍杂志中关于露台、栅栏、植物等事物的信息和图片。她还开展了西雅图邻里花园之旅，一天拜访一堆花园。她转遍了所有有特色的小院，问院子主人问题，并拍了很多照片。回家后，她将照片剪剪贴贴，我觉得它们看起来像疯狂植物学家随手乱写的超大号笔记。但是它们确实帮我们设想出了新花园会是什么样的以及我们可以如何利用它。

安妮研究了乔木和灌木的形状和大小，以及它们能否适应西雅图愈发不利的气候条件——暴风、冬涝、夏旱。这些植物喜阳还是喜阴，坚强好活还是娇贵难养？哪种最有趣，哪种最美丽？二十年后什么样？

我们开始设想乔木和灌木将我们的院子遮掩起来，独立于街道和周边地区。我们产生了一个想法：眼不见心不烦。我们打算在院子东侧开辟一个种植床种满树，然后在南边和西边种更多的常青植物。

我们要把车停到街上，把通往后面独立小车库的车道重新改造，使之变为穿越花园的小径。反正我们总是从后门进出的。车库也就从停车的房子升级成了花园的影壁。菜圃在露台的最远端，处于由车道改造而成的小径的尽头；它将成为适宜烧烤的户外客厅，紧邻空车库，与后门不过几步之遥。

一开始，我对全院大整改并不热衷。但后来我改变了想法，转而把院落的露天部分视作我们家园计划中不可缺少的一部分。既然现在有了憧憬，那么就要规划。因此，我们找了一个庭院设计师进一步细化我们的想法并画出蓝图供我们参照。我们决定一切从零开始——全部推翻之前的东西有利于重新规则，而且清空之后，我们也不用争论要留下什么。别了，草坪上扎脚的蒲公英，车道尽头的虎杖丛，栅栏边夺走了所有光和空间的花旗松。

我们在冰碛物的上层遇到了另一个问题。建造房屋时一般会把表层土刮掉拉走，因为表层土太松，没法支撑地基。一个世纪以前，这块地方也遭受了同样的命运，因此留下了 2500 平方英尺[①]苍白贫瘠、岩石斑斑的土地——完全是富饶肥沃的对立面。奥斯特博格家族把地面弄得光秃秃的，简直把时间倒回到冰川融化、冰碛物初露的年代，而我怀疑他们对此并不很在意。然而我们开始考虑更大的计划——在毫无价值的土壤上建造一个花园，但没法等几个世纪的时间重新种植常绿林，让大自然再一次把落叶变成肥沃的土壤。

蒸蒸日上的表层土生产业正好服务于对大自然的造土速度缺乏耐心的园丁。安妮做河道管理员时，看到过别人混合矿物质和有机质以生成表层土的操作。在她负责的那片流域的某个地方，她看到房屋般高的一堆堆树桩和枝枝杈杈，堆在旧木门、石膏板和碎胶合板旁边。一连串通向大卡车的锈迹斑斑的传送带从这一堆堆碎木边开过。

很少有人知道，大多数标有"表层土壤"的袋子并不含有真正的土壤。泥煤苔、碎树皮、小片浮石，各种肥料，以及一些上不了台面的东西才是这些袋子里真正的填充物。并且，如果你需要成堆的表层土，你得去类似安妮曾经去过的地方。既然她亲眼得见表层土是如何"造"出来的，我们还是决定自己动手。

安妮就这样开始了她的事业。如果我们的院子里缺有机质，她就会加一些。她会拯救我们的土壤。

---

① 1 平方英尺约等于 0.0929 平方米，2500 平方英尺约等于 232.26 平方米。——译注

开始种植后的第二个秋天，我旅行回来，看到我们的露台被埋在一堆暗棕色东西的下面。那堆东西和安妮以前的大众甲壳虫汽车差不多大。我把箱子放下，用脚碰了碰这堆东西，有些颗粒从边上滚了下来。我松了口气：还好，既然不是动物，那就是矿物或者植物了。从这堆冒热气的物质中散发出一种熟悉的香味——原来我脚下的是我见过的最大咖啡渣堆。

这仅仅是个开始。安妮还没有把一种有机质用完，就开始寻找下一种，看到什么捡什么。当然，我们邻居那些松脆的橡树叶子以及树艺公司送来的木片也在其中。在厨艺方面，安妮总是利用手边的食材即兴制作新菜肴，同样，她也用杂拌、炖煮、发酵的方式即兴炮制出各种有机质。

她对有机质的迷恋让我有点担心，尤其是她念兹在兹，坦言自己睡梦中都在想着得到有机质。然而她安慰我，她并非比其他园丁更怪异。我看着她在秋日昏暗的天色和细雨中拿着咖啡杯，在花园中游荡，一副狂热沉迷的样子，盘算着她应如何、在哪里施用她的存货。

因此，当安妮对有机发酵物的痴迷发展得更加严重时，我并不感到惊讶。她非常喜欢"排泄物节日"，那意味着动物粪肥——西雅图林地公园动物园（Woodland Park Zoo）的食草性动物粪便大杂烩——的到来。动物粪便基本是黑色的，一下雨会变得很黏稠。这些东西不是免费的，但好在不臭。以前这家动物园由市政府运营，法律禁止他们将公共财产免费送出。因为城市是动物的所有者，他们有支配"排泄物"的权利。一笔名义上的费用吓退了西雅图勤俭的园丁们，他们就不会在动物园清除粪便时蜂拥而上了。当动物园变成私营的非营利性组织时，动物粪肥又变成了西雅图园丁们热爱的资源。

包含部分矿物质、部分有机质的土壤是一种神奇的物质，由风化的岩石和腐殖质组成。在由地表至地心4000英里①的深度中，它只占据了很小的一部分，但就这脆弱而充满生机的地球表层，孕育了土壤中的生命。通常，在不到三英尺的厚度内，由于基岩、气候、地形特征和植被的不同，土壤性质差异很大。这层薄薄的土壤让地球景观生机勃勃。土壤连接了所有事物的生与死，从而创造了更多的生命，使得地球成了生物的宜居地。死去的动植物融入土壤，最终又成为更多的动植物的组成部分。把土壤当做大自然的原装循环系统吧，早在我们开始分类回收玻璃、金属、纸张和塑料之前，它就在循环利用有机废物了。

安妮有她自己回收的方式。她把她珍贵的成堆的有机质存在车库旁，就在由山茱萸茎相互交织而成的绿篱的后面，因为我坚持不让她在露台上进行这项工作。这里成了她的园艺实验室，她在此实验各种覆盖物。她把浸泡好的咖啡渣铲到手推车里，放入橡树叶以吸干多余水分，并掺入更大一些的木片。她用锄头上镰刀似的薄刃把所有东西搅在一起，像拌沙拉一样。冬去春来，她在种植床上铺满了她自制的覆盖物，静观其变。如果她对效果满意，就会一直重复下去。如果不满意，就一直实验下去。她全年都在不断地把她的有机战利品铺到园圃（garden beds）上。如果在春天完成得够早，那么直到七月都不用浇水。如果在秋天完成得够早，就能防止植物被冻伤。

---

① 1英里 =1609.344 米。——译注

安妮的覆盖层"配方"是临时的，只是大概凭她的堆肥经验。混合三十份的富碳物质（比如木片或落叶）和一份的富氮物质（比如咖啡），严格的比例其实不太重要，重要的是记住哪些是富碳物质，哪些是富氮物质，并且要多用富碳物质。

过了一阵，我开始感觉，给花园增添有机质就像给金门大桥刷漆。正当安妮自以为已经到了终点时，她回过头来看看她开始的地方，却发现还需要更多的有机质。有机物去哪儿了呢？我们都大惑不解。安妮开玩笑地说，其他园丁偷走了她珍贵的战利品。第二年的夏末，她抱怨说她覆盖土层上最上面的四五英尺的厚木片和橡树叶在迅速地消失。加了覆盖层后，有一阵子土壤看起来多了不少，然后如同蛋奶酥一下子缩水了。有机质是怎么分解掉的呢？说得更准确些，是什么在分解它们呢？为什么它们如此狼吞虎咽？当成吨的有机质在我们脚下的世界迅速消失时，安妮声称，只要土壤没吃饱，她就一直喂下去。

我们很久前就决议，为了花园和我们的婚姻，她来做园丁，我只是个旁观者。但是，时不时她会让我介入。当她抱怨有机质消失得太快时，我就到她的覆盖层下去探查。我发现了少量原始的有机质，但其余的部分已经像电影特效一样消失了。我们的植物还在繁荣生长，开始用绿色覆盖我们这片曾经贫瘠的空地。我还注意到，土壤表面已经变成了介于牛奶巧克力色和黑巧克力色之间的一种棕色。我认为，我们的土壤变深是因为有机质分解成了腐殖酸。平均下来，腐败过的有机质中大概一半的碳元素能以营养丰富、不易分解的化合物形式留在土壤中提供肥力，这在自然中无与伦比。另一半则在腐烂过程中散失到大气中了。

　　一开始，我们脚下的土地充满了坚硬紧实的岩石，现在我们已有了巧克力色的深色土壤——是的，其中仍有很多岩石，但是没有那么紧实了。添加有机质不仅使得土壤肥沃起来，也带来了新住户：蘑菇、臭虫和甲壳虫，以及我们后来意识到的——很多看不见的生命。

　　除了向坚硬的黏土中添加有机质，安妮还一直给土壤和我们的植物浇一种自己发酵的混合物。这是一种有氧发酵的堆肥茶，是她从西北花卉园艺展上学到的。道理对她这个生物学家和园丁来说讲得通：从堆肥中能找到她梦寐以求的微生物，培育它们，并把它们添加到土壤里。但是不要半途而废，要培育数十亿个微生物。她的培养皿由以下物件组成：一个 6.5 加仑的桶，一个悬在桶中让水和空气充分接触的搅拌器，一加仑的"营养液"，以及一袋蚯蚓堆肥（微生物的来源）。搅拌器在八到十二小时的发酵期内向水中加氧，营养液中的碳水化合物促使微生物生长。她很快修改了自己的海藻和糖蜜混合物配方，以培植她的微生物。然后她只需要一种足够坚固持久的容器，来少量盛放这种珍贵的堆肥茶。喷壶是正解。但是任何以各种语言标有"危险"或者"小心"的塑料喷壶都不行。

　　她在各种园艺目录中寻找她的所需，这些书很快就堆满了房间。那是一个古色古香的美丽物件——一个英式长号形状、黄铜焊接、木质手柄和皮质垫圈的喷壶。我觉得它看起来像蒸汽朋克的球杆，一边是黄铜喷嘴，另一边是三英尺长的可弯曲软管和过滤网。安妮会把软管放入一桶微生物发酵营养液，上下压木柄，把营养液从桶里吸出来，从喷头喷洒出一阵细雾。我们的树还很小，喷几次就让它们湿淋淋的了。她总能省出好几喷壶的堆肥茶，浇在看起来生了病或者她特别喜欢的植物上。[1]

安妮坚信给植物浇微生物堆肥茶就能使花园欣欣向荣，我却觉得她是痴心妄想。虽然我觉得这样不会有什么坏处，但是整天给植物和土壤喷洒充满了微生物的魔法粉能有什么好处呢？

事实却出乎我的意料。

安妮起先在土里完全找不到蚯蚓。但是一年之后，她挖出了又肥又壮的肝红色蚯蚓。我敢打赌，当她给我看她从土里抓的蚯蚓时，它们扭动的身体上掉下来一些咖啡末。又一年之后，她给我看一些洞里以及一些植物的根上为何会有一团团奇怪的虫子在蠕动。就在那个时候，安妮把覆盖层翻到一边去想挖出某株植物，她发现了短粗油亮的大甲壳虫，就像从冬眠中醒来的小熊一样。它们笨拙地从嫩枝间爬出来，迈着笨重又分外急切的步伐迅速逃离，钻回到覆盖层下面去。她又爱又恨的蠼螋（主要是恨），也在她翻动土壤时快速藏到皱巴巴的叶子下面，在鹅卵石之间蜿蜒爬行。

蘑菇在草坪和种植床上冒出来。安妮发现，自己一年前放下的木片之间交织着由又细又白的线所形成的网。我们后来了解到，这种线形物质是菌丝，即菌类的"根"。

灌木和花卉成熟了，授粉的昆虫们到来了。蜜蜂真的在花丛中嗡嗡地飞。夏日的热浪中，蓝蜻蜓和黄蜻蜓也出现了，在花园里四处上下翻飞。接下来的一年，我们得避开一直坚持不懈在花园小径和树间织网的大蜘蛛了。秋天滴沥的小雨中，雨滴被蛛网悬住，把

---

[1] 学界对土壤营养液和其他堆肥茶的益处一直有争议。当然，自家花园中的变化与自然生态系统中的类似。土壤、植物、昆虫、微气候以及其他因素都因地而异。此外，每个人的施肥方式以及一年、一天中的施肥时间也不同。

整个花园变成了可怕的万圣节夜场。幽灵般的蛛网开始捕获有翅昆虫，蜘蛛把它们迅速麻醉了，整齐地绑起来当晚饭。

鸟儿是下一批访客。乌鸦和松鸡开始时不时地到来，用嘴和爪子在种植床的覆盖层上抓挠，好像它们已经有了干草叉和泥铲一样。对它们来说，这个地方简直就是冷餐会，拥有各式餐点，可以大饱口福。啄木鸟和知更鸟把草坪当做早餐自助餐厅，它们完全能够感知到哪里可以把它们尖尖的嘴巴从湿润的土中插进去。

来得比较晚的、世上最小的鸟是最有闯劲的。如果我们不让它们接近它们最喜欢的花，蜂鸟就在我们周围盘旋，愤怒地拍打翅膀，直到我们撤退。春天里，这些闪电般的小东西就会上演求爱的戏码。一只褐色的雌鸟栖在一枝如针般细的树枝上，聚精会神地看着一只如同宝石般斑斓的雄鸟冲上云霄，要杂技一样向院子极快地俯冲下来，在撞上地面之前最后一秒又一次向天空拉升。

当花园已经成熟繁荣，大一些的动物们也出现了。如火箭般迅疾的库氏鹰开始在这儿巡航，试图抓住不小心的小鸟。带着盗贼面具的小浣熊常年在此宣示自己的主权。回顾过去，我才意识到打理花园使我们有机会观看生命伟大征程的精彩演出。它们飞翔、匍匐、步行、蹦跳而来，而我们见证了所有这一切。

我们的植物也欣欣向荣。安妮的土壤营养液、有机质覆盖层、复合肥终于展现了惊人的效果。其他园丁与之奋战的各种病虫害要么从来没出现过，要么即使出现也从未占过上风。我们的灌木有着巨大的叶子，乔木则健康快乐。安妮在攀缘而上的玫瑰中潜行。只要按月用土壤营养液浇灌，它们就不会被像霉菌或黑斑病之类的西北部常见玫瑰病困扰。

我们打理花园三年之后，一个北西雅图花园旅游团的组织者问我们，是否可以把我们的花园纳入当年的活动。从园艺爱好者们的称赞中，我们知道我们的方法对了，只是我们也不知道其中的奥秘。

好奇的邻居想知道安妮花园的秘密，用一堆问题轰炸她。是什么让树木长得这么快？有一棵红枫，好几棵波斯铁树，在刚种下时也不比高尔夫球棍粗多少。还不到十年，它们的周长已经跟大象的小腿差不多了。附近的园丁们很好奇，为什么种在他们自己花园里的同种植物却饱受病害。是因为我们院子里的阳光比较多？还是因为我们浇水量和肥料不同？从没有人问过土壤的事。土壤，自然中最伟大的"壁花"①，完全没被提起。安妮即兴带领感兴趣的路人游览花园，推荐了她的土壤营养液和有机质覆盖层。但是每个人都还是盯着地面以上，一直问她关于这些可见可触的植物的问题。

我们打理花园五年之后，午后阳光的角度刚好让我留意到草坪正在向露台上蔓延。不止草坪，土壤、大地本身也在延展。我记得在露台边缘的土壤开始时与铺面砖差不多高。现在，它已经比露台高出了四分之一英尺，被细根须包裹固定住，形成了一个微型的悬崖。暴露在外的土壤呈深棕色，不再是我们当时在花园挖掘时看到的卡其色。土壤就在我的眼皮和鼻子下变幻着，只是慢到无法察觉。

坐在堆满书籍的餐桌旁，我透过水纹玻璃看着外面的安妮。她

---

① 壁花（wallflower）：舞会中没有舞伴而坐着看人的人。——译注

在我的视线里走进走出，在我们欣欣向荣的花园里忙活着。她买了一辆崭新的独轮手推车，在灵感的驱使下，还给小车画上了旋转的火焰。小推车装了太多她搜罗来的有机质，在种植床之间推来推去时摇摇晃晃、歪歪斜斜的。她过去这些年所做的这些事的意义，让当时在研究土壤流失的我突然领悟了。一次只运一小车，安妮却展示了一个古老问题的解决方案。她在用比大自然快得多的速度制造土壤。

在历史中的不同时期，有些社群一直在扭转土壤流失的趋势，比如亚马孙地区的印第安人、亚洲农民、19世纪波斯的城市园丁们。他们的共同做法和安妮在我们后院做的一模一样：把有机质还给土地。我的园丁妻子也在扭转这股已毁灭了全球许多社群的趋势。当然了，安妮在花园中太过忙碌，无暇思考为何她制造土壤比大自然还快。然而，当土壤的颜色越来越深，挖掘也越发容易，我们开始认识到消失的有机质和花园中日渐繁盛的生命之间的联系。看着成吨的有机质消失在我们脚下这个安静而"贪吃"的世界，我开始明白，那些堆肥和安妮浇在土壤上的营养液既是土壤变得肥沃的原因，也是土壤肥力变化如此迅速的原因。像园丁一样思考，有可能帮助人类大规模制造肥沃的土壤，而非将其消耗殆尽吗？

我们的后院恢复生机用了五年多的时间。在今天网络发达、飞速发展的世界，这个时间简直就像永恒一样漫长。但是对于地理学家来说，这已经是眨眼般的速度了。安妮和我眼见我们的后院从生物学上的一片空白发展到今天的繁盛景象，我们最震惊的是毫无生命的有机质孕育出了一片生机。覆盖层、堆肥、木片喂养了土壤中的生命，土壤中的生命喂养了植物、动物、我们。我们并没有期待复兴的花园会招来动物，但是某天，我们被地下生命形塑地上生命的过程深刻地教育了一番。

我们开始打理花园多年之后的一天，安妮和我在西雅图绚丽的夏天落日中去花园喝一杯。她注意到一个深色的东西慢慢地靠近，又从我们头顶飞到邻居家六英尺高的花旗松上空。一只秃鹰把一只幼鸦从它位于树顶的巢中拽出来，然后飞走，节奏一丝不乱，利爪上还悬着一团深色的绒毛。几秒钟后，黑色漏斗云般的一群乱哄哄的乌鸦落在这棵树上，"呀呀"地唱着鸟类的挽歌。整整半小时，我们呆呆地站在花园中，琢磨着秃鹰降临并杀害在我们周围盘旋尖叫的乌鸦这件事。生命的循环始于我们的复兴花园，造极于秃鹰捕食幼鸦，而幼鸦的父母以我们土壤中的虫子为生。我们的花园成了生死兴替之循环的一个缩影，正是这种循环推动了全球生命之轮的运转。

过分关心地表植物的园丁们应该看看脚下，看看这些生于土壤的微生物和无脊椎生物。人们觉得土壤是静止的、无生命的，就像它的"前生"——石头一样。但是，看着土壤的变化，我们的眼界和想法也变了。

就像在地球上的生命一样，微生物和土壤中的生命为后面发生的一切搭建了舞台。各种生物来到花园中的顺序也折射了地球生命演化的先后顺序——从微生物和菌类，到虫子、蜘蛛、甲壳虫和鸟类。最早的微生物指引了生命离开海洋的演化之路，它们也是我们花园大陆中最早的殖民者。在我们脚下和眼前展现出的这些，为我们揭示了地球生态系统的一条真理：微生物是所有生命的基石。就像冰山一样，我们在地面上看到的自然世界不过是浮在表层的一角而已。

关注自然是人类的一个原始习惯。在我们开始居住于城市中、开着车四处跑、整天坐在屏幕之前，了解自然非常重要。很久之前，我们一生都在盘算吃什么，食物生长在哪儿、怎么长的。在农业文明的黎明来临之前，人们必须知道如何区别各种植物。如果你将美味可餐的植物和有毒植物的叶子形状弄混，并且还能活下来，你就会把这个故事告诉别人，赌咒发誓不再犯同样的错误。

那时候，你会研究各种成群迁徙的动物，注意河流中鱼群的习性。你可以返回到这些地方，为晚餐捕获猎物，当场吃掉或是把它们带回部落，在火上烤着吃。密切关注自然意味着不用忍饥挨饿，而是有充足的食物食用，意味着生与死的区别。

然而如今，我们有杂货铺、餐厅，却少了许多可供观察以及徜徉其间的自然之境。知道如何区别植物、知道去哪儿找到最好的钓鱼点，已经不再是长寿所必需的了。然而，联结自然的本能还在我们体内蛰伏。喜爱一小片自然——一个花园，就是还在运用这种本能，很少有其他事情能做到这一点。培育植物和动物供食用、供慰藉、供审美、供娱乐，这和文明本身一样悠久。但是我们自然而然地关注看得见的部分，这种倾向让我们忽视了看不见的那部分的重要性。就是早期的博物学家，也在分类法的鼎盛时期忽视了微生物。谁能想到，如此微小的事物起了如此重大的作用呢？

看不见的大自然，是我们给那些在我们脚下繁盛、我们所知甚少且无法用肉眼看见的微小生命形态所赋予的名字——它们不仅在我们脚下，还在我们的身体里。解开安妮的有机质都去哪儿了这个谜，整个过程激发了我们的好奇心。微生物还能做什么呢？答案超乎我们的想象。

第二章
微观世界

      我们这个星球上微生物的数量是宇宙中已知星星数量的一百万倍。一把肥沃土壤中的细菌数量就比非洲、中国和印度的总人口还多。所有的微生物加在一起，估计占地球上生命体质量的一半。

人类长久以来几乎都没有注意到微生物。个中原因再简单不过，因为我们无法看到它们。无法看到，就意味着无法认识微生物。

　　确实，不可见乃是对它们的界定。凡是小到肉眼无法看见的生物——小于 0.1 毫米的生物，即被认为是微生物。微生物中研究得最多的是细菌。大肠杆菌只有 2 微米（1 毫米的 2‰）那么长，大约 40000 个大肠杆菌首尾相连才能在你的拇指上绕一圈。如果你还想象不出来，可以这么设想，如果一个细菌相当于一个棒球投球区大小的话，那么你就有加利福尼亚州那么大。

　　尽管体型微小，微生物却是这个星球上数量最多、分布最广泛、繁衍最成功的生物。骨骼保存于化石里的所有生物中 99% 都已经灭绝，它们无法经受时间的考验。但是微生物却从最早有生命开始，历经 36 亿年，成功生存了下来。鉴于它们短暂的生命，它们至少繁衍了 80 万亿代。

据估计，地球上一共有 10^{30} 个微生物。这是一百万的 5 次方，即 1 后面有 30 个 0——1,000,000,000,000,000,000,000,000,000,000。虽然一个微生物小到难以用肉眼看到，但若把它们都连接起来，可以长达一亿光年——完全超越了夜空中可见的最远星星的距离。我们这个星球上微生物的数量是宇宙中已知星星数量的一百万倍。一把肥沃土壤中的细菌数量就比非洲、中国和印度的总人口还多。所有的微生物加在一起，估计占地球上生命体质量的一半。

微生物不仅数量繁多，而且种类多样。它们可分为五大类——古菌、细菌、真菌、原生生物和病毒。尽管对于微生物来说，明确的"种"的概念很不可靠，生物学家还是估计，地球上的微生物有几百万至几亿种之多。

古菌是最古老的一类。它们曾经被认为是细菌，但它们的细胞壁的化学成分和结构完全不同于普通的远古细菌（regular old bacteria）。有些真菌只在显微镜下可见，比如酵母菌，但也有一些真菌肉眼可见，比如蘑菇。[①]原生生物包括变形虫、硅藻，以及一大堆奇形怪状的单细胞生物。真菌和原生生物都有包含 DNA 的细胞核，而古菌和细菌没有细胞核。

病毒很让人费解。它们并没有细胞结构，而且无生命，尽管它们具有像生命体一样的行为。有些科学家认为病毒是微生物，但另外一些却并不这么认为。但病毒可以利用生命体。有一种称为噬

---

① 对我们而言，真菌总体上被归类为微生物还真有点奇怪。但这是有原因的。真菌是单细胞生物。它们的细胞彼此间不是完全分开和隔离的。具体到真菌细胞这一层级，在两个细胞相互接触的地方，有相当可观的通道允许液体、蛋白质甚至细胞核自由通过。

菌体（因为它们仅感染细菌）的病毒，可以像宇宙飞船一样吸附在细菌表面，然后注入自己的遗传物质。此举能诱骗被感染的宿主细菌付出代价去复制大量的病毒 DNA，从而开启了这些病毒的生殖循环。

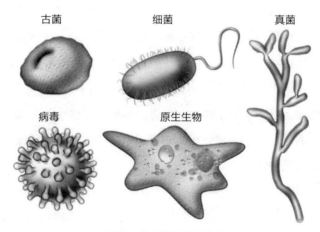

古菌　　　　　　细菌　　　　　　真菌

病毒　　　　　原生生物

图示：微生物的主要种类

目前古菌并不被认为会造成植物或者动物（包括人类）的疾病，不过真菌是植物疾病的主要致病体，也可能引发人类疾病。细菌、原生生物和病毒是动物和人类疾病的主要致病体，而且也可能对植物造成严重破坏。

由于细胞结构不同，所以我们需要使用特定的抗生素来针对不同类型的微生物。[①]一般说来，对于细菌有效的抗生素却无法对古

────────────

① 虽然并不是完全准确，我们接下来会使用常用的术语"抗生素"（antibiotic）来指代杀死细菌的药物。但是严格说来，杀死细菌的药物是抗细菌药，而那些杀死真菌的药物是抗真菌药。同理，抑制病毒的药物叫作抗病毒药。

菌产生效果。虽然药物有些时候在我们身上能发挥强有力的作用，但是抗细菌的药物却无法影响真菌或者病毒；同样，抗真菌的药物对于细菌也没有效果。

尽管我们可能努力不去想微生物，然而它们却几乎无处不在——在每一个自然事物的表面，在每一滴水中，在每一粒沙子上。在过去的几十年中，科学家们不管检查哪里，都会不断地发现微生物。在近期类似"地球微生物项目"（Earth Microbiome Project）中，科学家们正努力了解并绘制全球微生物组——生命大厦的秘密地基，一个比我们先前想象的更加宽阔、更加广泛、更有影响力的地方——的地图。

随着人类对于微生物世界的探索，我们发现，我们对于微生物生态系统的了解远远不及对海洋、森林、河流和沙漠的了解。因为这些事物可以轻松观察到。土壤是由空气、水和矿物质交织而成的，其中充满了微生物，分外繁忙。过去几十年间，土壤生态学家逐渐揭示了微生物的多样性和特异性，其种类之多、分化程度之深，着实令人震惊。以前的观点认为，每一种微生物都是无处不在的，所有微生物以混合的形式存在于全球各地，各地的环境决定了哪种微生物能繁荣昌盛。现在看来，这种想法实在是大错特错。

2012年，一个由十位生物学家组成的研究小组采集了世界各地的土壤样本，并分析了其中的微生物群落。所有的微生物群落均具有相似的功能，比如分解有机质、净化水质或者是恢复土壤肥力。然而，每个微生物群落的组成结构都完全不同，它是与当地的环境和动植物相适应的。在生物密集的环境中，如热带森林，生物学家发现了种类更丰富的分解有机质的微生物。但是，在沙漠或者两极地区这样寒冷、干燥的环境下，有机质少得多，因此承担有机质分解功能的微生物种类也更少。正如我们所知道的地上生态系统那样，地下生态系统中某一物种的丧失可能波及整个群落，造成严重的后果。然而，与宏观世界不同的是，我们对于微生物生态中哪一种起关键作用几乎一无所知，更不用说它们在不同环境下是如何相互协同或对抗的了。

地理生物学是新兴的地质学子学科，其最新研究表明，微生物是生物界中最优秀的"环球旅行者"。在各种生命形态中，只有它们占据了最高的极顶和最低的深渊。细菌甚至能以云层为居所，生活在高层大气之中。古菌也能够居于深海沸腾的火山口附近。

由于它们极强的适应性，微生物几乎能够适应所有的环境。在其他生物无法生存的地方，细菌能以一系列难以置信的东西作为食物生存下来。某些被称为极端生物的古菌可以承受地球上最极端的高温、严寒和干燥。探索深海海底的地质学家们惊奇地发现，在"黑烟囱"上面及其周围，仍有微生物群落生存。"黑烟囱"从海底向上升起，高 20 至 30 英尺，是天然的喷口。尽管那里的温度高达 750 华氏度 [①]，但是高压仍使水保持着液态，这样的环境下仍有微生物群落生活。同样令人注目的是，在南极冰层下半英里深的冻湖中也发现了古菌的身影。

科学家甚至在智利的阿塔卡玛沙漠（Atacama Desert）发现了微生物群落。这里没有雨，没有流水，没有湖。美国航空航天局（NASA）曾在这里试验火星漫游者（Mars Rovers）。在地球的绝大

---

① 750 华氏度约等于 398.89 摄氏度 ——译注

部分地区，没有水就意味着没有生命。然而在 2005 年，科学家在阿塔卡玛沙漠一个干涸的古老盐湖地下表面发现了活着的细菌。它们是如何活下来的？寒冷的夜里，水汽凝成的露水偶尔会多得足以渗入盐地，唤醒在结晶基体中休眠的细菌。这就引发了一个有趣的问题：火星上的盐层里是否可能存在微生物？

近来，有科学家大胆地提出猜想，微生物是通过陨石从火星来到地球上的。有人不禁会问，它们真的能够在没有宇宙飞船的保护下，在宇宙射线中存活下来吗？我们已经知道，有些微生物具备这种能力。

耐辐射球菌（*Deinococcus radiodurans*）对辐射以及极端高温、低温和酸的耐受性令人难以置信。在 20 世纪 50 年代，研究人员将一罐肉置于致死水平的高辐射环境中，打开后发现里面有一群安然无恙的耐辐射球菌。这种适应能力极强的细菌能够耐受致人死亡辐射一千倍的量，这种适应能力使它能在核电站致命的冷却池中繁荣滋长。科学家们希望有一天能对耐辐射球菌进行转基因处理，使它们能吞食进而清理核废料。

原始的坚守者

今天大部分的极端微生物均起源于远古古菌，它们的历史甚至可以追溯至地球早期极热、低氧的时期。有些极端微生物至今仍然保持着厌氧的特性，我们称之为厌氧微生物。它们可以从硫化氢、甲烷、氨气等化合物中获取能量。

微生物庞大的遗传库使它们能够把任何天然存在的元素或化

合物当做能量来源。能够在过去几十亿年巨大的环境变化中存活下来，可见，微生物的适应能力是惊人的。后来，能进行光合作用的细菌（特别是蓝藻①）出现以后，它们将氧气作为代谢产物释放至大气中。氧会很容易地和很多元素发生反应，特别是铁元素。随着时间的推移，细菌促成大量氧化铁在原始海洋之外沉积，从而生成了条带状铁建造（banded-iron formation），正是它们形成了世界上某些最古老的岩石。结果，大气中的氧气含量一再上升和下降。然而，在25亿年至23亿年前，蓝藻越来越多，易氧化的矿物被耗尽，氧气开始在大气中积聚。15亿年后，大气中的氧含量达到了足以维持动物生存的水平。如今的大气环境能够维持下去，仍然有赖于微生物的含量。

虽然光合细菌为我们这些需氧生物的出现铺平了道路，但是对它们的兄弟古菌来说，地表成了不适宜生存的地方，这也是为什么如今大部分古菌都只能生活在深层地壳中。不过，也有一些躲避在动植物体内。据估计，古生物仍占全球生物总量的五分之一。只是我们无法看见它们。

在秘鲁海岸附近海底的淤泥下面取得的一项惊人发现，说明了现代生物圈的古老起源。科学家在海底500英尺深的地下钻取了

---

① 蓝藻（cyanobacteria），又名蓝细菌、蓝绿菌、蓝绿藻、黏藻。是一类进化历史悠久、革兰氏染色阴性、无鞭毛、含叶绿素 a，但不含叶绿体，能进行产氧性光合作用的大型单细胞原核生物。它的发展使整个地球大气从无氧状态发展到有氧状态，从而孕育了一切好氧生物的进化和发展。至今已有 120 多种蓝藻具有固氮能力，但有的蓝藻在受氮、磷等元素污染后引起富营养化的海水"赤潮"和湖泊的"水华"现象，给渔业和养殖业带来严重危害。——译注

岩芯，从中窥探到一个活跃的微生物生态系统。在这里，厌氧的古菌、细菌和真菌在没有阳光的环境中以硫酸盐和硝酸盐作为能量来源。令人惊讶的是，这些微生物群落所在的沉积层已经有 500 万年的历史了。早在人类出现之前，它们就与地表生物隔绝了。

即使继续深入到深海泥下的玄武岩中，你仍然能发现微生物群落的存在。2010 年，一个地球科学家小组公布，在华盛顿和不列颠哥伦比亚省沿岸，他们在天然喷口中渗出的液体里发现了大量微生物。由于深处海底地下，无法进行光合作用，它们依靠地壳岩石溶解于水中的硫酸盐来维持新陈代谢。海底地下的玄武岩可能充满了微生物，这一令人惊喜的发现意味着地球确实处处有生命，而且生命很可能已经存在了数十亿年。我们也与这个刚刚发现的地下生物世界共享着这颗星球。

远古的交易员

微生物是如何遍布全球的？随着其他生命形式的演化，它们搭动植物的便车走遍了世界各地。当然，它们也可以通过风来传播。

每天，都有大量细菌随着扬起的尘土，被横跨太平洋的海风从亚洲干旱地区吹到北美洲。2011 年，在俄勒冈州喀斯喀特山脉海拔超过 9000 英尺的学士山天文台，科学家们就采集了这样一些微生物。他们报告说，发现了几十种微生物，既有来自陆地的，也有来自海洋的。

为什么微生物种类如此丰富，并且能占据所有的角落呢？首要原因是微生物闪电般的繁殖速度以及它们获得基因的方式。20 世纪下半叶最令人吃惊的科学发现之一，就是细菌、古菌以及病毒能够相互交换遗传物质，就像人们相互交换故事一样。交换不只是发生在它们自己内部，而且还能跨越种族。微生物能够把基因传递给原生生物、昆虫、植物以及动物。它们不用遵守我们所遵守的遗传法则。这种无性遗传物质交流方式的名字却十分平淡无奇，被称为水平基因转移。这种令人震惊的行为和达尔文的理论水火不容。

细菌像狗一样采取机会主义的做法，它们直接从周围的生存环境中获取 DNA。最近的一项研究甚至发现，细菌已经将一块 43000 年前的长毛猛犸象骨中的 DNA 整合到自己的基因组中。这就形成了一个完全不同于大型生物体的演化形式——大型生物为传递基因必须进行求爱和笨拙的性行为。交换基因并从周围环境中——包括死亡生物的基因"垃圾堆"中——获取 DNA，让微生物得以迅速适应新的环境。

由于早期生命没有硬质部分，无法形成化石，早期的微生物死后便很快消失了。直到 5.41 亿年前，可以保存在化石中的坚硬的贝壳和骨头出现了，这才将微生物样本保存在地壳之中。尽管如此，微生物生命的证据至少可以追溯到 34 亿年前。例证便是细菌，它们在南非距今 34 亿年的岩石上留下了朦胧的印迹。间接的地球化学证据甚至显示，地球上的生命在 38 亿年前就已经存在了。

微生物从来都不是独居的。大部分微生物和其他很多种微生物一起以群落的形式存在，这与实验室中培养单种微生物菌落的做法相去甚远。有些微生物粘连在一起，表面还有一层有弹性的坚韧生物膜。生物膜不仅仅只是一团生存在一起的细菌而已。蛋白质与细菌分泌的长链多糖共同组成了一种胶状基质，而正是这种胶状基质能够将细菌们连在一起。哪里表面有水分，这些微生物群落就能在哪里。生物膜甚至能够在人体里生长，一个常见的例子便是牙菌斑。最近发现，动脉壁上可以出现牙龈定植细菌的生物膜。这表明，在心脏病的发展过程中，口腔细菌很可能厕身其间。但是，千万不要以为生物膜都是不好的。正如我们将看到的，在某些环境中，有益细菌的生物膜有助于防止有害细菌立足。

生物膜甚至在推动生命发展的道路上起到了作用。目前已知最早可用肉眼观察的化石是叠层石，这是一种层状岩石，记录了海洋浅水区生物膜的生长状况。2008年，科学家们对保存于距今27亿年的叠层石中的有机球状体进行了分析，结果支持了他们关于微生物起源的理论。叠层石是这样形成的：一层薄薄的碎屑沉淀下来，随后被由菌落组成的丝状物和垫状物团团包围，这样一层一层地沉积下来，就形成了叠层石。虽然细菌无法以个体的形式保存下来，但它们留下了生物膜结构的痕迹。地球早期生命存在的直接证据主要就体现在这种结构之中。1956年，在澳大利亚的鲨鱼湾首次发现了形成中的叠层石，这也是先发现化石记录而后发现活体的罕见例子。

微生物特别是光合细菌对整个地球的影响，怎样说都不会言过其实。除了形成富含氧气的地球大气，生活在海洋表面的蓝藻还有助于调节全球大气中的二氧化碳。它们通过光合作用从大气中吸收二氧化碳。如果这些光合细菌突然大量死亡，那么大气中的二氧化碳含量便会急剧上升。这种急剧上升的情形就发生在上一个冰川期快要结束之时，其急剧程度用地球物理学和地球化学都无法解释。这是否意味着微生物光合作用的突然减弱有助于创造冰后期的气候，使人类得以脱颖而出呢？或许如此。

我们应该感谢（或者诅咒）微生物为我们提供了化石燃料。我们烧得如此之快，以至于大气中的二氧化碳含量已经增加到了这个星球数百万年以来的最高水平。石油和天然气是由微生物的残骸或微生物分解的有机物在地球深处的高温高压环境下形成的。我们还应该感谢体内的微生物创造了屁的浓郁气味，这是它们在无氧环境下分解蛋白质时所形成的产物。

更为重要的是，微生物能够捕获空气中的氮气来合成氨基酸，而氨基酸则是生命的基础物质。微生物驱动着全球氮循环，这是大自然保持土壤肥沃的方式。岩石中的氮含量变化很大，花岗岩中的氮元素只有微量水平，而一些沉积岩中却能达到生物可利用的水平。整个地质时代，有机质中所有的氮元素，无论是简单的蛋白质还是主宰我们所有人的 DNA 分子，几乎都是通过微生物进入生物圈的。

你可以看到这样一个现象：如果你拔出一棵豌豆秧，或一万多种豆科植物中的其他任何一种，你会发现在根部生长着球状根瘤。切开球状根瘤，你会看到血红的颜色。这标志着某些细菌所主管的化学反应——氮元素从大气中的气体形式转化为能被植物利用的可溶形式。如果没有固氮菌源源不断地把氮转化成生物可资利用的形式，生命的伟业将会快速分崩离析。

微生物维持着驱动全球生态系统的物质循环，而它们本身也从中受益。当第一批勇敢的两栖动物离开海洋、踏足陆地的时候，微生物也跟着来到了陆地。我们知道，植物乃是一种"坚固的保水结构"，它的进化也有助于微生物进入陆地环境。打个比方，植物和动物就像为微生物探索新世界所打造的太空飞船。

　　但是微生物更像是船员，而不是偷渡者。对植物来说，从根到果实，全身都布满了微生物。微生物在很久之前就进入了动物体内，成为动物消化系统中不可或缺的一部分。可以说，微生物与蚜虫、奶牛和蛤类等物种关系紧密。

　　我们很难理解微生物的多样性以及它们所做的许多事情，因为我们对多样性概念的理解来源于我们每天所能看见的世界。我们关注的是动植物的形状、大小、颜色这些显眼的或对我们有用的特征。但是微生物的多样性是以一种完全不同的方式呈现出来的。它们的多样性并不在于它们的外观，而在于它们能够生成和使用种类极多的分子和化合物。

　　石头并不能为我们所食用，但是我们身体的养分却源自石头。微生物可以分解并提取岩石中的元素，使其进入生物循环之中。另外，包括所有昆虫在内的动物都不能真正消化植物中的纤维素，这是一种十分稳定、难以分解的分子。尽管纤维素是世界上最容易获得的食物（和能量）的来源，动物们也只能把这个重任委托给肠道中的微生物。

牛的力量

　　众所周知，牛是吃草的。但是，若无微生物分泌的酶来消化纤维素，那么无论牛吃多少草，它们都会饿死。在牛的瘤胃中（牛四腔胃中的第一个胃）生活着特化的微生物群落，它们日复一日地努力分解纤维素。所以，牛并不只是简简单单地吃草，它们把草嚼碎之后，喂给体内的微生物，而微生物则将其分解并产生营养物质反过来供给牛。换句话说，牛反刍不是因为喜欢咀嚼，而是为了生存。它们必须将草磨成足够细的颗粒，以便微生物能够消化纤维素。牛很快地吃草，然后反刍少量的草，嚼得更碎，就这样每天反刍长达 10 小时。它们是行走的发电厂，可以把草变成能源。

牛之所以有这种体内养殖的本领，其生理基础是它的轻巧四腔胃。单单是瘤胃就含有一万亿个微生物。它们能够释放纤维素酶，从而将纤维素分解为可吸收的糖类。反刍的食物嚼得很碎，大大增加了纤维素酶和纤维素的接触面积。牛的第二个胃——网胃则充当了混合场所，从瘤胃中开始的微生物发酵过程继续进行。

如果你认为这样对牛而言好得似乎令人难以置信，那是因为事实就是如此。牛并不直接吸收微生物分解纤维素所产生的糖类。微生物自身会吸收、消耗糖类，进而产生如乙酸盐、丙酸盐及丁酸盐等短链脂肪酸（SCFAs），牛便能够利用这些物质。换句话说，牛实际上是以其体内寄生的微生物的代谢废物为食的。据我们所知，牛并不是唯一这么做的哺乳动物。

然而牛还是笑到了最后，因为牛也会把微生物吃掉。牛的第三个胃——重瓣胃是一个能够收缩的肌性器官。它推动消化得最充分的物质从一个小孔中通过，吸收其中的水分，并将其运送至第四个胃——皱胃。在最后一站中，牛能够消化在瘤胃中生长着的分解纤维素的微生物。这些微生物是牛主要的蛋白质来源。

但是，这都是有代价的。牛赖以消化食物（无论是草类还是谷物）的产甲烷菌会产生大量的气体。由这种古菌所产生的甲烷能多到让一整头牛膨胀起来的地步，除非牛通过打嗝把气体排出来。当然，它的确也是这么做的。一头牛一天能够产生超过 90 升的甲烷。把它们全部加起来，牲畜所排放的甲烷量占到了美国甲烷总排放量的三分之一，如此巨量的甲烷甚至超过了石油和天然气中分离所得的甲烷量。尽管有些人指责牛为温室气体排放大户，但是我们知道，实际上牛自己并没有产生这些让农场孩子高兴地拿着火柴凑上去点的甲烷气体。

牛通过吃草来供给体内的微生物发酵池。作为交换，牛也以微生物的发酵产物以及微生物本身为食。虽然我们不能吃草，但是由于牛体内微生物的作用，我们可以喝牛奶，吃奶酪，烤牛肉。[①]

现在我们可以看到，只要有生命存在的地方，无论是你家里的每一寸角落，还是地球上最极端的环境，抑或是牛的四腔胃，都有微生物的踪迹。在发现微生物之后的很长一段时间里，微生物都被认为是无关紧要的存在。虽然微生物让生命得以发展从而变得愈加复杂，但是直到 20 世纪末期，人们才开始认识到这一点。

---

① 令爱狗人士大感兴趣的是，瘤胃是狼猎取食草动物后加以吞食的第一个部位。这可能是因为瘤胃中产甲烷古菌在厌氧酵解过程中会产生维生素 B_{12}。也可能仅仅是因为狼喜欢瘤胃的臭味。虽然人受不了瘤胃的臭味，但是狗却很喜欢。机智的狗粮生产商们会添加瘤胃细菌以使狗粮更迎合狗的口味。

第三章
窥视生命

微生物对生命至关重要，是大自然宏伟设计的核心。
如果世上没有微生物，任何事物都无法分解。

在农业改变全球文明以及我们与自然界的关系之前，人们生活在可以感知的自然界中。我们的脑容量足以命名和记忆五百多种有生命之物，这并非偶然。我们的祖先能将森林、草地和灌木丛中有用的植物和真菌分为可食用、可药用和有毒几类。在没有农场手册、园艺书籍、拖拉机或铲子的情况下，第一批将植物栽培添加到其食物采集策略中去的人是非常伟大的。他们能想到将种子播种到地里，让大地提供食物。从那以后，很多人像安妮一样爱上了身边的绿色植物。但是很少有人为那些看不见的事物倾倒。

命名自然

有一个人，被各种各样的植物深深吸引，塑造了我们认识自然的方法。他1707年出生在瑞典农村，成长于北欧的自然环境中。作为一个学习医学的年轻人，他痴迷于植物学，毕竟，那个时代的药都来源于植物。后来，他有了一种非凡的能力，能够根据植物的特征将它们分为不同的群体。当他看到来自遥远地方的神秘植物时，他似乎凭直觉知道它们归属于哪个群体。他根据自己看到的特征对植物进行分类：叶缘（锯齿状或全缘），花中雄蕊的数量（5或50），种子的周长（苹果或鳄梨种子的大小）等。这个非凡的人物就是卡尔·林奈（Carl Linnaeus）。

林奈拥有非凡的感知能力，以及与之匹配的雄心壮志，他提出了一种新的命名和分类方法，为生物分类学奠定了基础。每株植物，无论是开花的还是有刺的，细小的还是粗壮的，每个动物，无论天上飞的还是地上爬的，在他的《自然系统》（*Systema Naturae*）中都有一个名字和归属。在这部由最初的薄册子发展而成的皇皇巨著中，林奈阐述了如何对植物和动物这两大基本生物类别进一步分类。

林奈的动植物命名法被称为双名命名法。你走进任何一个植物园，都会看到它。每个植物都有自己独一无二、由两部分构成的拉丁名，如日本枫叫作 *Acer palmatum*，越橘叫作 *Vaccinium parvifolium*。参观动物园，你可能会看到一只狮子（*Panthera leo*），以及它最喜欢吃的黑斑羚（*Aepyceros melampus*）。双名命名法的第一部分为属名，是所有密切相关的种所共有的，第二部分为种加词，两部分合在一起，构成了独一无二的分类标签，定义了每个生物体。对植物和动物命名决定了人们看待、谈论和理解自然的方式。

林奈对遗传学一无所知，他比格雷戈尔·孟德尔（Gregor Mendal）早了一个世纪。他也没有听说过进化论，因为查尔斯·达尔文（Charles Darwin）尚未出生。当然，他也不可能想到现代基因测序或 DNA 分析技术。他不得不依靠眼睛来研究周围自然世界的多样性。他对植物和动物进行分类的方法简便、实用，现在仍广泛使用。林奈奠定了生物命名和分类的基础，并深深影响了他之后所有的生物学家和博物学家的思想和工作。因此，他被认为是分类学之父。

孩子当然不了解分类法。但不知何故，他们顺着父母的目光看过去的时候，就知道植物何以为植物，动物何以为动物了。在会说话之前，大多数孩子可以很容易地分辨猫和狗，蕨类和树木。学步的小孩会指着身边的生物泰然自若地大喊大叫，父母会认为是小孩精力旺盛，但其实远非如此。

对所见的自然进行分类是人类与生俱来的欲望。比起其他感官，我们更多地依靠我们的眼睛来判定谁是谁，谁与谁相关，以及它们应该如何分类。大多数情况下，我们只是根据动植物的外观来分类。不论生活在哪种文化背景之下，这都是我们首先要学着去做的事情之一。而我们无法触及或看不到的东西并不太重要。

两百多年来，林奈的系统在理解生物并为其命名和分类方面行之有效，但最近却遇到了麻烦。观察和测量整个样本，无论死活，用尺子测量尾巴、触角或花瓣，对于微生物却并不适用。事实证明，远远不够。甚至连物种是固定不变的想法，也不适用于微生物世界。

微生物难住了林奈。微生物在林奈出生前几十年被发现，它们一直是个谜。它们是植物还是动物？在林奈看来，对小虫子进行分类没有任何意义。它们太难观察，长得又非常相似。你无法两臂合围丈量它们，更无法把它们夹在标本台纸中或别在标本板上。在《自然系统》后来的几个版本中，林奈将所有微生物统称为纤毛虫（infusoria），将细菌分在混沌（Chaos）属。几个世纪后，随着

DNA 的发现和 DNA 测序技术的创新，微生物世界与我们所知日常世界的紧密关系才开始成为焦点。

　　你分辨鱼和青蛙、太阳花和百合花的能力在分辨肉眼不可见的微生物时是没有用的。你永远不会看到学步的小孩像对小猫或小鸟一样对细菌咯咯笑。微生物是看不见的，而这正是问题所在。我们想要触摸、看到周围的自然世界并为其分类，然而这种渴望一碰到微生物就分崩离析了。但是，一个荷兰布商却为我们打开了观察这些微生物的一扇窗户，我们认识的世界由此而改变。

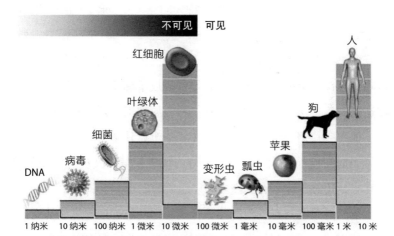

生物的尺寸。从并非真正生命的病毒到我们日常生活中看到的大自然，生物个体的大小从几纳米到数十米不等。

小小动物

　　当安东尼·范·列文虎克（Antony van Leeuwenhoek）发现微生物时，他认为它们不过是一些有趣的稀罕玩意儿。列文虎克 1632

年出生于荷兰代尔夫特，是一个富足的篮子制造商的儿子。在他 16 岁时父亲去世，他也就从母亲送他去的寄宿学校中辍学，去给一个阿姆斯特丹布商做会计学徒。在商店里，他第一次看到了显微镜，这是一个简单的装置，由一个简单的镜片和小底座组成，用于检查亚麻和布帘的质量。6 年后，也就是 1654 年，他回到代尔夫特建立了自己的布料店，不久结婚，过上了安定的生活。他不懂当时作为学者通用语言的拉丁语，因此对刚刚兴起的自然科学一无所知。

随着时间的推移，列文虎克愈发强烈地渴望制作出更好的玻璃镜片来检查商品。1665 年，罗伯特·胡克（Robert Hooke）出版了《显微制图》（*Micrographia*）一书，这是第一本科学畅销书。列文虎克在书中看到了跳蚤和其他微小生物的极其精细的图像，从此被微观世界深深吸引。列文虎克的好奇变成了痴迷，他开始拜访眼镜制造商和炼金术士，学习镜片制作和金属加工工艺。6 年后的 1671 年，他将一片精心制作的镜片放在了一个设计精巧的支架上，制造出了当时功能最强大的显微镜。这一改进使得列文虎克大受鼓舞，他越来越用心于此，有了许多难以想象的发现。

他的显微镜只有三到四英寸①长，但功能远远超过能从商家和学者那里获得的任何显微镜。它们让麋鹿的毛看起来像木棍，让列文虎克的皮屑看起来像鳞片。他甚至解剖了一只苍蝇的头，将其固定在针头上，对这微小脑部内复杂的细节惊叹不已。他的邻居认为他疯了，但列文虎克并不在意，仍然沉迷于探索微观世界。他没有为自己惊人的发现大肆宣扬，这只是他的个人爱好。

---

① 1 英寸 =2.54 厘米。——译注

后来，列文虎克让一个身为英国皇家学会通讯记者的熟人参观了他的显微镜。这位老于世故、受过良好教育的访客深感震惊。当时最好的手持透镜可以放大几倍。然而，在一个商人的客厅里，你可以观察到放大两百多倍的虱子腿和其他不可思议的事物。皇家学会很快就得知了这些令人惊叹的显微镜。

在 1674 年 9 月一个刮风的日子里，列文虎克用玻璃小瓶从代尔夫特附近的一个池塘里收集了一些水，想知道水中漂浮的一团团绿色是什么。他在显微镜下看到了微小的绿色细丝，与人的头发差不多粗，由首尾相连的小球构成。他看到微小的生物在显微镜下的森林里跳舞。一年后，1675 年 9 月的一天，列文虎克从他花园的蓝色浴缸里取了一滴四天前的雨水，在显微镜下观察，又把女儿玛丽叫来，让她也看看这一"雨滴之海"中的无数生命。微小的生物在镜头下四处游走，它们没有头和尾巴，大多数看起来像斑点或小棍子，有些类似开瓶器。最小的几乎看不到，形状很模糊。

这些微小的动物从哪里来？它们是和雨滴一起从天上掉下来的吗？它们是生活在花园的土地上吗？还是上帝在他的花园里制造了它们？

在第二年的春天，1676 年 4 月，列文虎克将三分之一盎司^①的胡椒粒放在水中，想知道它们的辛辣是否真的是由普遍认为的小倒钩造成的。泡了三个星期后，他没有看到他期望的小倒钩，而是发现了一群他所谓的"微动物"在显微镜下游走。

1676 年 5 月 26 日，一个暴雨天，列文虎克将一个酒杯彻底清

---

① 1 盎司 =28.35 克。——译注

洗干净，烘干，放在屋檐的落水管下。然后他将一滴雨水放在显微镜下，发现有许多小动物在里面游来游去。他把一个蓝釉瓷盘洗干净，放在雨中。当他在显微镜下观察一滴刚刚落下的雨水时，却没有看到任何蠕动的生物。看来，这些小动物并非随雨水降落而来。抑或可能是……？四天之后，同样的水中充满了这些神秘的生物。

列文虎克对于这些发现无比兴奋，写信给英国皇家学会，描述一滴水如何容纳了一百万个看不见的"动物"。伦敦的学者嘲笑他太荒谬了！来自代尔夫特的布商怎么会在一滴水中发现比世界上所有荷兰人还多的动物？几乎所有人都知道，世界上最小的生物是微小到几乎看不见的奶酪螨。

列文虎克收到一个充满怀疑的答复，要求他详细说明显微镜的制作方法和他的观察方法。他回信说明了他怎样估计这些微小生物的大小，并提出由代尔夫特的杰出市民来作证，他们会发誓自己亲眼看到了这些生物。但是，出于一心保密的偏执，他不会透露显微镜的制作方法。

尽管列文虎克的声明听起来荒诞不经，皇家学会还是产生了好奇心，他们委托罗伯特·胡克尽可能制造出最好的显微镜，检验列文虎克的大话是否属实。1677年11月15日，胡克把他功能强大的新显微镜带到了皇家学会会议上，会员们轮流观察了一群在一滴水中游泳的生物，震惊不已。列文虎克的发现令皇家学会印象深刻，于是他被选为皇家学会会员。

即便如此，列文虎克依然不愿意给他们一台显微镜。他的发明不出售。

列文虎克也在其他地方寻找生命。他从自己的牙齿之间刮下牙菌斑，放在一滴纯净的雨水中。里面充满了微小的生物。有些像鱼一样跳跃，另一些一直在翻筋斗。有些动作迟缓，另一些行动迅疾。原来他的嘴里也充满了像小棍子和开瓶器一样的微小生物。后来，他在喝热咖啡后再次观察牙齿上的牙菌斑，只有很少一些生物在无力地移动，其余的生物都死了。看来可能是高温杀死了这些小生物。

列文虎克不断地在最奇怪的地方寻找和发现微生物，包括在饮用水、马和青蛙的肠子，甚至他自己的腹泻物之中。其间，他还发现了血细胞和人的精子，成了一个名人。他经常招待慕名而来的知名客人，让他们看他的显微镜。来客中还有俄罗斯沙皇彼得大帝和英国女王玛丽二世，他们都是专程去代尔夫特看他的神奇镜片的。

列文虎克终生痴迷于微生物，死前也念念不忘。1723 年，91岁的他口齿不清地指挥女儿玛丽给皇家学会写了最后一封信。从始至终，列文虎克都认为他的小动物的不可思议的奇妙世界与我们的日常世界并无关联。

发酵天才

一个多世纪以后，科学家开始意识到微生物大大影响了我们的日常生活。1831 年 10 月，一名来自法国东部山村的 8 岁男孩路易斯·巴斯德（Louis Pasteur）问他父亲，为什么健康人被患有狂犬病的狗咬伤后会死。这个曾在拿破仑军队中担任中士的制革工人老巴斯德回答不了这个问题。但这个问题一直困扰着小路易斯，这个充满好奇心的孩子注定要改变我们对大自然隐藏着的另一半的认识。

　　尽管巴斯德当时并不很聪慧，却很踏实，他被巴黎著名的师范学院——巴黎高等师范学校录取，师从有机化学之父让－巴蒂斯特－安德烈·杜马（Jean-Baptiste-André Dumas）。当时，关于微生物应用的报道逐渐引起新的关注。例如活酵母在将啤酒花和大麦转化为啤酒的过程中是必需的，又如加热密封后的肉可以在玻璃罐中数月保持新鲜。人们开始觉得，那些深深吸引着列文虎克的、看不见的小生物很有可能有着很重要的作用。

　　但是，巴斯德学习的毕竟是化学，而非微生物。1847年，25岁的巴斯德发现，并非所有的酒石酸都一样。两个具有相同化学成分的品种，却具有不同的分子结构，从而产生类似于右旋与左旋的不对称性。这个发现使他成为斯特拉斯堡大学的教授。

　　1854年，他被任命为法国北部里尔大学科学院院长。在这里，他因为一位甜菜酿酒师而获得了广泛的赞誉。这位酿酒师是他一位学生的父亲，他来寻求巴斯德的帮助，想弄清楚为什么发酵有时会失败，让他每天损失数千法郎。巴斯德参观了酿酒厂，并分别从不再产酒的异常灰色、黏稠的大桶中和正常产酒的、满是泡沫的桶中取样。回到实验室后，巴斯德将从泡沫桶中取出的一滴液体放在显微镜下观察，他看到一小团一小团游动的黄色酵母。当他观察另一桶中的液体时，他发现没有酵母游动，而是看到灰色的样品里充满了比酵母小得多的棒状生物，但显然同样充满生机。

　　他观察到的模式是一致的。来自异常桶的样品总是酸性的，并含有细小的棒状生物。他将灰色黏稠桶中的一滴水滴入一瓶灭过菌的水中。数小时后，棒状生物变多了，大桶变成了酸性。巴斯德推断，棒状生物（细菌）产生了酸，而泡沫桶中的酵母以某种方式将甜菜糖转化为酒精。他认为酵母和细菌相互竞争，酵母获胜则产酒，细菌获胜则变酸。巴斯德并没有如此描述，但他用实际行动来观察微生物生态。

对于巴斯德的社会文化和时代而言，更重要的是，他揭示了发酵的古老奥秘：酵母引起发酵。微观生物体像魔术师一样，将物质从一个状态转变到另一个状态。巴斯德被自己的发现深深迷住了，他坚信，其他微生物也能做同样惊人而有用的事。他确信，酵母使大麦发酵而产生啤酒，使葡萄发酵而产生葡萄酒。当进一步的实验证实酵母确实能产生酒精时，巴斯德很高兴。法国所有的葡萄酒和德国所有的啤酒都不是由人制造的，而是这些微小到看不见的生物的功劳。因为这个惊人的发现，先前拒绝接收他为会员的法兰西科学院授予了他"实验生理学奖"。

与列文虎克不同，巴斯德并不羞于公布自己所取得的成就。他宣称，他发现了微生物使肉变质。尽管他不是第一个声称微生物是使肉腐烂的根源的人，但他优雅简单的实验令人十分信服。他密封了一批装有一些牛奶的烧瓶，并在沸水中灭菌，另外一批未加热的密封牛奶瓶则放在室温下。三年后，他打开了瓶子。

未灭菌的烧瓶中，所有的氧气都已经被消耗光了，牛奶也已经变质了。相比之下，密封并煮沸的烧瓶中的牛奶保存得很好。没有微生物，意味着没有腐化，意味着牛奶不会变质。这一发现有着更深广的含义，巴斯德意识到了。微生物对生命至关重要，是大自然宏伟设计的核心。如果世上没有微生物，任何事物都无法分解。

但它们从哪里来？当时流行的自然发生论认为，微生物直接从死亡和腐烂的有机质中产生。另一种观点认为，生命只来自生命。

作为虔诚的天主教徒，巴斯德赞成后者。他认为，生命只是在最开始的时候被创造出来的，它不能突然产生。

为了测试自然发生论，巴斯德将玻璃烧瓶装上了已灭菌的酵母溶液，即死了的酵母溶液。然后他密封烧瓶，以免微生物进入瓶中。如果在灭菌容器中有任何东西生长出来，它只能来自死酵母细胞。几个月后，他打开瓶子。没有生命，这表明自然发生论是不可信的。微生物并非从腐烂的有机质中产生，而是一开始就存在的。

巴斯德急于让法国公众意识到，支持科学研究（比如巴斯德本人的研究）能带来实际效用。他用自己鉴别变质葡萄酒的不可思议的能力来取悦他的访客。巴斯德知道微生物负责将葡萄汁发酵成葡萄酒，他将污染的葡萄酒归咎于微生物"恶棍"。他让朋友给他带来变质的葡萄酒——苦的、油腻的或变得像醋一样黏稠的。在显微镜下观察发现，变苦的葡萄酒感染了一种微生物，变得油腻的葡萄酒感染了另一种微生物，而变得黏稠的葡萄酒名副其实地充满了连在一起的微生物。

然后，他向酿酒师发起挑战，他让他们带来变质的葡萄酒，自己不加品尝即可正确判断问题出在哪里。多疑的酿酒师们接受了挑战，想合谋愚弄一下这位天真的学者。他们将几瓶好葡萄酒与几瓶变质的葡萄酒混在一起，想证实巴斯德是他们以为的骗子。

当巴斯德用细长的玻璃管从第一瓶中取了一滴酒放在显微镜下方的玻璃片上时，这些酿酒师开始暗笑。几分钟后，巴斯德站起来，转向暗笑的观众，并宣布这瓶酒没有什么问题。现场负责对巴斯德的判断作出评判的品酒师证实了他的观点，人群安静了下来。

巴斯德从一排酒瓶前走过，依次从每个酒瓶中取出一滴酒，在显微镜下观察，并准确地判断出葡萄酒的状态——苦的、油腻的、黏稠的或良好的。这时，观众的怀疑变成了惊讶。巴斯德的表现给观众留下了深刻的印象。不可见的微生物可以创造或破坏他们自己的劳动果实。

巴斯德不满足于简单的娱乐，他致力于找出保护葡萄酒不被微生物破坏的方法。如果成功的话，就会向法国公众证明他的科学发现有产业价值。他发现，如果发酵完毕后将酒加热，就会杀死微生物并防止变质。今天，我们把这个非常简单有效的方法称为巴氏灭菌法。

巴斯德在判断酒精变质的原因方面取得了令人瞩目的成功，图尔的醋商听说后非常感兴趣，他们正因为大桶的酒没能转变成醋而苦恼不已。当巴斯德检查他们的桶时，他注意到变成醋的桶表面有一些浮渣。根据醋商的说法，这种情况经常出现在酿醋成功时，而酿醋失败时则不会出现。他在显微镜下检查样品，发现浮渣是一个蓬勃发展的微生物群落，它们能将酒精氧化成醋。然后，他教醋商如何培养和照料这些小小化学家。古老的秘密被逐个揭示出来了。微生物可以为我们所用，也可以造成破坏。

事实证明，关于微生物对葡萄酒的影响，巴斯德只了解一部分。微生物也影响葡萄酒的不同特征。酿酒师通常把"风土条件"，即赋予葡萄酒独特风味的"产地的风味"归因于不同地域的土壤、地质条件和气候。这些因素确实有影响，但葡萄酒发酵早期的微生物群落在不同地区也有所不同。这意味着，所谓的风土条件实际上也反映了不同微生物群落的影响，而它们的种类与生长在不同条件下的葡萄藤密切相关。下次你品尝你最喜欢的葡萄酒时，你可能想要去感谢微生物赋予了葡萄酒独特的品质。

撼动生物演化树

在巴斯德揭示了发酵秘密之后的一个多世纪里，生物学家仍然无法充分了解微生物的作用。功能更强大的显微镜有所帮助，但作用不大。

20 世纪 70 年代末，另一个卡尔发现自己正在尝试生物分类。卡尔·沃斯（Carl Woese）没有采用卡尔·林奈那种仔细观察并比较外在形象和特征的标准博物学方法，虽然该方法在当时仍然很流行。许多与沃斯同一时代的微生物学家都是分析了细菌的不同形状和特征，从而将它们进行分类的。毕竟，有些细菌看起来像多刺的马勃菌，有的像一根线、一串珍珠、一个芸豆或一个卷曲纹。一些细菌有鞭毛，它们用这种尾状附属物来推动自己。有些细菌则没有鞭毛。

微生物学家利用这些特征将细菌分类到界水平以下的分类学单元中——门、纲、目、科、属和种。当时主要分五界，所有细菌都属于单细胞界，其他四界分别是原生生物（主要是类似于变形虫的微小生物）、真菌、植物和动物。但微生物的外观是具有欺骗性的，而且细菌的外部特征相对较少，以此分类并不可靠。

沃斯既不是微生物学家也不是分类学家，他似乎不太可能解决微生物对传统分类学提出的问题。沃森（Watson）和克里克（Crick）因为发现了 DNA 的双螺旋结构，于 1962 年获得诺贝尔奖。[1] 在此之后不久，沃斯就开始了他的生物物理学研究生涯。当

---

[1] DNA 的双螺旋结构就好像一圈又一圈旋转的楼梯。四对碱基分子——腺嘌呤、胸腺嘧啶、胞嘧啶和鸟嘌呤形成了梯子的"横档"。四种碱基分子的长链沿着梯子两侧纵向排列，形成了不同的基因。

时，生物学家们仍然在研究 DNA 如何安排细胞内蛋白质的构建。他们知道蛋白质合成与组成 DNA 分子的碱基序列有关。但是，"遗传密码"尚未破解。[①] 沃斯相信，DNA 结构本身就蕴含着重要的线索，对于研究生物学领域内一个最大的、备受关注的未解之谜——生物学演化关系非常重要。为了追求自己的理念，沃斯进入了微生物学的世界。

与其他生物体相比，细菌的基因组相对较小，所以沃斯和他实验室里的一名新的博士后研究员乔治·福克斯（George Fox）开始尝试对细菌的 DNA 进行研究。他们尤其专注于细菌中被称为 16S 核糖体核糖核酸的基因，简称 16S rRNA[②]。这种基因在所有生物体内都有，而且有充分的理由。

核糖体合成需要 16S rRNA 基因。核糖体是球形粒状小体，在所有活细胞内以百万计。核糖体合成蛋白质。所有生物（包括古菌、细菌、原生生物、真菌、植物和动物）体内的所有蛋白质都像织物编织于织布机一样从核糖体上合成。没有织布机，就没有织物。蛋白质大量塑造了生物结构，所以你永远不会希望合成核糖体的基因发生变化，否则创造生命的蛋白工厂将会一片混乱。

---

① "遗传密码"指 DNA 中的三个相邻碱基分子的特殊三联体决定了特定氨基酸。这些氨基酸依次连接，形成了蛋白质。

② 原核生物有三种核蛋白体 RNA（ribosomal RNA，简称 rRNA）。依照它们的沉降系数可分为 5S、16S、23S。它们分别与不同的核蛋白体蛋白质结合，分别形成了核蛋白体的大亚基（large subunit）和小亚基（small subunit）。真核生物的四种 rRNA 也利用类似的方式构成了核蛋白体的大亚基和小亚基。16S rRNA 即 16S 核糖体核糖核酸（16S ribosomal RNA），是原核核糖体 30S 小亚基的组成部分。16S 中的"S"是一个沉降系数，也即反映生物大分子在离心场中向下沉降速度的一个指标，值越高，说明分子越大。——译注

但是，有一部分 16S rRNA 基因不是很稳定，不仅在细菌与细菌之间不同，而且在所有的生命形式之间也有所不同。就细菌而言，沃斯和福克斯认为，如果他们能够确定并记录下基因易变异部分的差异程度，他们就能更好地区分不同种类的细菌。此外，他们认为，基因易变异部分的差异可以揭示两种细菌在多久以前拥有共同的祖先。换句话说，根据这些 16S rRNA 的细微差异——沃斯称之为细胞内部的化石记录——他们就可以构建细菌的族谱。

但是有一些问题。他们需要大量不同的细菌来取样，他们需要提取 16S rRNA 基因；他们需要找到一种分析和观察基因易变异部分中碱基分子序列的方法。如此一来，如何做这些事情也是一个问题。

日复一日，年复一年，沃斯和实验室同事尝试了不同的技术，希望能够捕捉到生物的分子结构。他们采取了一种方法来分析 16S rRNA 基因的易变异部分。每个 DNA 样本都具有不同的分子量，一旦转移到胶片上并且通过灯箱观察，便表现为清晰的、带斑点的暗色条带。沃斯泡在实验室里，数千次地仔细检查那些像 X 射线图像一样的斑点之间的微小差异。他可以将这些差异与 DNA 中的碱基分子序列联系起来。沃斯和他的实验室就这样呕心沥血地分析出了每个细菌样本的 16S rRNA 基因的易变异部分中的一小部分碱基序列。他们将同样的方法应用到多细胞生物体的 DNA 样本中。

沃斯看到的不仅仅是图像，他开始从中读到新的生命故事。他将模糊的条形码样的斑点变成了基因序列的目录。到 1976 年，沃斯已经非常擅长解码这些斑点，他可以识别出他采过样的不同细菌各自特有的模式。多细胞生物也有独特的模式。他发展出的专业技能可以与林奈依靠诊断特征来鉴别陌生植物的能力相媲美。

　　沃斯的 16S rRNA 序列目录变得越来越厚。他相信，他将细菌归入不同分类单元的方法正在取得成果。他也意识到，无论是棒状或卷曲，圆形或椭圆形，16S rRNA 序列诉说的故事与林奈的方法并不相符。

　　当然，沃斯沉迷于收集尽可能多的不同的细菌样本，来扩充他的目录。有一段时间，一位同事一直被热自养甲烷嗜热杆菌（*Methanobacterium thermoautotrophium*）困扰。这种奇怪的细菌可以在 150 华氏度（65 摄氏度）、没有氧气的污水和污泥中生活。也许探究它的 16S rRNA 序列会获得更多关于这种强悍生物的信息？沃斯想一探究竟。

　　这种生活在污水中的细菌在胶片上的斑点图案与其他细菌样本都明显不同。更令人困惑的是，它们的图案更接近多细胞生物的DNA 样本。这是怎么回事呢？肯定有什么地方不对。因此，他们又提取了另一批 DNA 以产生另一组图像。第二组图像跟第一组完全一样。这个科学发现使沃斯和他的实验室同事异常兴奋。这种奇怪的甲烷生产者拥有自己独特的世界。虽然它看似一种细菌，但它不符合所有其他细菌样本的结构模式。生物演化树开始动摇了。

　　沃斯采集了更多的样本进行观察，结果证实了他的想法。16S rRNA 基因易变异部分的碱基序列确实揭示了演化关系——所有生物间的演化关系，而不仅仅是细菌间的。1977 年 11 月，站在满是潦草笔迹的黑板前的沃斯登上了《纽约时报》的头版头条。

　　从最小的生物中发现的大新闻可以说是翻开了 20 世纪的《自然系统》，也在生物学家之间引起了广泛的争议。沃斯从中看到了生物分类的新方法，但大多数生物学家认为这是异端邪说。许多人并不完全明白沃斯和福克斯是如何得出结论的。当然，怀疑主义者并没有仔细看过沃斯胶片上的生命模式图像，也并不清楚他是如何将其解译为演化关系的。他们并没有看到沃斯在成千上万的图像中观察到的信息。随之而来的是激烈和充满敌意的争论。而沃斯回到他的实验室，继续破译了带有更多斑点的基因序列。

1990 年，进行类似研究的其他生物学家证实了沃斯的发现。他的结论一经证实，立刻刮起一阵飓风撼动了生命演化树。似乎不仅所有的细菌将不再是细菌，而且一切生物的分类都即将被改变。

当沃斯在"界"的水平之上提出一个称为"域"的全新分类单位时，传统的野外博物学家和许多现代生物学家都不能容忍他这样重新组织生物分类。但关于这个问题，最困扰的一点在于究竟将谁填充在各个不同的域之中。多细胞生物被挤到一旁，单细胞生物在崛起。细菌可以单独占据一个域。其他单细胞生物，包括引发这一切争议的、在污水中发现的热自养甲烷嗜热杆菌，占据第二个域——古细菌域（Archaebacteria）（该域已被简称为古菌域 [Archaea]，以强调它们实际上并不是细菌）。

有很多问题亟待解决。怎么能让两个我们甚至看不到的生物域成为我们为所有生物重新命名和分类的基础？简直荒谬！另外，第三个域称为真核生物域，包括我们人类在内的数量庞大的各种生物都塞在其中。我们不得不捏着鼻子与黏液菌、变形虫、藻类、真菌、地衣、鱼类、鲸鱼、蚯蚓、树木、鸟类以及我们心爱的毛茸茸的朋友共享同一个空间。然而，我们有皮肤，而不是黏液、羽毛、毛皮、鳍或鳞！最令人不安的是，我们这个物种现在处于生物演化树的一个小分支末端的脆弱细枝上。

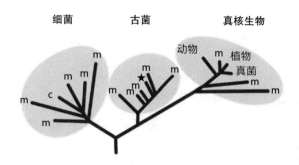

新的生物演化树。 三个生物域以及它们的演化关系。星形代表热自养甲烷嗜热杆菌所属的类型，字母 c 表示蓝藻（早期氧气生产者），字母 m 代表其他微生物。（参考 Woese et al., 1990，并有所改动）

　　牢骚和抱怨最终都消失了，现在我们这样对生物进行分类：古菌域包含最古老的生物，细菌域包含原有的常规的细菌，而真核生物域包含包括我们人类在内的其他所有生物。由此可见，三域中有两个域（古菌和细菌）以及这些域内新的界都由单细胞的微生物组成。真核生物域的原生生物界同样由微生物组成。无论如何划分，微生物都在生物演化树上占据了重要地位。

　　然而，将所有多细胞生物归为一类一直让我们难以接受，因为我们认为自己是独特的。我们和其他真核生物域的同胞被统称为"真核生物"，单细胞的古菌和细菌域的生物统称为"原核生物"。这些分组不是分类学单位，而是基于细胞内部形态划分，特别是看基因是在细胞内自由游移（原核生物）还是位于细胞的总部细胞核内（真核生物）。我们和其他所有真核生物都具有细胞核，而原核生物没有。

　　沃斯和许多其他微生物学家都认为原核生物—真核生物的分类方式正在回归林奈的分类方式。为什么细胞核存在与否要比其他特征更重要？以古菌的细胞壁为例，它与细菌的细胞壁明显不同。一些原生生物（真核生物）有鞭毛，而鞭毛是细菌（原核生物）的共同特征。

关于微生物认定的其他困惑在于，沃斯分类方法在解决谁是谁以及它们如何彼此关联的问题的同时，也揭示了一个问题：和 16S rRNA 序列相同的细菌却并不总是相同的。所谓同一物种的细菌可能生存方式完全不同，类似于狮子在北极可以地衣为食，而在塞伦盖蒂则以黑斑羚为食。

沃斯为了修正生物演化树而打开了潘多拉魔盒，然而新的问题随之而来：其中并没有另一类微生物——病毒的位置。严格来说，病毒并无生命。它们既不是单细胞也不是多细胞生物，因为它们不是由细胞组成的。从本质上说，病毒就是包裹在蛋白质外壳中的 DNA 或 RNA。还记得吧，病毒必须在活细胞内繁殖，在那里它们篡夺宿主的 DNA 来自我复制。一些科学家认为，某些病毒可能最终会帮助宿主或为宿主服务。

第四个域呼之欲出，即类似于生物的病毒域。其中包括了"巨型病毒"。这些病毒是如此之大，以至于普通细菌都相形见绌。巨型病毒一度被认为是非常大的细菌，直到遗传分析证明它们不是。听起来是不是很熟悉？

不管是否要在生物演化树上增加第四个域，事实上，地球上的大部分生物，无论你如何衡量，大多是隐藏着的，尽管我们不断窥探却依然看不见。我们尝试用我们发达的大脑去理解这些微生物，但这些微生物依然迷惑着我们。它们是朋友还是敌人？与我们同一战线，还是不利于我们，或者完全是另外一种情况？我们越了解微生物，它们就似乎越与我们的分类法格格不入。最新发现的一个名为洛基古菌（以挪威神话中的谎言之神洛基命名）的古菌门，为揭示复杂生物的出现提供了线索。[①]

在过去一个半世纪的大部分时间里，我们都将微生物视为敌人。在微生物学发展的早期，人们总是强调那些致病微生物，原因很明显，如果我们想要消灭它们，就必须知道它们是谁。幸运的是，很多折磨我们的主要细菌和病毒的病原体都很容易培养，这意味着我们可以在实验室中培养和研究它们。一旦病原体易于培养，这意味着在大多数情况下，治疗方法或疫苗就近在咫尺。尽管培养病原体一直很有价值且非常必要，但这令我们对微生物产生了极大的偏见，也使得微生物研究偏于一隅。

20世纪80年代，基因测序变得更加容易、更加快捷，它为科学家提供了一种研究这些微生物的方法。科学家一旦开始使用基因测序技术，就会震惊不已。原来在实验室中培养微生物的这种旧有的研究方法，实际上隐藏了微生物世界的许多信息。[②]

不妨想一想，如果我们只能看到并研究亚马孙森林中百分之一的树种，我们将如何了解整个亚马孙森林？如果我们只能看到常见的塔斯马尼亚树袋熊，我们将如何了解有袋目？如果达尔文之后的生物学家意识到了大多数微生物生存、进食、繁殖和死亡的生态环境，他们可能早就发现这是微生物有史以来最伟大的壮举之一了。

---

① 在最后进行编辑的阶段，乌普萨拉大学科研人员的发现被媒体报道描述为真核生物和原核生物之间缺失的一环。在来自北极大洋中脊的深海生物沉积物中，科学家们发现了共享有真核生物标志性特征的古菌的基因证据。他们指出，这些新生的古菌（new archaea）——洛基古菌，是产生第一代真核生物的远古古菌（ancient archaea）的活例子。

② 据估计，目前已知的100多个门的细菌中，只有大约1/4可以在实验室中培养。

第四章

互惠互利

　　自从微生物通过联合产生多细胞生物，合作、寄生以及全面冲突塑造了它们与动植物的关系。日复一日，随着生命树的生长，患难中诞生的关系在必要时会变成联合关系。达尔文想象不到微观世界是一个充满了合作的所在……我们自身三分之一以上的基因遗传自细菌、古菌和病毒。

很久很久以前的一天，两个微生物揭开了一系列事件的帷幕，并永远改变了生命的历史。一个古菌，这种所有生物中最古老的生物，与一个细菌融合了。它们的融合创造了一种复合的生命形式，一种杂交微生物，并启动了早期单细胞生命向更复杂的生命形式演化的进程。没错，这种嵌合的生命形式最终造就了并将造就类似你、我，以及在地球上行走、奔跑、滑翔、蠕动、滑动或游动的每一个真核生物。

两种生物关系密切、共同生活，或一种生物长在另一种生物体内，称为共生。微生物的共生导致多细胞生物诞生的想法在生物学建立之初几乎没有支持者。20 世纪的大多数演化生物学家都认同达尔文的想法，认为演化是由个体间竞争驱动的缓慢而残酷的物种形成过程。但有一位出色而坚定的科学家，林恩·马古利斯（Lynn Margulis），在 20 世纪 70 年代和 80 年代挑战了这种传统的演化观。基于地球上最早的几种类型的微生物之间的古老伙伴关系，她提出了一种完全不同的演化过程。

马古利斯原名林恩·亚历山大（Lynn Alexander），在芝加哥南部长大，是家中四个女孩中最大的一个。她的父母既不是学者也不是科学家，但她充满了好奇心，上进却又非常淘气。她在父母和学校管理者都不知道的情况下擅自离开了芝加哥大学开办的一个高中课程（high school-level program），进入当地的高中学习，她由此惹上了麻烦。学校管理者发现她根本不是登记在册的学生，他们无法容忍此事！他们的解决方案是对林恩进行一系列测试，看她是否有资格提前就读芝加哥大学。令所有人感到宽慰的是，她通过了测试。她在16岁走上的这条路，最终让她成为美国最受争议的生物学家之一。

3年后她大学毕业，对生物学深深着迷，同时也喜欢上了一个叫卡尔·萨根（Carl Sagan）的研究生。萨根令她感受到了科学研究的兴奋和满足。她和萨根结婚后生了两个儿子，然后到威斯康星大学攻读研究生课程。萨根继续研究行星科学，林恩则开始攻读遗传学和动物学硕士学位。他们的婚姻并没有持续很久。马古利斯后来到伯克利加州大学攻读博士学位。在那里，她继续研究多细胞生物的演化并发展出了日后强烈撼动了当时生物学固有信条的思想。

20世纪60年代，当马古利斯还是一个年轻的研究生时，大多数遗传学家都认为DNA是至关重要的。它像帝王一样坐在细胞的宫殿细胞核中，发布命令以控制细胞生命活动，而细胞其余部分的活动被认为在生物演化史上无关紧要。

在研究生早期，马古利斯发现了19世纪后半叶和20世纪早期研究共生关系的科学家们被忽视的很多成果。其中包括德国生物学家安德雷阿斯·辛帕（Andreas Schimper）于 1893 年提出叶绿体（植物的光合作用细胞器）起源于细菌，俄罗斯植物学家康斯坦丁·梅雷斯科夫斯基（Konstantin Mereschkovsky）在 1910 年创造了"共生起源"一词。此外，美国人伊凡·沃林（Ivan Wallin）于 1927 年在《共生主义和物种起源》（*Symbionticism and the Origin of Species*）一书中描述了细菌结合成新的生命形式的可能方式。

当马古利斯偶然接触到他们的想法时，这些想法听起来似乎真实可靠。细胞内某些结构可能曾经是独立的细菌，她觉得这似乎是可能的。这种新的合作伙伴关系对于任何一个细胞来说，可能都是比独立生活更好的生存策略。当时很少有西方科学家认为历史上研究共生的著作有多重要，更不会意识到，微生物之间的古老伙伴关系可能产生了我们最熟悉的两个界——植物界和动物界。在同行不感兴趣的地方，马古利斯看到了生物学中最宏大的不为人知的故事。

20 世纪 70 年代中期，卡尔·沃斯和正在使用遗传分析方法绘制生物演化树的其他科学家的工作开始支持马古利斯的观点。但是，马古利斯并不同意沃斯 1977 年公布的新体系。但与其他反对沃斯的生物学家的理由不同，她认为生物演化树不仅要反映分子关系，而且也应该反映共生关系。

当沃斯研究 16S rRNA 基因时，马古利斯一直在思考和深入研究细胞，尤其是原生生物的细胞。她认同在半个世纪以前首次得到阐述然而迟迟得不到尊重和关注的共生思想。

翻开任何一本介绍性的生物教科书，在前 50 页，你肯定会找到一个展示真核细胞内部细胞器的经典的三维图。细胞核是其中最大的部分，被安全地包裹在一种由特殊膜环绕的内部堡垒中，与其他物质分隔开。细胞内液体的细胞质像海洋一样充满着每个细胞。这种微型海洋起起伏伏，流过为层层折叠起来的膜所分割开的水道一样的区域。一些细胞器在细胞质中漂浮；其他物质随之在细胞中流动。细胞器长得很奇怪，也有奇怪的名字——高尔基体、线粒体和内质网。

细胞的工作与任何有机体相似，它必须做一些事情保证自己的存活。它从营养物质中获得能量，排泄由代谢所产生的废物，产生或修复物质，与朋友和敌人交流，休眠和复苏，周而复始。为了完成这些事情，细胞中有不同分子和化学物质不断进出，简直就像一个微型的繁忙城市。

马古利斯认为某些细胞器——线粒体和叶绿体具有自己的行为和新陈代谢，并且似乎很矛盾的是：它们既是细胞的一部分，但又不是细胞的一部分。她整理的信息很大程度上证实了被前辈们遗忘的观点。她认为，真核细胞和多细胞生物源于自由生活的微生物的结合。

马古利斯决定复兴共生起源的观念。尽管在 20 世纪 60 年代，对现状的不断质疑以及激烈的社会和文化变迁席卷全美，但马古利斯所在的伯克利加州大学的大厅里依然是完全不同的情形。她感到震惊的是，同行之间的研究领域鲜有交集。古生物学家研究演化，遗传学家深入研究进化的机制——染色体、基因和 DNA，但两个领域之间的交叉研究基本上没有。

马古利斯把当时细菌病毒实验室的遗传学家称为"新来的生

物学家"①。他们在化学和物理方面训练有素，但在生物学方面却属于新手。他们似乎对有核细胞（真核生物）和无核细胞（原核生物）的细胞分裂差异一无所知。当时，马古利斯开始理解这些差异对于父母如何将各自的特征传递给后代所具有的显著意义。而她处理工作的这种方式忽略了传统的科研智慧：专业化导致进步。并且，马古利斯的演化观与西方世界对这个问题的标准思考是相互冲突的。

世界上最唯利是图的资本主义国家——维多利亚时代英国的科学家提出了竞争推动生物进化的观点，而苏联科学家们倡导共生起源的思想，这是一种巧合吗？文化影响了人们提问的方式以及他们诠释所见所闻的方式——无论他们是商人或者科学家。难道共产主义国家的科学家更有可能喜欢研究或者更容易得到研究经费去研究那些似乎倾向于合作的生命形式？在美苏冷战时期，马古利斯提出了互利共生的伙伴关系是高等生物起源的关键，显得不太明智。在本质上，马古利斯认为共生合作是生物史上的关键推动力，这与主张个体竞争推动进化的达尔文教条是相悖的。

弱小的微生物能影响更大的生物？细菌结合在一起，驱动多细胞生物进化，与以前的敌人达成了休战协议？胡说八道！尽管面临历史和文化的巨大阻力，马古利斯还是收集了故事的线索，凝成一个令人惊讶的理论，并得到生物领域少数人的支持。

在研究细胞、细菌及其形态和功能时，马古利斯相信她发现了被忽视的进化路径的证据。1967 年，在被 15 家杂志拒绝后，她的

---

① Margulis, 1998, 26–27.

基本思想——微生物之间的共生关系是多细胞生物的基础——发表在《理论生物学杂志》（*Journal of Theoretical Biology*）上。当时她29岁，育有两个孩子。

她的观点轰动一时，既令人震惊又备受争议。她提出，所有的多细胞生物都来自曾经的单细胞生物形式，主要由细菌融合形成。这个奇怪和令人吃惊的想法认为，当一个细胞摄入另一个细胞时，更高级生命的进化就开始了，并且不可思议的是，被捕食的细胞依然活着。马古利斯认为，在演化上，共生个体间的相互作用和关系至少与竞争性个体间的相互作用一样具有影响力，甚至影响力更大。她称之为"共生起源"理论，这一名词来源于已被遗忘的早期工作，正是它们启发了她的思想。

马古利斯倡导的共生起源理论在她的同行间并不受欢迎。她的评论者认为共生关系是奇怪的进化理论。其中主要的一位是著名的哈佛古生物学家史蒂芬·杰伊·古尔德（Stephen Jay Gould）。古尔德的进化观基于检查化石和解读化石所在的岩石。他重点关注生物所处的环境条件和竞争如何影响物种的进化和灭绝，他并没有被马古利斯的观点打动。

2002年，在去世前不久，古尔德出版了1433页的《进化结构论》（*The Structure of Evolutionary Theory*），书中几乎未提及微生物。在简短解释构成生物竞争的相互作用时，他提到了"共生"。但索引中并没有出现"共生"或"共生起源"。

总的来说，马古利斯和古尔德看待进化的方式源于他们如何看待生物。他们各自看到的方面不同——马古利斯重视微生物，古尔德重视化石中记录的植物和动物——最终导致他们对演化是如何发生的持有非常不同的看法。

马古利斯认为，通过水平基因转移（而不是单个基因中的小突变）来获得整个基因和基因组在生物的早期进化中至关重要。像细菌一样的单细胞生物与另外一种细菌合并会使基因组翻一倍。另一方面，多细胞生物，如蛤蜊或蜗牛，如果得到一种新的细菌，将只会在众多细胞中增加一种新细胞。

这与遗传性状变异的自然选择完全不同。想想加拉帕戈斯群岛众所周知的雀类。因为种子的大小和可获取性的不同，以及其他雀类物种的存在，不同雀类喙的长度和形状也会各异。

古尔德研究了化石记录中的广泛模式，而非细胞内的模式。只有少数古生物学家相信马古利斯的想法。她继续与长期以来的固有进化观抗争。但生物学家不仅不懂她发现了什么，而且根本不明白她在说什么。

无性的水平基因转移挑战了传统遗传学的观点，也颠覆了生物进化的标准观点。如果考虑微生物世界不断汲取新的遗传物质，那么关于基因是一个孤立池的观点是没有依据的。事实上，在已命名的细菌物种中发现的基因，据估计大约只有40%会在该物种的其他成员中都存在，而其余60%的基因在不同的个体中是不同的或缺失的。

局外人越仔细观察细菌DNA，物种的概念就越模糊。细菌基因与我们的以及我们所熟悉的植物和动物基因不同，它们可以在食物来源或敌情发生变化时改变。不妨想象一下，一只海狸获得一种基因能够让它在不同情况下有不同的牙齿：一套牙齿可以剥去树和灌木的皮，另一套牙齿可以为鱼骨剔肉。或者想象一下，这个基因能让你的拉布拉多犬在网球扔进湖后，可以用鱼鳍或超大的蹼游泳。

　　但我们正在超越自己。让我们回头看看马古利斯是如何在亿万年之后发现共生起源的发生的。她相信，微生物融合产生特定的序列，会创造出我们所知道的大自然的祖先，也就是动物、植物和真菌的祖先。

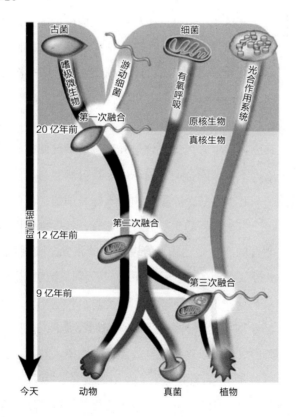

微生物融合。 本图是对马古利斯观点的示意：古菌和细菌如何形成第一批原生生物，并为后续的多细胞生物奠定了基础。原生生物与好氧细菌形成共生关系的第二次融合，产生了动物、真菌以及植物的祖先。（改编自 Margulis, 1998, and Kozo-Polyansky, 2010）

第一次融合包含一对厌氧生物、一种古菌和一种游动细菌，在大约 20 亿年前共同创造了第一个真核细胞。最早的生命——古菌，在地球早期生活在氨水、大量的盐酸和火山喷发的硫黄中，它们在这种高温、缺氧的环境下生活得很好。古菌接受游动的细菌（马古利斯认为这是一种称为螺旋体的弯曲状的细菌）后创造出新的微生物。游动细菌变成像尾巴一样的附属物，在地球浩瀚的海洋中推动新生的自己前进。如此一来，古菌获得了移动能力，游动细菌获得了保护和可靠的食物来源（古菌的代谢副产物）。第一次融合创造出了原生生物，乃是类似于变形虫和藻类的单细胞生命形式。

近十亿年过去了，环境条件变化促成了第二次融合。由于光合细菌增殖及其废物产生，大气氧含量升高，而氧气使得新型的好氧细菌大量繁殖。第一次融合产生的原生生物自然会与这些新型的好氧细菌纠缠在一起。当一个原生生物摄入好氧细菌，但却不能消化它们时，就会产生一种新的生物。三合一后，新生物可以靠氧气为生。第二次融合的产物是动物和真菌共同的祖先。现在我们知道，这种被捕获的好氧细菌的后裔是线粒体，后者是多细胞生物细胞内的能量站。

大约九亿年前，另一种微生物——蓝藻，加入这个复杂的生物，这种已经形成的可以利用氧气的混合生物摄入蓝藻，但不杀死它。蓝藻通过长期光合作用收获了太阳的能量。摄入蓝藻使得古菌＋游动细菌＋好氧细菌这种三合体成为能够制造碳水化合物的太阳能工厂。第三次融合产生了植物，赋予植物绿色的叶绿体是蓝藻的后裔。虽然细节仍存争议，但现在大多数生物学家接受了微生物融合产生多细胞生物这一曾经激进的思想。

　　这些古老的微生物融合体为后续生物的演化奠定了基础。为了让这些融合看起来令人振奋地和谐，马古利斯把它们描述为"暴力的、有竞争性的和最终达成休战的"（ violent, competitive, and truce-forming ）[①]。居住在另一个细胞内，尽管开始很艰辛，但却有了一个躲避外界危险的避风港。如果你是一个微小的动物，被许多想吞噬你的更大的生物包围着，这种避风港式的生活方式提供了明显的优势。团队合作也提供了利用地球上不同物理环境中的进步和积累的方法，或者是仅仅从这些进步和积累中幸存下来的方法。马古利斯的发现就是，我们和其他多细胞生命形式很久以前就开始了与不同微生物之间，尤其是和细菌之间的一系列共生关系。

　　然而，病毒并非这种融合的结果。一些生物学家认为，当遭受早期地球上的强烈辐射时，细菌失去了基本的生命特征，比如包裹的细胞壁，以及进食、排泄的功能，便产生了病毒这类被破坏的产物。失去生命的基本组成，病毒仅仅是小小的僵尸 DNA 或 RNA 包裹，只能在宿主细胞内存活和复制。虽然病毒如何产生的问题仍然存在很大的争议，但正如我们将要了解的，它们绝不是无关紧要的。

组装生命

　　马古利斯认为，微生物的进化是类似于搭建万能工匠积木（ Tinkertoy ）的过程，不同形式的生命以彼此为基础。她承认，随

[①] Margulis, 1998, 37.

着时间的推移，遗传物质中会发生随机突变的累积，但她并不认为这是进化的所有机制。正如她所看到的那样，多细胞生命的早期进化，类似于从不同的微生物中收集一部分来制造新的生物体。这就像将自行车的传动系统与汽车散热器的风扇结合在一起，以制作一个由踏板来驱动的风扇——一种由不同部分组成且保留原部件特点的新装置。

马古利斯对共生起源证据的梳理令人信服，并且对生物演化产生了深远的影响。细胞器是关键。马古利斯相信，细胞器像广告牌一样展示了它们的共生起源的线索。为了整理案例，她求助于地质学、化石记录、来自新型扫描电子显微镜的复杂成像、分子分析、基因测序、生态学和生物化学。但是，如果你主要依靠化石记录或其他任何单一的方式来揭开真核细胞在何地由什么产生的秘密，你就会错过令马古利斯尖叫的发现。

还记得细胞生命中诸如吸收营养、代谢废物之类的活动吗？线粒体为这些活动提供了能量。这些生物能量站是多细胞生物共生起源的最大线索之一。线粒体被认为来源于融合到早期原生生物中的各类好氧细菌。那么证据呢？毕竟，对于初学者来说，线粒体存在于所有真核生物中，但并不存在于任何原核生物中。[①]

此外，线粒体的膜结构在化学组成与功能上与其他细胞器的膜结构都不同。这表明，线粒体曾经是在细胞外独立存在的。线粒体也有自己的 DNA 和 DNA 复制过程，与细胞核中的 DNA 复制过

---

① 严格来说，某些原生生物，比如鞭毛虫，已经失去了线粒体，但保留了线粒体残迹（mitosomes）。

程完全不同。它们通过简单的分裂来进行复制，但不与细胞同时进行。对于马古利斯来说，这些广泛的证据都指出了相同的结论：很久以前，线粒体进入另一个细胞，并与其建立了持久的伙伴关系。

叶绿体，来源于光合细菌，可能是最后一个加入微生物融合"列车"的成员，目前存在于每个进行光合作用的生物体内。与线粒体一样，叶绿体有自己的 DNA，与植物细胞核 DNA 是分开的。叶绿体的 DNA 类似于前文提到的自由生活的光合细菌——蓝藻的DNA。但是，叶绿体的基因组减少了，因为它们长期存在于宿主内部。

20 世纪 60 年代早期，通过使用具有远超复合显微镜之放大倍数的电子显微镜，马古利斯的同事之一——威斯康星大学的汉斯·里斯（Hans Ris）捕捉到了这些所谓的蓝绿藻（blue-green algae）的详细视图。他得出结论：这些细胞比典型的植物细胞或动物细胞要复杂得多。他认为，它们类似于一种土壤细菌——链霉菌细胞。换句话说，蓝绿藻一直都是细菌！

共生起源的第三个仍然有争议的证据是一种被称为纤毛的结构，它们一直存在于现代的原生生物以及包括我们人类在内的一切生物中。纤毛类似于附着在细胞上的微小的睫毛样的毛发。纤毛有许多功能，其中之一是推动一些原生生物到达目的地，或将异物从我们的肺部排出。

马古利斯认为，纤毛起源于游动细菌与原生生物的融合。她认为，纤毛不可能通过基因突变而随机出现，因为纤维基部的结构具有相似性，这使得它拥有无数的生命形式。她坚持认为，纤毛肯定是像万能工匠积木的一部分一样，是由细菌贡献的。虽然她也承认，纤毛的前世是自由生活的微生物的证据很薄弱，但她相信，支持她观点的其他证据迟早会被发现。但是，这个问题目前还没有定论。

马古利斯的工作有助于解释微生物在物理和生物世界中所扮演的惊人的幕后角色。在现在的生物教科书中，她的共生起源理论常与细胞器示意图一起出现。一度持怀疑态度的生物学家已发现共生关系大量存在着。

越来越多的科学家研究微生物与更大的生物之间的关系，他们在蚜虫、蚂蚁、珊瑚礁和我们自己的身体中找到了更多的共生证据。最近的发现显示，一些在特殊细胞体内的微生物为其动物宿主提供了宿主不能产生的氨基酸。当然，藻类和真菌联合形成地衣是比较熟悉的。但也有很多我们不熟悉的，例如与细菌共生的变形虫，保护和培养真菌的蚂蚁和甲虫，含有叶绿体的海蛞蝓以及鳃中寄居有能消化木材的细菌的船蛆。我们现在已知晓微生物共生（microbial symbioses）是健康植物和动物的常态，这也部分解释了为什么堆肥茶可以帮助生病的植物恢复生机，牛可以靠难以消化的草为生。

那么化石记录对共生在生命的后续进化中的作用有什么支持呢？真菌早在植物之前就出现在陆地，而后植物与早已殖民大陆的真菌一起合作。真菌可能是从以死去的藻类为食的原生生物进化而来的。真菌以死去的、腐烂的植物为食，将不可用的有机分子，例如木材细胞壁中的木质素，转化为能被植物再次使用的营养元素。在这个重复利用营养元素的大循环中，植物和真菌的共生各自定义了一半——每一半以共生的伙伴关系喂养另一半，这种关系可追溯到四亿多年前最早的陆地植物。

共生被证明如此成功的原因之一，与微生物生存策略及其可提供的效能有关。想象两种不同种类的细菌，每种细菌都以另一种细菌所产生的废物为食。它们作为一个共同体，永久地彼此交换营养物质。它们不能完全吞并彼此，但又都能无限持续地生存下去。[①]从长远来看，互惠互利的微生物群落所能提供的环境比单个微生物独自找到的更稳定。

就在不久前，我们认为我们了解大自然是如何运作的——至少在我们可以看到、听到和触摸的自然层面上。正是基因决定了个体的命运，而具有不同基因特征的个体之间的竞争能解释宏观世界中的许多事情。但微生物生态遵循的是稍微不同的规则，其中竞争往往在种群水平上而不是在个体水平上发生。这可以促进物种之间的共生关系，与村庄和有组织的社会生活方式能够为早期人类群体提供优势是非常相似的。

通过合作或竞争，微生物群落会改变环境中的化学和物理特性。每个微生物种类擅长的事情往往很有限。合作的微生物种群所做的，比任何一种微生物单独做的更多更广。不同物种的联合能产生相互有利的条件，使它们蓬勃发展的势头不断持续下去，而那些没有联合的物种则难以发展。

自从微生物通过联合产生多细胞生物，合作、寄生以及全面冲突塑造了它们与动植物的关系。日复一日，随着生命树的生长，患

---

① 在我们写作这本书的 2014 年，哈佛大学的两位微生物学家开展了一项实验，证明了蓝藻（*Chlamydomonas reinhardtii*）和酵母菌（*Saccharomyeces cerevisiae*，一种古老的酿酒菌）的共生关系。酵母菌可以代谢糖类，产生二氧化碳以供蓝藻进行光合作用。而蓝藻则分解亚硝酸盐，其所产生的铵是酵母菌的氮源。

难中诞生的关系在必要时会变成联合关系。达尔文想象不到微观世界是一个充满了合作的所在，或者说有些证据在我们体内被隐藏起来了。我们自身三分之一以上的基因遗传自细菌、古菌和病毒。

微生物伙伴关系既常见又重要，意识到这一点正在重塑我们看待自身与隐藏着的另一半自然的关系的方式。随着这些相互依存的关系渐渐受到关注，科学家们开始重新评估那些将微生物定型为疾病来源、将其看作对作物和人类的威胁的早期观点。特别值得一提的是，我们正在学习这样的共生关系是如何支撑了植物的健康和土壤的肥力。

第五章
关于土壤的论战

土壤肥力不仅仅与土壤中的化学物质有关,它还涉及真菌、土壤生物和植物之间的种间关系。安妮添加到我们的土壤中的所有有机质,增强了有助于支持植物生长的微生物活性,进而产生了更多的有机质。由有机质和微生物所产生的令人惊讶的快速正反馈,使得植物爆发性生长。

随着花园五年后长成，我们不再移动植物，并将注意力转移到建造计划了很久的菜圃。我们理想的地方是"那个处于边沿的未开发之地"（back forty），一个与露台接壤、西南方视野很好的高地。被木屑覆盖的、杂草丛生的纸板，开始分解成灰尘。① 我们需要向前移动菜地，或者去另一个电器商店的废料箱找更大的硬纸板。

幸运的是，我们偶然间碰到有人在出售几英尺长、六英寸见方的破碎花岗岩边石。我们带了一些回家。它们非常适合用来制作新的菜圃。我们用碎石和沙子在浅层打了地基、窄沟，并将花岗岩

---

① 除非是干旱之地，一般而言，覆盖上纸板是清除植物（尤其是草和蒲公英的入侵）的有效方法，并且无须使用除草剂或者拔除杂草。这种方法非常有效，当然，一些根系强大的植物（比如牵牛花）或者一些刁钻的植物（比如马尾草或者常春藤）另当别论。如果你要在你的花园使用这种方法，以下是几点建议：

（a）使用没有涂画或者墨迹的纸板（用剃刀切除这些部分），以及要去除所有的胶、黏附物、标签、胶带和订书钉；

（b）有条理地放置纸板，并且相邻两片之间要重合；

（c）纸板上要放置至少3或4英寸的木屑。然后让纸板放置一段时间，最好是放置一个生长季，然后清理掉木屑，剪碎纸板。

放进去，做了一个 4 英尺 × 4 英尺的种植床。我们将挖沟槽所获得的泥土堆积起来，将种植床抬高到花岗岩的顶部。抬高的种植床意味着土壤早春时会升温，在夏天积蓄更多的热量，让植物生长得更好。然后我们把木屑放在种植床上，搭建了个花园中的花园。仅仅几个月，它已经长得就像在那里存在了很多年一般。

当我们的房子刚建成时，"边沿未开发之地"是堆积建筑工人为建地下室而挖掘的土壤的地方。一大堆杂乱的岩石和土壤混合在一起，质量并不好。因此，我们每隔几个星期给菜圃洒土壤营养液，并保证植物之间的地面都被"覆盖层"遮住。我们在厨房柜台上放了一个精致的碗，专门收集残羹剩饭喂养堆肥箱。这样，一年能收获几次肥沃深黑的蚯蚓粪，这些粪被拌入土壤覆盖层中。

起初，菜圃上的土壤像其他地方的一样，一边是浅灰褐色的黏土，另一边是卡其色岩石。几年后，它变成了油油的、黑咖啡豆似的颜色，虽然下面仍然铺满岩石，但不再毫无生机。我们看到以前那里没有的生物——甲虫从覆盖物上爬过，还有蚯蚓和小飞虫。起初我们没仔细去想土壤的变化有多快。我们专注于结果——从土壤中发芽生长的可食用植物。

不同于美国的大多数地方，西雅图的初夏雨量充沛，有时甚至会在 60 秒内突降暴雨。西雅图人抱怨 6 月份太冷，但更凉爽、更潮湿和阳光充沛（尽管不经常阳光充足）的日子保证了莴苣和茂盛的绿色植物能茁壮成长。整整一个月，每天都会收获很多绿叶蔬菜。西红柿和南瓜 8 月前就成熟了。受到新鲜、美味的劳动果实的鼓励，我们在第二年夏天又开辟了一块 3 英尺 × 5 英尺的菜圃。新的菜圃中种了更多的西红柿、生菜和土豆。没过多久，两个菜圃中长出了数量可观的蔬果。整个夏天，我们一出后门就能收获晚餐食材。

在大花园和菜圃中，最令我们印象深刻的就是覆盖层、蠕虫堆肥和土壤营养液是如何迅速改变土壤质量的。短时间内改变土壤本不应该这么快。我们在大学和研究生时学到的知识中，并没哪点指出如何如此有效地绕过大自然造就土壤的漫长过程。

冰川期之后

在最后一个冰川期，流动的冰块导致西雅图土壤的流失。然而，一旦气候开始变暖，冰川向北退缩，便在很多地方留下遗产——我们土地下方像铲子一样弯曲的冰碛物。

静止的外观只是冰川的表象。如果堆得足够高的话，冰块会像糖浆一样流动。冰川高地新冰在不断积聚，而冰川下部则在不断融化，这两者之间的平衡或不平衡的程度决定了冰川到底能延伸多远。高地上的雪越多，冰川越向前进；冰川下部融化得越多，冰川消退得越快。一直以来，冰川像传送带一样工作，运送岩石和泥土，直到它们从融化冰的最前端掉落。

冰川不断移动，碾碎它们遇到的任何东西，并将下面的沉积物压缩成坚硬的冰碛物。冰碛物是怎样形成的呢？如果你把冰激凌甜筒倒过来，让冰激凌掉落在地上，就很容易想象了。冰冻的奶油和牛奶会像冰川一样，开始融化和流动。巧克力、坚果和棉花糖，就像冰川融化后沉积的沙粒、黏土颗粒和岩石一样，滞留在原地。然后，你穿上能找到的最重的靴子，将黏糊糊的泥土踩踏在地上，使劲踩脚，把所有东西都踏碎、碾进地里。等它们变干，你就会知道冰碛物的样子了。

一旦经过西雅图的冰川向北退去，大自然就会在光秃秃的冰碛物上和融水形成的沙地上从头开始筑土。虽然加拿大给我们的土壤提供了矿物成分，但有机质是本土的。在温暖湿润的冰川后期气候下，一代又一代的树木、灌木和蕨类植物将死亡的根、树干、树枝、针叶和叶片送回土壤。死去的生物——从微生物到猛犸象——也发挥了作用。结果是什么？肥沃的表土层。最终，数百英尺高的巨大树木把自己和土壤紧紧地固定在一起，形成了我们附近的环境。

总而言之，大自然用数千年的时间创造了这个地区肥沃的土壤，把冰川变成了世界上最有肥力的土壤。太平洋西北部曾经是一片广阔的温带雨林，那里的一棵树含有的木材量比我们建造一整座房屋所需的还多。然后，在一个多世纪前的 19 世纪末，普吉特海湾的古老森林回荡起砍伐声。城市化的引擎咆哮着将大自然辛苦积攒而成的肥沃的表土层拽走，再次将土壤剥离成冰碛物。这就像时间机器席卷了整个城市，把每一片清理好的土地都送回到最后一次冰河期结束之时一条新冲刷的路上一样。

世界上的土壤都可以看作是地球母亲指纹的印记，它们是由当地的气候、岩石、植被和地形塑造出来的。任何两个地区的土壤成分都是不同的。草原土壤富含碳，热带土壤是氧化的、营养贫乏的，冻土地带土壤肥沃，却是冰冻的。但是无论在哪里，地球上每一个地方都有一个共同点：土壤是一个双向的通道，我们看不到的、不熟悉的地下世界，借之涌入地上的日常世界。

考虑到我们的土壤从冰川破坏中恢复过来所需要的时间，以及大自然在任何地方形成土壤所需要的时间，我们能够在小小的城市花园里如此迅速地超越自然的趋势，简直太不可思议了。我们并不是第一批对土壤肥力的奥秘感到惊叹的人。在大多数人类的农业活动中，土壤肥力被神化为女神。埃及人崇拜天狼星（Sopdet）[①]，希腊人崇拜丰饶女神（Demeter），罗马人崇敬谷神。收成不好是惹怒变幻无常的神的代价。几千年来，人们已经认识到他们的生活与土壤息息相关。即使是夏娃和亚当的《圣经》故事，也诗意地认识到生命与土壤的双重统一——夏娃的名字来源于 *hava*（生命），而亚当则来源于 *adamah*（土壤）。土壤肥力的起源，仍然是人类开始农业耕作和园艺后的最深奥的奥秘之一。

生长的奥秘

1634 年，一位佛兰德化学家兼医生——扬·巴普蒂斯塔·范·海尔蒙特（Jan Baptist van Helmont），开始研究令人困惑的土壤肥力和植物生长的世界。然而，这不是他支配时间的首选。作为一名经过训练的炼金术士，他相信，天然物体所蕴含的元素力量可以吸引或排斥事物，并且这些可以通过观察和实验来理解。他拒绝用神圣之手来解释自然现象，这与教会发生了冲突。愤怒的宗教法庭谴责海尔蒙特，并将他软禁起来，指责他调查上帝创造自然的方式是无礼而傲慢的。

他被困在家中好几年，于是充分利用了这些时间，开始思考一颗小小的种子如何变成大树。植物如何生长仍是个谜。它们缺乏口

---

① 每年 6 月，当天狼星出现在地平线后，尼罗河水开始泛滥，从上游冲来肥沃的土壤，使农作物苗壮成长。——译注

腔和牙齿，不会追逐猎物，似乎也不会消耗任何东西。它们只是站在那里，渐渐变大。他不相信有关植物吃土壤的公认想法，他在一个有 200 磅干土的锅里种了一棵 5 磅重的柳树苗。他只浇水，让树长大，这对于监禁在家的人来说是个完美的实验。5 年之后，他重新称重了这棵树，发现它已经增加了 164 磅，土壤仅仅损失了两盎司。他得出结论，树是通过吸收水分来增长的。

海尔蒙特在研究结果的激励下，进行了大量的实验。其中之一是，他烧了 62 磅的橡木炭，仔细收集和称重所产生的灰烬和 61 磅的气体（二氧化碳）。燃烧的木材产生灰烬并不意外。但是气体的产生是个新发现，更别说产生了这么多气体。在此之前，大多数植物是由无形气体构成的想法是荒谬的。如果海尔蒙特把这两个实验联系起来，他可能已经意识到，植物通过化合土壤中的水和空气中的气体，以及少量的矿物质元素供自己成长。

一个半世纪以后，尼古拉斯－泰奥多尔·索绪尔（Nicolas-Théodore de Saussure），一位专攻植物生理学的瑞士化学家，将这些综合在一起进行探究。1804 年，他重复了海尔蒙特的实验，仔细称量和计算了一棵植物消耗的水和二氧化碳。作为一位娴熟的实验科学家，通过使用精确到百分之一盎司的新仪器，他证明，在太阳光的存在下，植物通过化合液态水与二氧化碳气体来生长，这一过程被称为光合作用。

索绪尔的发现完全改变了人们对土壤肥力的理解。植物不是从土壤中的腐殖质（腐烂的有机质）中吸取碳，而是从空气中获得！这种逆转，挑战了流传数百年的"植物通过吸收腐殖质而生长"的旧观念。但是，索绪尔的工作仍然有悖常理。毕竟，一代又一代的农民十分清楚，肥料能促进植物生长。正如我们将要看到的那样，这不是新理论的唯一例证，这个新理论使得基于经验的、关于土壤肥力起源的旧观点黯然失色。

当索绪尔的发现证明植物通过光合作用获得生命中最基本的元素时，这种启示让早期的植物学家们又陷入了另一个窘境——植物是如何获得其他重要元素，例如海尔蒙特的灰烬中的那些元素的呢?

最小因子定律

组成植物的元素（elements）来自三个地方——大气、水和岩石。碳（C）和氮（N）来自大气，氢（H）和氧（O）来自水。岩石是其他一切的来源。

岩石在地球深处形成，在那里，令人难以置信的热量和压力将元素锻造成各种各样的矿物结构。无论是从火山喷发出来，还是在侵蚀过程中慢慢暴露，岩石一到达地表就会开始分裂。随着时间的推移，极端的温度、水分和生物活动会分解岩石并使其开裂，将岩石中的元素释放到环境中。

大多数岩石主要由硅（Si）、铝（Al）和氧（O）组成。前两个元素与氧紧密结合，并锁定在矿物晶格中，因此仅有微量从风化的岩石进入土壤。但是植物不需要太多的硅和铝。它们需要大量的氮（N）、钾（K）和磷（P）三种元素来形成根、茎和叶子。地球大气中的氮含量几乎达到了80%，植物利用微生物从空气中获得氮。钾在岩石中很常见。但是，磷是稀有的，只在某些类型的岩石和腐烂的有机质中才有。植物还需要其他的主要营养元素（major nutrients），如钙（Ca）

和镁（Mg），它们在某些类型的岩石中很丰富，通常不会对植物生长形成限制。

岩石中含有的其他元素被认为是微量营养元素（micronutrients），因为植物只需要很小的量。植物会贮存和浓缩从岩石中风化出来的这些关键的微量营养元素。在这些微量营养元素中，金属元素，如锌和铁，会被植物叠成复杂的分子，在其芽、根、叶、种子和果实中发挥特定作用。当我们（或其他动物）食用植物时，它们组织中的微量营养元素会成为我们身体的一部分。

二氧化碳

氮气

氮

水

有机质

岩生营养元素

植物以什么为生? 植物从岩石、土壤、有机质、空气和水中摄取生长所需的主要养分。

在某种类似于精炼过程的活动中，微生物有助于植物从岩石中提炼出必要的元素，并在生命的游戏中令它们一直发挥作用。微生物还可以回收有机质中的元素。这对土壤肥力有重大影响，因为生物的残骸以正确的组合形式随时供应营养，维持新生命。

19世纪初，关于植物健康的研究还处于起步阶段。元素从岩石到土壤、再到植物的运动路线尚不为人理解，微量营养元素对植物健康的功能和重要性也不清楚。在不知道细节的情况下，自然哲学家们认为土壤有机质或者腐殖质（即位于分解的植物物质下面、土壤上方的那一薄薄的黑色层）有助于植物生长。普遍的想法是，这种神秘的物质直接喂养了植物。直到实验证明，腐殖质不能溶解于水，才排除了植物直接从腐败的有机质中吸收养分的想法。如果植物不能用根部吸收腐殖质，那么它们是如何将腐殖质用于生长的呢？

当时的科学家被难住了，于是他们对植物直接从腐殖质中吸收营养元素的观念表现得很冷淡，德国化学家尤斯图斯·冯·李比希（Justus von Liebig）重拾了这个线索，并引发了对腐殖质植物营养理论的怀疑。1840年，工业革命席卷而来，他撰写了一本关于农业化学的有影响力的论文，正如索绪尔指出的那样，他推论土壤有机质中的碳不促进植物生长，因为植物从大气二氧化碳中获得了所需的碳。借助燃烧前后分析和称重植物物质的标准实验，李比希发现，植物灰烬富含氮和磷。正是灰烬中残留的物质滋养了植物，从而产出作物，这样的假设似乎是合理的。他认为，这一发现为植物科学家长期以来所探寻的"土壤化学是土壤肥力的关键"问题提供了答案。

李比希将他的观点普及为"最小因子定律"，这是他从同时代的德国植物学家卡尔·斯普朗格尔（Carl Sprengel）那里借来的一个定律。最小因子定律是一个简单而且仍然被接受的观点，即植物的生长取决于最少量的营养供应。所以，确定限制因素，你就知道要增加哪些元素以助提升收成。

李比希和他的学生很快提出了植物生长所需的五大关键因素：水（H_2O）、二氧化碳（CO_2）、氮（N）和两种由岩石衍生的矿物元素——磷（P）和钾（K），接着他们得出结论：有机质对创造和保持土壤肥力没有重要作用。通过推翻盛行的腐殖质理论，李比希引领了处于现代农业之核心的土壤肥力观。直到晚年，他才开始意识到，腐烂分解的有机质会将必需的营养元素返还给土壤。

"欧洲农民发现，使用进口的鸟粪对退化的土壤施肥后，农作物会爆发性生长。"当你读到这方面的记录时，就很容易理解李比希的化学哲学多么有吸引力。1804年，德国探险家亚历山大·冯·洪堡（Alexander von Humboldt）从秘鲁海岸的一个岛上把这些有魔力之物的样品带回欧洲，引发了一场19世纪的"淘金"热潮。这些白色的岩石除含有大量的磷，还含有比常用粪肥多出30倍以上的氮。

到19世纪末秘鲁鸟粪岛逐渐被遗忘时，化肥的广泛使用已经成为农业生产的指导理念。20世纪初的农民发现自己耕作的土地只出产了祖辈产量的一小部分，他们便蜂拥而至，希望再次获得这种收成。这是一个诱人的想法：只要加上足够的氮、磷或钾，农作物就会再度疯长。

李比希长期的影响力确保了农业科学成为应用化学专业的一个

分支。"化肥代表了土壤肥力",这样一种心态,是农业实验站专家工作的基础。他们的研究越来越多地集中在土壤的各个部分,却忽视了它是一个复杂的生物系统。土壤生物学和土壤肥力被视为土壤性状的结果,而不是关键的影响因素。农学家将土壤视为化学、物理学和地质学的产物。很少有人认为土壤生物学对提高作物产量很重要。一路走来,作物产量成了作物健康的代名词。大多数研究人员认为,土壤上栖息的生物是害虫,应该被管理或消除。

微生物的魔法

氮对植物的影响很容易被发现,并且令园丁和农民惊叹不已。它使得植物绿叶部分生长得无与伦比。一旦鸟粪消失,如何找到更多的氮就是农业化学家急于解决的问题。但在当时,人们对有机氮来自哪里了解甚少。

1888 年,两位德国化学家,赫尔曼·赫尔里格尔(Hermann Hellriegel)和赫尔曼·威尔弗斯(Hermann Wilfarth)发现了生长在豌豆根瘤中的微生物。他们也注意到,不像小麦等谷物,豌豆和其他豆类不会消耗土壤中的氮。他们进一步调查发现,豆类、豌豆和三叶草根瘤中的微生物,会以某种方式将大气氮(N_2)转化为铵(NH_4^+),而植物可以摄取和使用铵。赫尔里格尔和赫尔曼·威尔弗斯由此揭开了古老的谷物和豆类轮作种植没有消耗完土壤氮素的秘密。某些细菌和植物之间的共生关系补充了土壤中的氮素。今天我们把这个过程称为固氮。

也许你会认为,从一个被氮气环绕的星球获得氮素会很容易。

然而，植物并不能直接使用大气氮。氮气的两个原子以三键结合，分子结构就像是一个坚不可摧的锁，使它成为大自然中惰性最强的化合物之一。植物只能在氮裂成两半，并与氢或氧结合，形成根部可吸收的两种水溶性盐类——铵盐（NH_4^+）或硝酸盐（NO_3^-）后，才能使用氮。由于植物需要大量的氮，而周围环境中正确形式的氮并不多，因此在水源不是更严重的限制性因素的情况下，氮的利用率通常会限制作物的生长。

只有为数不多的几种方法可以将氮气转化给土壤和生物。氮气进入生物领域的主要途径，是通过生活在某些植物根瘤中的细菌。此外，在其他植物组织和土壤中，也发现了不存在于根瘤中的固氮微生物。最近发现，有的树木可以从真菌中获得氮，而这些真菌是从富含氮的基岩中提取氮的。无论以何种方式，微生物几乎驱动所有天然氮的固定，只有少量氮是由雷击时所爆发出的足以破坏氮气三键的能量而产生的。

一旦氮气被引入生物体——作为细胞、组织和器官的一部分，它可以在生死之间来回循环。土壤有机体启动了死亡生物的分解过程，使其可以供植物使用，并通过植物传播给我们和其他动物。微生物将土壤中腐烂的有机质里的氮转化成水溶性的铵或硝酸盐。这个过程被称为矿物化，能使植物从土壤水（soil water）里吸收到氮。由此可见，植物从共生细菌或回收的土壤有机质中获得氮，而微生物参与了此过程。数百万年来，这就形成了生物圈中的碳循环。

尽管赫尔里格尔发现了固氮过程，然而退化的土壤对鸟粪和磷酸盐的巨大反应，已经牢牢地把化学——而不是生物学——奉为现代农业的基础。固氮的微生物基础似乎注定了很快会成为现代农业研究进程的一个注脚。

随着 19 世纪末欧洲的工业化，由于担心磷酸盐和岩石磷酸盐的供应下降，英国科学促进会主席威廉·克鲁克斯爵士（Sir William Crookes）将他 1898 年的年度报告集中在如何维持农业生产和供养世界人口上。他敦促科学家——他指的其实是化学家——弄清楚如何绕开豆类及其微生物伙伴。人类需要以工业规模发掘大气氮。唯一的问题是如何做。克鲁克斯在第一次世界大战之初，发现了一个不太可能的盟友。

回归法则

硝酸盐不仅被作为肥料使用。它们还是现代战争中所使用的烈性炸药的重要组成部分。德国由于缺乏天然的硝酸盐来源，容易受到英国的海军封锁，所以积极推进硝酸盐生产的新方法。1909 年，经过多年的失败尝试，实验室化学家弗里茨·哈伯（Fritz Haber）成功地实现了产生硝酸盐的前体——氨（NH_3）的持续化生产。另一位工业化学家卡尔·博世（Carl Bosch），迅速将哈伯的生产流程商业化。在第一次世界大战开始时，德国新建的硝酸盐工厂每天能够生产 20 吨氨。在战争结束时，即 1918 年，德国所有的合成氮都用于军火生产，而平民百姓则挨饿。

工业可以生产大量氮，这一发现开启了大量使用化肥的新纪元。这个发现也让哈伯和博世获得了诺贝尔奖。而生产过程所需的大量能源投入，当时几乎没有人关注，因为化石燃料既便宜又丰富。氮肥促进植物在退化的土壤上生长的方式，似乎是一个科学奇迹。合成氮肥的过程也被称为哈伯 - 博世制氨法（Haber-Bosch Process），它使得 20 世纪作物产量大大翻倍。到了 20 世纪 50 年代，哈伯 - 博世制氨法超越了生物固氮。今天，我们身体中大约一半的氮来自哈伯 - 博世制氨法。

作物产量的急剧增加，奠定了化肥作为现代农业的基础。那些对农业技术有不同看法的人，被捍卫自己专业地盘的实验站的同事嘲笑或忽视。所有参与者都明白，进步之路依赖于专业化和工业化学。

尽管几乎所有人都相信使用化肥能提高作物产量，在世界的另一端，一位英国农学家对提高作物产量和预防植物病的问题却采取了截然不同的方法。在哈伯和博世解决氮素问题时，阿尔伯特·霍华德爵士 (Sir Albert Howard) 正在研究有机质对土壤肥力的恢复作用。但大多数人不想听到他的发现。李比希和其他人对腐殖质供养植物的想法的摒弃，使得农业机构里没有人相信这位英国人。

霍华德精彩的职业生涯开始于 1899 年，当时他是西印度群岛皇家农业部门的一名真菌学家，专攻甘蔗和可可（巧克力的主要成分）的疾病。由于缺乏试验其理论的土地，他感到很沮丧，很快回到了英国，并在肯特的威伊学院担任植物学家，研究啤酒花疾病以及用以防治其虫害的捕食性昆虫。他又一次遇到了同样的问题，没有地方去检验他的许多理论，包括为什么有些植物生长繁茂，而有些却会死于虫害或疾病。

1905 年，霍华德接受邀请，成为印度殖民政府的帝国经济植物

学家。这个职位有一点非常吸引霍华德，那就是他可以在 75 英亩[①]
的土地上随心所欲地进行试验。他将在新德里附近的普萨（Pusa）
农业研究所工作。在那里他尤其有兴趣研究如何变革耕作方式，以
提高作物产量和植物对昆虫、真菌和疾病的反应。

当霍华德开始他在普萨的田野试验后，他注意到当地农民的农
作物没有使用杀虫剂或杀真菌剂，依然非常健康和多产。他对此非
常感兴趣，研究了当地农民的习惯，并开始在他的试验田里复制他
们所做的事情。结果令人大开眼界：

一直到 1910 年，在没有现代试验站的真菌学家、昆虫学家、
细菌学家、农业化学家、统计学家、信息交换所、人造肥料、喷雾
机器、杀虫剂、杀菌剂和所有其他昂贵的工具的帮助下，我学会了
如何种植健康的、几乎没有疾病的作物。[②]

在接下来的 20 年里，霍华德继续他的试验，并不断得出与李
比希的追随者们的信仰相冲突的观点。对于植物为什么会患病，霍
华德得到了全新的结论。他认为，使用杀虫剂和除草剂来保护作物
不受有害生物侵袭的做法，导致人们很难种植健康的作物，并增加
了作物对农药的需求。不像负责杀虫和除草的生物清理人员，昆虫
和真菌不会造成麻烦。它们会淘汰弱势作物。在霍华德看来，现代
农业的道路，让农作物更易发生疾病。

这不是他唯一激进的想法。在普萨工作时，他越来越相信，农

---

① 1 英亩 ≈ 4046.86 平方米。

① Howard, 1940, 161.

业研究的标准组织可能会达不到预期目标。农业研究机构的报告充
满了在不同的学科领域（植物育种、真菌学、昆虫学等等）、不同
的环节中工作的人们的经验。正如霍华德所说，他们都"想在越来
越细化的领域里做越来越专深的研究"[①]。

对霍华德来说，证据就在田野里。尽管使用的农用化学品越来
越多，但农作物的病害日益严重，英国种植园的收成正在减少。在
化学农业下，致病病原体正在增加和蔓延，而不是减少。

霍华德认为，农用化学品是治标不治本。他认为，农民需要一
种不同的策略，即理解和支持植物的自然防御体系。当印度中央棉
花委员会在印度中部的一个农业社区印多尔（Indore）建立了一个
新的研究所时，霍德华又有了实践自己想法的机会。霍华德签署了
研究土壤有机质在作物生产问题上的作用的研究协议。他确信，微
生物能够分解有机质，并释放出对维持植物健康至关重要的养分。

1924 年至 1931 年，他开发了一种称为印多尔法（Indore Process）
的大规模堆肥方法，改变了该地区的传统农业实践。印多尔法的核
心是利用植物和动物的废物来制造堆肥。霍华德建立了大规模的
田野试验，用该方法测试棉花种植。结果令人印象深刻——几年之
内，作物产量增加了一倍多，农作物疾病几乎从田间消失。尝试过
该方法的种植园主对此赞叹不已。消息传开后，大棉花、茶叶和糖
种植园的园主，开始将有机废物返还田地。

他在农业试验站的同事就不一样了。他们认为，如果堆肥是提
高土壤肥力、植物健康、作物产量以及防止农业害虫肆虐的关键，
那么这对肥料、作物育种和病虫害防治——这可是农业实验对象的

命脉——的研究将会有什么用处呢？

并不是说这些试验站的专家想阻止进步。绝非如此，要知道，进步是他们的使命。只不过，引领他们的是李比希的农业化学哲学。从这个角度来看，腐殖质理论是错误的，霍华德大错特错。虽然堆肥生产可能对个体农场或种植业主及其土地有意义，但对于需要农民和园丁作为长期客户的新兴工业来说，这并不是合理的商业模式。而霍华德认为，复杂生物问题的临时化学补救是落后的做法。

植物病理学家们还担心寄生虫会在堆肥过程中生存，并对作物造成严重破坏。他们声称，有害生物会在依赖堆肥的农场上大肆增长。毕竟，堆肥来自腐烂的植物和动物粪便，肯定是问题和瘟疫的来源。总而言之，霍华德在这样一个"追赶技术进步之尾巴"的世界里几乎没有盟友。

在他的反对者怀疑和恐惧时，霍华德继续进行田野试验。他报告了一个实验，实验中的三英亩地是被真菌毁掉的西红柿种植地。堆肥被用在这一片受灾西红柿拔除后的土地上，作物生长得很好，没有真菌引起的作物枯萎。用其他作物和疾病进行类似的实验，证明了病原体在堆肥中不能存活。在霍华德看来，人们对堆肥的普遍担忧，显然是没有根据的。

霍华德喜欢从标准的农地中得到真实情况的证据，但这并没有帮助他在科学界推进他的观点。他也不屑于统计分析和进行小区试验——这可是农业科学研究的基本试验。

尽管如此，现代有机农业和园艺运动直接源于霍华德的工作。通过堆肥试验来恢复热带土壤的肥力，霍华德将化肥看作农业的激素，使用化肥是一种以牺牲土壤长期肥力和植物健康为代价来提

高短期表现的方法。他认为，李比希对农业化学的关注使化学家变
得盲目。正如霍华德所观察到的，新的农业化学智慧的致命缺陷在
于关注了农业化学，却忽略了有机质的重要作用。有机质会给微生
物和真菌提供养分，催化曾经有生命的物质再次循环，以铸造新
生命。

霍华德的同事们认为化肥是保持土壤肥力的基础，而霍华德则
认为农业化学的道路最终必然带来灾难：

化学肥料使土壤中的生物慢性中毒，乃农业和人类最大的灾难
之一。[①]

霍华德推测，化肥削弱了植物的生物防御能力。他确信关键因
素存在于地下，并推测真菌菌根参与了这一过程。他认为，保持土
壤肥力是植物健康和抗病的真正基础。农业灾难的爆发——害虫、
寄生虫和病原体——是由复杂的生物系统的崩溃造成的。霍华德相
信，他发现了让土壤永久保持肥沃的秘密。使用蔬菜和动物废料
（作物茬和粪肥），能够促进有益的土壤微生物的生长。农民如果能
够妥善照顾土壤，就可以不使用化肥。霍华德的结论来源于他一生
的观察：传统方法能够解决农业化学品使用后所产生的问题。

虽然长期不被理会，霍华德的总体想法还是经受住了时间的考
验。在 1937 年对美国农地状况的评估中，60% 耕地总面积的土壤
肥力，被认为全部或部分地退化了。霍华德发现，合成肥料变得重

---

① Howard, 1940, 220.

要，不是为了增加产量，而是为了弥补土壤肥力的下降。对肥料过于热情的农民忽视了恢复当地土壤肥力的可能性。然而，通过向农民的田地返还有机质，可以保持甚至提高肥力。他意识到，比恢复已退化的土地更难的是改变农业建设的思想。

农民们经常告诉霍华德，连续施化肥的农作物产量会下降。他们抱怨说，后代的作物逐渐失去活力，并最终失去繁殖能力。农业当局抨击了这些报道，特别指出了英国有影响力的罗沙姆斯德（Rothamsted）试验站进行的数十年的田间试验。

早在1843年，业余化学家约翰·本内特·劳斯（John Bennet Lawes）就开始在伦敦北部的家族庄园——罗沙姆斯德试验化肥。劳斯知道天然磷酸盐从岩石中风化得太慢而不能实际用于农业，他意识到，用硫酸处理磷矿石会产生植物可以立即吸收的、可溶性的磷酸盐。他为生产过程申请了专利，并建立了第一个商业化肥厂。他的过磷酸钙肥料对作物产量的巨大影响带来了可观的利润，他用这些利润把他的庄园变成了关于作物营养的大型试验基地。在那里，他建立了长期的试验田，观察农业活动对作物产量的影响。劳斯的主要目标，是测试小麦是否可以用化肥而不是农家肥，进行连续种植。

在霍华德时代，农业科学家们把这个长期运行的罗沙姆斯德试验视为权威的、无懈可击的农业研究的黄金标准。霍华德在参观罗沙姆斯德时问道，为什么官方的试验报告没有提到作物的种子来源。他惊讶地发现，每年小麦种子都是从新的外部来源引进来的。每种作物都是从现有最好的种子生长得到的，而不是从前一代种植在试验田上的植物生长得到的。

霍华德认为这是一个错误的试验。每年10月，植物都有了新的开始。几乎没有人质疑这项研究的结论，即肥料在维持作物产量方面是有效的，但霍华德认为，如果他们每年都引进新的种子，就不能真正评估长期的作物表现。根据真正的农民的经验，霍华德确信，使用每年收获的种子，在下一个季节再播种，化肥使用的长期影响将变得明显。他认为，长期以化学为基础的农业的科学基础，并不像支持者所鼓吹的那样牢固。

结果，1843 年到 1975 年在罗沙姆斯德进行的试验表明，施农家肥超过一个世纪的土壤，氮含量增加了三倍。相反，用化肥处理的地块，几乎所有的氮都从土壤中流失，被径流带走或被地下水滤出。最终，罗沙姆斯德试验表明，粪肥可以增加土壤肥力，而化肥能够作为临时替代物进行快速修复。不幸的是，结果来得太晚，无法帮助霍华德为自己辩护。

但这并不妨碍他倡导有机堆肥。他一次又一次地看到，当农民使土壤退化后，依靠化学肥料来提高作物产量时，农作物虫害和疾病就成倍增长。而且他还注意到，几个世纪以来种植的作物品种，正在被新品种取代，因为长期栽培品种的产量，在密集施肥下逐渐下降。一个农场接着一个农场，霍华德看着他的恐惧成为现实，因为经过几代人施化肥后，庄稼都死于疾病。

他看到农民不可避免地转向化学方案来解决生物问题，从而产生更多的生物问题。这个恶性循环导致需要研究、开发和销售更多的化学解决方案，使杀虫剂成为化肥的致命的仆人。

霍华德知道，西方的农业不能永远只继续挖掘土地，脱离生命之轮。农民需要完成生命周期来恢复土地。他把这个想法称为"回归法则"——维持高产作物产量的关键，是让营养元素回归土壤。

长期耕作必须建立在"回收利用生物难以获得的成分"这一自然法则的基础上。土壤肥力取决于土壤微生物的健康以及土壤本身的化学组成。健康、有活力的土壤，是土壤肥力、植物活力和抗病性的关键。

霍华德认为，堆肥生产对于实施他的回归法则至关重要。第一阶段包括使用真菌分解蔬菜废物，以便细菌可以把它们加工成腐殖质。农民可以使用主导性的气候条件下可能产出的任何东西，如英国的稻草和树篱，热带地区的甘蔗叶和棉花秸秆。动物废弃物也是至关重要的，如牛或禽类的尿、粪便、骨头或血液。需要小心谨慎，确保堆肥不要过湿——过湿会导致厌氧条件或使微生物活性受到抑制。在合适的条件下，几个月的微生物作用将使有机废物变成腐殖质。关键在于培养微生物：

腐殖质生产的本质在于，首先要为生物提供正确的原料，其次要确保它们具有发挥作用的适宜条件。[①]

到了20世纪30年代中期，在霍华德印多尔试验中提炼的方法，逐渐取得成果。亚洲、非洲和南美洲的种植园主，据说在恢复破旧的土地方面取得了巨大的成功。1940年，在第二次世界大战开始后没多久，霍华德写了一本有机农业宣言《农业圣典》（*An Agricultural Testament*）。其中，他描述了自己在研究印度和中国的传统农业方面学到的东西。他认为，施堆肥的作物品种在同一片土地上生长了几个世纪，生产力没有明显下降。他还指出，各种疾病都是在自然界的动植物中发现的，但是它们绝不会占据很大的比例。

---

① Howard, 1940, 51.

亚洲虫害和作物病害的发生并不常见，而西方的农业生产对于农药和新型高产农作物品种的需求量，在引进化肥后急剧上升。不同于亚洲堆肥农场和人类粪肥赋予作物抗病性的效果，西方对化肥的依赖似乎引发了一场持续的、针对虫害和作物病害的军备竞赛。

在《农业圣典》中，霍华德描述了印加人在秘鲁山上创建梯田的方式，这些梯田有时多达 50 层。印加石匠用大石头砌成外部挡土墙，这些石头像埃及金字塔中的石头那样相互"依偎"在一起。熟练的工匠们用黏土将梯田排成一行，然后农民们将有机废物有规律地添加到从山上运来的土壤中。他们的努力使贫瘠的山坡变成肥沃的梯田，其中一些今天仍在耕种。无论是在秘鲁、中国、日本或印度，在每一种情况下，世世代代的高效农业的秘密就在于有机质回归土地。

霍华德观察到亚洲农业的另一个差异化因素。东方的典型农田规模较小，便于堆肥返回田间。1907 年，日本仅以三分之一英亩的耕地供养一个人。1931 年户籍普查报告说，印度农田的平均面积不到三英亩。在这两个国家，豆科植物也是作物轮作的一部分。早在西方科学发现豆科植物根瘤中的微生物具有固氮作用之前，经验告诉世界各地的农民，豌豆、豆类和苜蓿丰富了土壤和有机质，有助于维持土壤肥力。

西方农业倾向于大片土地、单一种植以及依赖农药和肥料，它们要如何吸取亚洲小农场的经验呢？毕竟，霍华德也承认化肥的魅力，它们比农家肥更容易使用。拖拉机的功率高于马，不需要照顾、喂食或休息，而且当时的燃料也很便宜。但拖拉机不能产生粪便。西方农场采取东方农业做法的障碍很大，但霍华德认为，答案在于工业规模的堆肥。这一切都回到了他的论点，即农民如果认真呵护土壤，就可以不用化肥。

霍华德不知道堆肥是如何发挥作用的，但是他在不同的环境中一次又一次地看到了腐殖质对土壤的影响。即使适度地使用堆肥，也可以使植物迅速生长。他意识到，这不仅仅是有机质本身的破坏。土壤肥力的增长速度比堆肥自身腐烂的速度快。霍华德认为，必须有其他物质来解释植物对堆肥的显著反应，他怀疑是堆肥促进了真菌菌根和植物根系之间的关系。

这个想法似乎很合理。毕竟，从他在印度的经历来看，当比较了用化肥处理的茶树和用腐殖质堆肥处理的茶树的根系时，他可以看到明显的差异。在用合适的堆肥灌注的田间，根系繁多而健康。当在显微镜下检查时，它们正在与菌根菌丝——真菌根状部分的细丝结合在一起。相反，使用化肥的田地中，植物根部发育不良，并且具有健康根部特征的细丝状根毛很少。

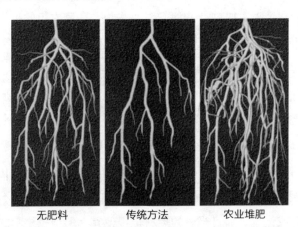

无肥料　　　　　传统方法　　　　　农业堆肥

根的健康状况对比。百日龄番茄植株接受不同的肥料处理。（改编自缅因州弗农山森林实验室的图片。）

霍华德在 1937 年底和 1938 年初访问茶园时，发现了更多支持其观点的证据。在锡兰一个种植园进行的茶树苗试验中，两块田地已经清除了土壤腐殖质和表层土，只剩底土。其中一块田地，每英亩施以 20 吨堆肥，另一块田地，则施以标准的氮磷钾复合肥。9个月后，堆肥处理的田地的茶树高 10 英寸，主根长达 1 英尺。它们分枝多，且分枝上有很多健康的叶子，根部与真菌菌丝相连。化肥处理的田地里的植物只有 6 英寸高，根部浅，单枝或无分枝，叶子稀疏而苍白。堆肥处理的田地比经过化肥处理的田地更能经受干旱。

霍华德认为，这种显著的差异之所以存在，是因为菌根促进了植物与土壤中养分的相互作用。土壤肥力不仅仅与土壤中的化学物质有关，它还涉及真菌、土壤生物和植物之间的种间关系：

大自然提供了一个有生命的机器将植物和肥沃的土壤结合起来的趣例。我们似乎正在处理一个非常显著的共生的例子，在这个例子中，某些土壤真菌将土壤中的腐殖质与作物的根直接连接起来。[1]

霍华德开始明白，土壤中的腐殖质并不直接影响植物；它通过微生物来发挥作用。这是李比希错过的发现。

霍华德还认为，他发现了化肥增加各种农作物疾病发生概率的机制。破坏土壤中的生命，尤其是破坏菌根与植物之间的基本关系，乃问题的核心所在。

---

[1] Howard, 1940, 61, 166.

茶园主普遍认为，自从使用化肥后，作物质量下降，这反映出霍华德在西印度甘蔗业的经验是正确的。在化肥出现之前，骡子和牛在保持作物产量方面发挥了重要作用。这些动物卧在甘蔗渣上，它们的粪便会混入其中，随后在田地中用于堆肥。廉价化肥被引进的同时，由便宜的汽油驱动的拖拉机也被引进，这很快使动物成为一个昂贵的、过时的经营农场的方式。但是，甘蔗作物对不同的因素做出了回应。昆虫和真菌对收成的影响越来越大，使得人们对农药和抗病作物品种的需求也增加了。霍华德指出，某些只使用牛粪的大型甘蔗种植园没有疾病问题，对新的甘蔗品种的需求也不大。印度的棉花种植园也存在同样的模式。

几年前，在1934年夏天，霍华德回到了英国。他的住宅带一个花园，花园中苹果树的果实质量较差，果实被美国白斑、绿蝇和毛毛虫覆盖了。他决心尽力去恢复土壤的腐殖质含量。三年内虫害消失了。苹果树情况改善，并产出了一流的水果。霍华德的结果再次证明了他的观点：健康、有活力的土壤是土壤肥力、植物活力和抗病性的关键。

甚至在印度和英国住址附近的森林里，霍华德也注意到，树叶、树枝、倒下的树干是如何与动物粪便混合在一起，然后通过微生物分解者在土壤中的作用形成腐殖质的。接下来蚯蚓重新分配腐殖质。通过这种方式，森林为自己提供了粪肥。看到这些影响，霍华德意识到，即使是退化最严重的土壤，也可以通过使用精细的堆肥工作来恢复和维持。

霍华德认为，"园丁无偿的雇工"和农业这一"煤矿中的金丝雀"①是蠕虫。②兴旺的蠕虫是健康土壤的标志。蠕虫的丧失预示着灾难。他描述说，康涅狄格州农业试验站有精确的报告：蠕虫排泄物的腐殖质含量比表土层高出了 50%；与表层土相比，蠕虫排泄物的氮素含量是其 5 倍，可溶性磷酸盐含量是其 7 倍，钾含量是其 11 倍。蠕虫将土壤与有机质在它们的肠道中进行混合、分发、重新改造，再返还到灌输植物营养元素的土壤中。从本质上讲，蠕虫就像微型化肥厂一样，日复一日地为农民的土地施肥。霍华德计算出，在优良的土地上，蠕虫至少产出了每英亩 25 吨的富营养土壤团粒（nutrient-rich casts）。它们年复一年地免费提供这种服务。用化学物质喷洒土地、杀死它们、毫无道理可言。霍华德把蚯蚓养殖看作是在不使用化肥的前提下使作物繁茂的方法。饲养蠕虫，也就相当于培育了土壤。

霍华德天真地认为，向人们展示肥沃的土壤能为农业和园艺贡献什么，就是扭转化肥工业对土地的战争的关键。他梦想把英国变成一个使用堆肥的园丁国家。整个英语世界都有废弃的地方等待恢复。还有什么方法比通过恢复废弃农场上荒废土地的生产力更能证明自己的呢？问题不是该怎么做。腐殖质可以快速恢复农场。难点在于如何得到充足的有机质。

霍华德指出，每年有 1300 万吨有机垃圾运往英国的垃圾箱，将这些有机废物转移回土地具有巨大的潜力。通过这样的努力，国

---

① 金丝雀曾救过无数矿工的生命。17 世纪时，英国矿井工人发现，金丝雀对瓦斯这种气体十分敏感。空气中哪怕有极其微量的瓦斯，金丝雀也会停止歌唱。因此，工人们每次下井都会带上一只金丝雀作为"瓦斯检测器"。——译注

② Howard, 1946,57.

家可以提高城市周边土壤的肥力。他提议进行大规模的回收利用活动，将蔬菜、动物和人类的废物归还田地。将有机质返回土壤，理论上没有问题。农业的生存和文明正处于生死存亡的关头。污水应该在被过滤、堆肥、变成"无害的粉末"后，分发给城市园丁和农民，用于恢复土壤。霍华德的同事和普通大众当时并不理解他的远见卓识，他们与当代的进步观念严重脱节。

第二次世界大战期间，英国的《国防法》要求农民将化学物质用于作物。为了帮助农民，政府支付了一部分费用，从而推动了化肥工业的发展。政府补贴不仅仅是为了促进更好的收成。制造肥料的工厂可以很容易地转向军火制造，反之亦然。

第一次世界大战结束时，这种转变的种子就已经被种下了。盟国认识到哈伯－博世制氨法的战略价值，在1919年的《凡尔赛条约》中规定德国能分享固氮的机密。后果波及整个大西洋，1933年，美国国会授权田纳西州流域管理局在田纳西河筑坝，以产生廉价电力。除此之外，这些电力为可能转化为军火工厂的化肥厂提供动力。一直到第二次世界大战快结束、柏林倒下的时候，这些水坝的电力已经为10个军火工厂供能。而且，战争一结束，世界各国政府立即为废弃的军火工厂寻求新的用途。化肥厂刚好符合要求，并且保留了在短时间内将生产转向军火的选择。随着剑变成犁头，战争的铸造厂在土地上找到了新的市场。

在战后，霍华德的洞见被追求更机械化、工业化的化学农业践踏。他的工作迅速变得黯然失色，侵略性的政府计划带来的附带损害，是促进化肥的使用以便军火工厂能处于待命状况。化肥企业的技术人员帮助传播新的农用化学品；农业部、农业研究站和高校则从旁协助，它们鼓励农民参与进来，将更多的化学品用于农业。作物产量越来越与土壤肥力和土地的状态脱节。

但是我们现在知道，霍华德不是一个脾气暴躁的农业勒德分子①。过度依赖化肥、除草剂和杀虫剂，确实会增加作物对农业害虫的易感性。农业害虫世代周期短，它们会像被火烧过的野草一样迅速恢复，由于未死的害虫会继续培育和繁殖，其后代对农药和除草剂逐渐产生耐药性。广谱杀菌剂也可以减少或消除以前控制害虫和病原体的竞争者和掠夺者。霍华德认为，农药和化肥就像海洛因一样令人上瘾。起初非常有效，随后它们的功效直线下降。若要达到预期的效果，需要的量必须越来越多。

尽管如此，那些人建议农民和园丁不要质疑传承自李比希的农业化学哲学的那些传统观点。缺乏远见似乎是人性的常态，农民和园丁倾向于与销售杀虫剂、除草剂和化肥的农产品供应商合作或为他们工作。

不久之后，我们清理了我们的土地，安妮去西北花卉展览会寻找灵感和想法。她参观了斯科特化肥展位，了解到他们会免费派技术人员到我们的住宅，分析我们的泥土。这些李比希的商业后裔渴望测试我们的土壤，并向我们出售土壤所缺乏的东西。在展台上，他们为我们草坪每月使用的化肥和除草剂剂量制定了计划。作为一种激励政策，第一个月是免费的。安妮向他们询问，除了使用化肥

---

① 勒德分子（Luddite），19世纪初英国手工业工人中参加捣毁机器的人。后指反对新技术或新方法的人。——译注

和除草剂，我们还能做些什么来照顾我们的草坪。据他们说，没什么可做的。

虽然没有意识到我们已经紧紧跟随着霍华德的脚步，但是我们拒绝了他们的提议，开始将有机质返还给土壤。我们的经验与霍华德的经验相似，我们重新认识了霍华德关于恢复生物对土壤的催化作用的观点。安妮添加到我们的土壤中的所有有机质，增强了有助于支持植物生长的微生物活性，进而产生了更多的有机质。由有机质和微生物所产生的令人惊讶的快速正反馈，使得植物爆发性生长。

在短期内，将生物带回地下引发了地面生物的爆发性生长。我们看到了霍华德的发现：土壤肥力来源于生物，即来源于真菌、植物和其他的土壤生物之间的所有相互作用。土壤化学当然很重要，但植物如何以及是否可以获取营养元素同样重要。由土壤生物所构成的秘密世界，既不在我们的视线之内，也长期不为我们所关注，却是建设和保持肥沃土壤的关键。当我们开始研究土壤生态学的最新进展时，我们发现它们有助于解释霍华德的想法是如何以及为什么起作用的。今天，土壤生态学新兴观点乃土壤肥力的基础，它不仅动摇了传统农业的化学基础，而且正在改变我们对自然的看法。

第六章
地下同盟

　　真菌和细菌在土壤中分解有机质的工作，在地面上可能需要一组研磨爪或钢制的旋转刀片来完成。这个充满活力的组合，为大自然提供清洁和回收服务。没有了它们，我们都将深陷于死去的植物和动物。

尽管我们非常人性化地描绘大自然，但我们对于腐烂的东西还是有天生的厌恶。"有机质"听起来比实际上更有吸引力。毕竟，死亡的植物和动物看起来很恶心，闻起来很臭。但当安妮和我亲眼看到有机质所能做的事，泥土的味道就没那么难闻了。

　　有机质是土壤的生命之源，原始地下经济的货币。土壤对有机质的渴求，部分解释了为什么有机质消失得如此之快，但没有解释它是如何消失的。站在地上思考是无法解开这个谜底的，这一切发生在地下。在那里，在你的脚下，微生物和更大的生命形式创造出复杂而充满活力的社区，每种生物都有双重的角色——吃和被吃。

　　变黑的土壤告诉我们，我们带入花园的所有有机质，并没有消失在空气中。它们经历了一场如炼金术般的转变。每年秋天，安妮都在种植床上堆放叶子，到了次年的春天，它们会逐渐与土壤融为一体。

土壤中的"狗"和忙碌的细菌

覆盖在我们花园中的叶子（还有木屑和咖啡渣），首先吸引的是那些有牙齿或有类似牙齿般装备的生物——它们是粉碎机、切片机、吞噬者以及撕裂者。这些生物之所为，就像一群狗一样——可以想象，在有很多骨头、鞋子和绒球的房间里，如果毫无约束，它们到底有多么肆无忌惮。

大多数园丁都熟悉土壤中的"狗"——蟋蟀、甲虫和蚯蚓等。它们启动了分解有机质以产生营养元素的过程，只留下由碳、氮和氢组成的简单的化合物。蚯蚓虽然没有牙齿，但是会做一些惊人之举。像鸟一样，蠕虫的嘴和胃之间有一砂囊，里面含有微小的岩屑般的物质，可以将叶片和其他有机质磨成更小的颗粒。蚯蚓每天摄入的有机质的量达到了体重的 10% 到 30%，它们混合、搅拌这些有机质并将其产物释放到土壤中。就像在牛的胃里一样，细菌在蚯蚓体内做了一些神奇的工作，把有机质和岩石矿物分解成营养元素，以供宿主吸收。蚯蚓未能利用的物质会排入土壤。

更小的螨虫和跳蚤（可以用十倍手持放大镜观察）会继续分解蚯蚓未分解的物质。它们会剪去枯叶的其他部分，只留下叶脉，如同做了一个花边似的手工。所有这些活动都将有机质分解成微小的碎片，它们连同潮湿、营养丰富的粪便颗粒，为真菌和细菌准备了丰富的盛宴。与蚯蚓不同的是，微生物没有牙齿、颌或充满岩屑的砂囊。它们不需要嘴巴，而是用酸和酶来吞食有机质。

这些微小的耕耘者比蜜蜂还繁忙，它们在土壤中的工作类似于牛瘤胃中的微生物的工作。它们不仅分解有机质，而且也扮演着植物所需的营养元素（nutrients）、微量元素（trace elements）和有机酸（organic acids）的供应商和分销商的角色。所以，植物不直接吸收有机质，而是吸收微生物分解有机质后的代谢产物。霍华德并不十分了解这个转变的细节，长期以来，贾斯特斯·冯·列比格也满足于有机质无关紧要的教条。但是现在我们知道了，土壤生物在做繁重的工作，保持土壤肥沃并向植物提供食物。

真菌和细菌维系着土壤生物园，是地下世界的主要经纪人。真菌带头把死亡的物质返还给生物，某些类型的真菌专门吃朽木，它们在大自然繁忙的经济（nature's bustling economy）中扮演着特别重要的角色。真菌的化学武器，缓慢地将富含碳和氢的分子的长链分解开来，正是这种有着令人难以置信的耐用性的分子形成了木材。微生物世界中，没有其他东西能够分解植物的木质部分。无论消化的是原木还是枝条，真菌都会分泌代谢产物，为其他土壤生物提供食物，它们的代谢产物反过来又成为更多土壤生物的食物。

尽管长期以来，农民很厌恶作为植物病害载体的真菌，然而一直以来它们对于植物的健康和生存至关重要。但是就像引起人类传染病的微生物一样，有害植物的病原真菌占据了我们的视线。直到近年来，我们才开始认识有益的真菌品种。植物和真菌之间的某些共生关系非常强大，以至于离开彼此便不能存活。法国培育出来的著名猪肉松露，只能种植于某些树木上，而不能大规模养殖。更多类似这样的联系，从地下向地上延伸，波及整个生物圈。

构造精巧的菌丝使真菌欣欣向荣，充满活力。蘑菇在地下的根状部分非常纤细，需要数千条包裹在一起才能达到一根线的直径。

安妮不止一次把一堆木屑放置几个月。当她最终把干草叉扎进堆里，她发现了高尔夫球般大小的团块，看起来就像蜘蛛网。但这些团块不是蜘蛛网，而是真菌的菌丝链。

科学家可能会认为真菌只是微生物，但菌丝可以长到无限长。真菌菌丝的森林网络是地球上最大的生命形式，形成了延伸数英里的地下网络。一茶匙肥沃的土壤，其所包含的真菌菌丝若连在一起可能有半英里长。

真菌从菌丝的尖端分泌破坏木质的有机酸，这个过程类似于水从软管的喷嘴滴下。有机酸有助于进一步分解已经很微小的叶子和木材颗粒，使细菌能够发挥作用。像真菌一样，细菌用自己的化学物质进一步分解有机质。真菌和细菌在土壤中分解有机质的工作，在地面上可能需要一组研磨爪或钢制的旋转刀片来完成。这个充满活力的组合，为大自然提供清洁和回收服务。没有了它们，我们都将深陷于死去的植物和动物。

在植物世界里，只要有合适的真菌和细菌在土壤中，即便是岩石也可以成为它们的食物。翻转森林地面上的一块石头，你可能会发现，石头底部覆盖着从裸露的岩石中吸收矿质营养①的菌丝。有些菌丝特别善于寻找相对稀缺的且为植物大量需要的元素，如磷。

一个微小的中间体（middlemen）世界，存在于细菌和真菌的微观世界与可见的土壤生物世界之间。像所有的中间体一样，这些有机体起着传递的作用，既互相捕食，也捕食包括真菌和细菌在内

---

① 矿质营养（mineral nutrition）是指高等绿色植物为了维持生长和代谢的需要而吸收、利用无机营养元素（通常不包括碳、氢、氧）的过程。植物所需的无机营养元素，因需要量不同，可分为大量营养元素及微量营养元素。——译注

的主要分解者。原生生物，例如类似于佩斯利图案的草履虫，是中间体的一个例子。它们推动自己在土壤上活动来捕猎细菌，用旋转的毛状纤毛束啃噬菌丝。变形虫也是原生生物，它们用细胞壁内的液体制造被称为伪足的临时结构，因为在寻找食物或从掠食者那里逃脱时，它们可以伸进土壤颗粒之间或土壤颗粒间的水膜。线虫是由不同群体组成的蠕虫般的微观生物，比沙粒还小，以原生生物和细菌为食。微生物之间的这些多层捕猎关系，最终为植物三大营养元素（big three plant nutrients）之一——氮的生成发挥了关键性的作用。细菌细胞含有丰富的氮，意味着掠夺性的原生生物和捕食细菌的线虫也是富含氮的。只要细菌可以作为食物来源，这种微生物肥料就可以将相当一部分可被植物利用的氮提供给土壤。

当微生物分解死亡的植物和动物时，它们促使生命的基本组成部分重新进入循环，这其中就包括对植物健康至关重要的三大元素——氮、钾、磷，还有其他主要营养元素和各种微量营养元素。

很多科学家至今一致认为，土壤中的所有有机质都来自死亡的植物物质。在温带或热带森林中稍加观察，会发现这种观点是有道理的。因为森林周围有大量的植物成分——种子、果实、树皮、树叶和树枝。但是研究人员发现，用稳定的碳同位素标记细菌并让它们在试验场地里活动近一年后，细菌会产生数量惊人的土壤有机质。[①] 随后的土壤采样显示了每堆黏土、沙子和淤泥颗粒上堆积的

---

① 同一元素不同的同位素之间质子数相同但是中子数不同，因此原子量不同。碳 13（^{13}C）是碳元素一种相对稀缺的同位素，且性质稳定，当以高于本底浓度的方式引入活体生物时，可作为天然示踪剂使用。

死细菌数量。事实上，死亡的微生物占土壤有机质的 80%。

　　既然知道了真相，你可能永远不会再以同样的方式看待一堆腐烂的树叶。相反，你可能会看到这是一次宴会，为土栖的晚餐客人提供食物，这些客人有独特的能力，能将自己的食物转化成植物可以再次使用的营养元素。因为土壤中的每一个生物最终都会成为别人的食物，无休止的进食、死亡和腐烂的周期构筑了肥沃的土壤——新生命的源泉。

　　土壤生物的消化和呼吸大约只消耗有机质中一半的碳，其余的碳以黑色、耐腐蚀的含碳化合物的形式存在，即人们所说的腐殖质。在我们的花园中，只需要几年，就能在矿质土与上层腐败的有机质之间看见一层薄薄的腐殖质层。真菌继续在腐殖质中工作，以便从最难分解的有机质中分离出残留的营养物质，如树叶和木材中蜡和树脂的碎片。腐殖质本身经过处理和转化，变得与原有的有机质迥然不同。虽然科学家发现腐殖质的化学结构变化多端，但他们认为腐殖质是土壤肥沃的标志。

　　植物世界早在我们出现之前就能自给自足了。植物凋零的部分会掉落在土壤上，死去的根会留在土壤中。饥饿的土壤生物以有机质为食，并在这个过程中将死亡的物质变成植物需要的、不能从光合作用中得到的元素和化合物。这是一种大规模的共生。大自然看不见的另一半，在地球的皮肤——土壤上发挥作用，编织着生命的地毯，死去的动物和植物，变成繁荣的微生物世界的基础。土壤中的生命，地下为阴，地上为阳。

古老的生命之根

我们花园的生长和变化方式反映了地球上生命的演化。大自然将自己从土壤引向地上的世界。古生物学和土壤生态学最近的发现表明，土壤生态系统远比其衍生的其他生态系统复杂多样。

至少6亿年前，微生物引领着第一波生命的潮流，离开海洋，殖民陆地。但它们没有留下直接的证据。从奥陶纪时期（4.85亿年前至4.44亿年前）开始，土壤生命的早期证据是斑点的颜色，表明细菌改变了有机质。适应干燥的殖民地环境的第一批生物，包括细菌、藻类、真菌和地衣。紧接着，棒状、无根、无叶、只能在积水中繁殖的湿地植物也来到了陆地。

志留纪时期（4.44亿年前至4.19亿年前），维管植物进化。由此产生的腐烂的有机质给最早的陆地动物提供了食物。这些陆地动物，大多数是节肢动物，有外骨骼，无脊椎，身体和四肢分节。它们或是以腐烂的植物为食的腐食性生物，或是以真菌或微生物为食的食草动物。节肢动物的化石，如捕食性蜘蛛（现代蜘蛛的近亲）、蜈蚣和千足虫，向我们展示了古代的土壤食物网。其食物主要是能进行光合作用的植物，此外还包括将死亡植物加以再循环利用的分解者，以及捕食微生物和腐食性动物的食肉动物。节肢动物在很长一段时间内取得了显著的成功。如今，它们的现代亲属，包括昆虫、蜘蛛和甲壳类，占所有已知活体动物的80%以上。

节肢动物与植物一起变得多样化，并且在泥盆纪时期（4.19亿年前至3.59亿年前），几乎所有的陆地动物都是节肢动物。土壤生物大多以死亡、腐烂的植被为食，或者相互为食。泥盆纪早期的植物群落非常简单，有一层不到 6 英尺高的均匀的植被。如同在一个奇怪的梦里一样，20 多英尺高的巨型蘑菇生长在正在分解的植物和细菌层上。植物和动物之间的互动基本上是间接的，主要通过动物摄食碎屑①而发生联系。

腐食性生物促进了土壤发育，将营养元素循环回植物群落。更好、更丰富的土壤能够支持更广泛的植物群落，后者可以提供遮阴，更有效地保持水分，从而降低干旱的风险。作为回报，蓬勃发展的植被为土壤生物提供了覆盖物和食物。这种基本的共生关系，被证明是可持续的。

石炭纪时期（3.59 亿年前至 2.99 亿年前），食草性昆虫的出现重组了动物食物链。一旦动物开始吃活的植物，而不是已死的或奄奄一息的植物，生物的两个领域——地下的世界和地上的世界就开始分开。

植物在后续的进化中产生了蕨类植物、针叶树（裸子植物）和有花植物（被子植物），这种模式在生命从海洋中出现后不久就确立了，并成为陆地生态的基础。虽然食物网顶端的玩家因物种大灭绝而数次洗牌，但地下和地上生命之间潜在的共生关系仍然存在。直到今天，自然的这两半，仍然通过土壤生物对植物和土壤的影响而紧密相连。

在这个进化过程中，植物不断地产生新的结构防御和生化防御措施，以领先食草动物和病原体一步。这种生态竞争塑造了昆虫和

---

① 摄食碎屑（detritus feeding），指的是水生动物以动植物死体碎片、排泄物和被分解的颗粒有机质为食的摄食方式。——译注

以植物为食的哺乳动物的后续进化。我们很容易认识到植物对地面上新敌人（腐蚀性化学品、荆棘和坚实的地表）的策略，但很难想象在植物与土壤生物之间发挥作用的适应性和选择性的力量。与水果、花朵和叶子不同，在早期，根部是每种植物的标准部分。自从5亿年前地球生命开始以来，在与地下敌人的竞争中，植物的根部一直保持着优势。

我们只是刚刚开始认识到植物的根部和土壤生物之间存在着特殊的、古老的联系。随着时间的推移，土壤微生物与植物之间建立的关系，其复杂性与授粉昆虫和有花植物之间的关系相当。由于观察土壤中发生的一切比较困难，对于在漫长的"深时间"中塑造出的地下关系，我们还有许多需要了解。据估计，我们仍然只知道十分之一的土壤物种。时至今日，土壤生态学领域仍如从前的古代天文学，当时我们的视野仅限于肉眼所见的恒星。

活的光环

20世纪初，另一位德国科学家对植物研究做出了重大贡献。农学家和植物病理学家洛伦兹·希尔特纳（Lorenz Hiltner）在植物疾病防治方面获得了几个关键性的发现，可惜它们长期被忽视。1902年，他成为慕尼黑巴伐利亚农业植物研究所的创始主任，该所成立的主要目的是支持德国东南部的农业。和霍华德一样，他坚定地认为应该进行田间试验，以了解微生物菌落对植物健康的影响。希尔特纳强烈地觉得他的研究对普通人来说是有用的，他为园丁或农民编写的一本小册子，几乎分发给了当时巴伐利亚的每个人。

在检验其"微生物对植物健康有益"的非传统观念时，希尔特纳开发了微生物制剂以促进植物生长，从而开创了微生物对植物营养影响的研究。他通过盆栽的实验表明，增加土壤中有益细菌的数量可以抵消甚至逆转已损坏的植物健康。不幸的是，第一次世界大战和随后的战后混乱中断了他的研究。

尽管如此，希尔特纳的工作证实了植物健康的关键至少部分在于自由生活在土壤中的微生物。像霍华德一样，他认识到尽管所有的土壤都含有植物致病菌，但并不是所有的植物都会发病。他的观点至今仍被广泛接受：非致病性微生物密度高的土壤，较之于密度低的土壤而言，对植物的生长和健康更有利。这种有利的影响十分普遍和明显，因此这种有很多微生物的土壤可以称为"疾病抑制剂"。

科学家们现在已经通过经验和实验证实了希尔特纳的结论。在一个重复了多次的经典实验中，他们在两种类型的土壤中种植植物。其中一种土壤被全部灭菌，另一种没有。然后他们将一种已知的病原体引入每种类型的土壤中。生长在无菌土壤中的植物会死于该病原体，而生长在未灭菌土壤中的植物很正常。另一种方法进一步证明了微生物具有疾病抑制作用。无菌土壤破坏了微生物对疾病的抑制，而另一方面，只要将一份灭菌土壤和十分之一份甚至千分之一份富含微生物的土壤混合，就能恢复抑制疾病的作用。

正如希尔特纳所预想的，土壤抑制疾病的机制与微生物群落有关。现代科学证实，微生物与植物的关系，并非害虫和病原体导致疾病发生这么片面。事实证明，当有益的微生物存在于接近根部的土壤中时，它们会将信息发送给植物，导致类似免疫的反应，这称为诱发的系统抵抗力。对于希尔特纳来说，神秘的是非病原体所使用的语言，以及植物如何"听到"它们的声音。

今天我们知道，微生物所传递的信号是由微生物基因组编码的各种蛋白质、激素和其他化合物组成的。植物利用根部作为"耳朵"，倾听土壤生物的信号。这种双向交流的净效果（net effect）在于，它为植物抵御害虫和病原体的代谢途径提供了条件。因此，在充满生命的土壤中，植物随时准备击退猛烈攻击，通常比未准备直接面对攻击的植物要好得多。

所有的植物都有一个微生物组，它用巨量的微生物覆盖它们的根、叶、芽、果实和种子。每种植物都拥有独特的微生物群落。你会好奇动物是否有微生物组，它们确实有。事实上，如果将生命体汽化挥发，且将微生物留在原来的部位，那么你就能够辨认出一种由微生物组成的阴影状的影像，它反映的是所有植物和动物的内部和外部结构。

希尔特纳对植物科学的主要贡献，集中在微生物（特别是细菌）和植物根部之间的关系上。他注意到土壤中的微生物在植物根部附近更为丰富，并给这个丰富的地带起了一个特殊的名称——根际[1]。就像一个活的光环一样，根际围绕着植物的每一根细如蛛丝的根毛，而每个根都有数以百万计的根毛。根毛提供的额外表面积极大地扩大了植物与土壤微生物之间的交流。从多样性和数量的角度看，根际是植物微生物群中最丰富的部分。

虽然希尔特纳当时并不知道这一点，但是他发现根际聚集的

---

[1] 根际（rhizosphere），指围绕植物根系的一个区域。——译注

微生物数量比周围的土壤高出一百倍。他提出了一项理由充分的假设：根际含有受植物根系释放的化学物质影响的微生物群落，微生物群落的特定组成又影响了植物对病原体的抗性。科学家们后来发现，独特的、高度特化的微生物群落生活在根际。毫无疑问，它们也生活在我们花园中的每一株植物的根际。事实证明，植物从根系中释放出的化学物质，为微生物提供了"无须预订的食物"。通过运用这种最古老的技巧，植物将微生物招募到自己的根部。

食物的力量

土壤中的碳含量会极大地影响微生物的丰度。植物以富含碳水化合物的分泌物的形式将碳注入根际，给有益微生物提供食物。对于微生物来说，好像有人已经完成了所有工作，包括从种植、收获作物到准备膳食、送饭。植物完成这项工作很容易。毕竟，它们可以从大气中直接获得碳，通过光合作用"白手起家"，制造碳水化合物。它们就像是地下经济的印钞机。

分泌物不仅仅含有碳水化合物，还含有大量的营养元素。根际的微生物还可以尽情享用在分泌物中发现的氨基酸、维生素和植化素[①]。我们也会摄入植物中的化学物质。这些是为植物提供独特

---

① 植化素（phytochemicals），植物生化素的简称。是一种存在于蔬果等植物中的天然化学物质，可以帮助植物本身对抗过滤性病毒、细菌和真菌。它并非人体赖以维生的必要营养素，但会为身体带来不少好处，在人体中一般起着抗氧化、增强免疫系统等功效。蓝莓中的花青素、大豆中的大豆异黄酮素、西红柿的茄红素、大蒜中的蒜精等，都属植化素。——译注

的颜色和风味的分子，例如紫色的茄子皮、卷心菜家族中的抱子甘蓝，以及其他植物的硫黄味。烟草是研究得最好的植物之一，会产生超过 2500 种植化素。

当植物通过其根部释放分泌物时，细菌和真菌会涌向根际。地下的自助餐远远不止这些分泌物。根在生长或蜕去死细胞时，会释放黏液。对于根际中的微生物来说，这些都是即食型的碳水化合物。

土壤中的连锁反应。植物分泌出富含营养元素的液体渗入土壤，同时汲取有益的微生物进入根须。

最初，科学家们认为分泌物被动地从根部泄露出来，但随后他们更仔细地观察了根部外围的细胞。他们发现，所谓的边界细胞

（border cells）比其他细胞含有更多线粒体、内部膜结构和囊泡。事实证明，这些额外的细胞器允许边界细胞帮忙制造渗出物，并将它们推出根部以及进入根际。换句话说，根细胞不是惰性地泄漏资源。植物就像动物一样地计算和部署，用它们的方式获得它们所需要的生存物质。

当土壤科学家发现植物释放出富含营养元素的分泌物到土壤中时，他们感到震惊。一篇综述发现，根部分泌物可以占植物光合作用所生产的碳水化合物的 30% 至 40%！这就像农民在田地边缘留三分之一的收成给过路的行人。为什么植物会如此慷慨地赠送这么多的好处呢？

它们并非真的很慷慨。它们用分泌物换取自己不能产出之物或者不能做的事情。饥饿的微生物所依赖的碳固定（carbon fix）终究不是免费的。

用糖和其他物质诱惑微生物可能听起来毫无意义，但它是植物世界防御战略的核心。植物不能跑或躲，但它们有其他的防御策略，如植物的剑（刺）和盾（蜡叶表皮）。微生物士兵在地下做这项防御工作，它们就像宫廷卫士一样，保护着自己的植物盟友。不妨把植物的根系想象成地下景观中的一座城堡，那里窝藏着微生物土匪和侵略者。用绿叶作为手，植物打开水龙头，分泌物开始滴落在城墙，并进入根际。通过这种方式，植物使用只有它们自己可以制造的碳水化合物（和其他化合物），吸引和建立一个微生物警卫群落（a community of microbial bodyguard），以驱赶、威慑或除掉其他微生物敌人。

植物并不是手无寸铁、乖乖等着病原体侵袭的受害者。植物根际仍然充满了对植物有利或无害的生命。在这种情况下，病原体几乎没有机会穿越护城河般的根际，去破坏植物的城墙。

温度、湿度和 pH 等影响因素决定了哪些营养元素可供植物使用，分泌物有助于确定哪些微生物最终可以定居在特定植物的根际。根际研究表明，同一土壤中生长着的植物所对应的微生物在种类上存在显著差异，这种差异可归因于植物根部分泌物的特定组成。换句话说，植物有能力吸引特定的微生物。

分泌物通过好几种方式，吸引非病原细菌来限制病原性土壤真菌和细菌。非病原细菌，以及一定程度上的真菌，通常会立刻消耗分泌物，从而阻拒病原体。当有益的微生物聚集在根表面时，它们将根隐藏在保护性的活茧中，将病原体从根际挤走。

一些研究已经证实了有益微生物使病原体远离根际的另一种机制。并不是任何一种古老的细菌都可以跳到植物的根部。事实证明，共生性细菌和病原细菌的基因组差异，赋予了每个菌群在根表面的分布差异。其他研究发现，某些物种在某些条件下可以成为病原体，而在其他条件下则与植物合作共生。遗传分析也许能够区分可能的病原体和共生体，但是微生物群落的活动很复杂，受到生物因素和非生物因素相互作用的影响。与地上生物群落一样，特定物种的生态角色和重要性可能取决于其存在的特定环境。

根际微生物是植物微生物群体中特别繁忙的部分。不同种类的微生物具有不同的偏好，并且对于它们将要摄取的根部分泌物都是有选择性的。它们也会为了自己的目的改变分泌物，当然它们有时候会采用对植物有利的方式。例如，一种氨基酸分泌物——色氨酸，当被根际细菌得到时，将会呈现出全新的生命形式。值得注意的是，细菌可以将色氨酸转化为植物生长激素（吲哚 -3- 乙酸 ①），使植物生长更长时间，萌发侧根，增加根毛密度，所有这些最终都有助于促进植物的整体健康。通过这种方式，植物利用微生物的偏好（即不同的微生物群落会根据地下所提供的具体"美食大餐"而有选择性地"出席"）来为自己谋利。

鉴于植物与根际微生物之间的多种相互作用，科学家发现种植场（planted fields）和裸地（bare earth）的根际群落组成具有显著差异并没有什么好奇怪的。例如，豌豆和燕麦根际中的微生物是小麦根际或无植物土壤中的五倍，而豌豆根际往往含有特别丰富的真菌。

植物在根系分泌物中释放的植化素，是植物的另一种防御策略。这些化合物抵抗广泛的地面和地下威胁。尽管我们从植化素中获得了独特的风味和健康益处，但植物生产这些物质是为了自己的利益，而不是为了我们。一些植化素是根系分泌物中的标准成分，它们刺激或抑制细菌基因的表达，吸引有益细菌到根部，并阻止根部病原体。一些植物的新发芽的幼苗，会输出能促进菌根和细菌生长的含硫植化素。在某些情况下，植化素会像交通旗帜一样挥动，指挥某些细菌和真菌进入根际。植物也可以释放植化素，向靠近的微生物发送"方向错误"的信息。如果一个麻烦的微生物忽略了这个警告，它就会收到一个更强的退出信号。如果被忽视，植物会启动一系列化学防御措施来封锁入口。

---

① 吲哚 -3- 乙酸（indole-3-acetic acid），是植物体内普遍存在的内源生长素，属吲哚类化合物。又名生长素、异生长素。它有多方面的生理效应，这与其浓度有关。低浓度时可促进植物生长，高浓度时则会抑制植物生长，甚至使其死亡。——译注

植物也可以制造能杀灭或减弱病原体的抗微生物化合物。例如，玉米会分泌足量的抗菌化合物（苯并嗪类），以抑制根部周围的许多土壤微生物。有时，根际的有益细菌会产生代谢物来帮助植物抵抗致病真菌。三组主要的根际细菌分别是放线菌、厚壁菌和拟杆菌，其中，尤其是放线菌，会产生干扰细菌、真菌和病毒病原体的各种化合物。

很多植物能在根际细菌的帮助下摆脱各种麻烦，这方面有许多突出的例子。当叶病原体发动攻击时，植物能感知它们，并向根细胞发送远距离化学信号。根细胞开始释放分泌物。在一个案例中，植物会产生一种非常特殊的分泌物——苹果酸，就像一个牧羊人在呼唤自己的狗一样。枯草芽孢杆菌会在几小时内聚集到根部，启动更多的与植物间的化学信号交流。细菌—植物对话会触发植物产生针对叶病原体的全身性防御化合物。更令人吃惊的是，枯草芽孢杆菌还会诱导植物关闭叶面上称为气孔的微小开口，从而使病原体无从利用气孔滑进叶内。

尽管微生物帮助植物自我保护的方式是巧妙的，它们在植物健康中也扮演着另一个同样令人惊讶的角色。但只有特定种类的植物才会在这个精心打磨的舞蹈中迈出第一步。豆科植物，会产生称为类黄酮的植化素，吸引固氮细菌。希尔特纳并不知道类黄酮，但他意识到某些类型的细菌能使植物利用氮。

最知名的固氮菌之一是根瘤菌属（*Rhizobium*）。这些细菌，也称为结瘤形成细菌（nodule-forming bacteria），当植物在根系分泌物中释放出类黄酮时，它们会进入根际。结瘤形成细菌对于它们将要结合的植物是非常有选择性的。只有当植物发送正确的化学信号时，细菌才会用自己特定的分子——"Nod 因子"（结瘤形成因子的简称）回应植物。Nod 因子就像身份证那样发挥作用，确保植物与结瘤形成细菌相对应。只要植物保持欢迎，诱来的细菌会锁定在根毛上，并且过程会一直持续。Nod 因子的流动很快就会诱发根毛细胞在细菌周围卷曲和膨胀。安全地塞入其稳定的结瘤中，细菌便成为一个为宿主工作的固氮群体。作为回报，植物为其新伙伴提供了源源不断的食物。如果植物需要更多的氮，它会分泌更多合适的类黄酮来招募更多的细菌。随着时间的推移，结瘤形成细菌的整个菌落从土壤的开放边界迁移到根部的安全处（the safety of a root）。固氮菌所居住的结瘤是植物的一个组成部分，它们被认为是辅助器官。

植化素的诱导和 Nod 因子的应答只是植物寻找有益的细菌，并使用它们获取营养或排斥病原体的许多方式之一。除了生活在根瘤的细菌之外，其他物种实际上居住在植物内部，被称为内生菌。从冠到根，这些细菌将自己藏在植物细胞之间，释放刺激植物生长并增强植物抗病虫害的化合物。这种关系在植物中似乎无处不在，但只有少数情况下才能很好地理解。

豆类不是唯一依靠细菌来满足其氮需求的植物。赤桦木、杨树和柳树招募结瘤形成细菌，帮助它们在贫氮地面，如裸露的河道砾石坝上定殖。随着时间的推移，这些第一批植物殖民者，掉落足够的叶子形成初期的土壤，为其他植物生根和成长提供可能。固氮菌也被发现存在于重要作物如咖啡（咖啡豆）、玉米和甘蔗的组织和根际中。

固氮菌提供给植物使用的氮量可能相当可观，根据土壤条件，每年每英亩可多达200磅。这个数量足以抵消小麦和玉米的化学肥料——每英亩所使用的化学肥料一般在100到200磅。在甘蔗茎中生长的固氮醋杆菌，每英亩固氮可多达150磅，也足以替代化肥。在工业氮肥发明之前，植物中几乎所有的氮，都来自能将大气氮转化为植物可利用形态氮的细菌。而且，一旦进入植物，这种经由细菌而获得的氮还能从植物进入土壤，再被动物吸收，生生不息，循环不止。

夺取真菌的依靠

大自然中既存在有益细菌，也存在有益真菌。事实上，能够抑制土壤疾病的主要因素之一是真菌多样性。真菌和植物间的共生比固氮细菌和豆类之间的关系更为古老和普遍。这种伙伴关系的古代起源解释了为什么菌根[①]在约80%的被子植物和所有裸子植物（非开花植物，如针叶树）中存在着。

菌根真菌与植物之间的化学信号传导与固氮细菌相比不太明显，但涉及相似的相互作用。真菌菌丝有自己的Nod因子，即所谓的Myc因子。植物与菌根真菌之间的交流比几十年前大多数科学家想象的要复杂得多。这种化学信号一直被猜测，但是最近才有研究记录。

建立菌根真菌与植物根系之间共生关系的第一步，是真菌的根状菌丝的分枝开始与宿主根系建立接触。植物释放类黄酮来引发分

[①] 菌根（mycorrhizal）是植物与土壤真菌形成的一种共生体。在这一共生体中，真菌主要从植物获取能量，同时向植物提供无机物质。——译注

枝。菌根真菌被允许进入植物城堡的细胞之间那庭院般的空间，但不能再往前走了。这种通道足以在真菌和植物之间形成一座桥梁。将其比喻为"一个邮递系统"再恰当不过了。这就像邮政部门把包裹放在你的房子里，并把包裹里的东西放在你想要的地方。植物能随时获取所需的矿物质和分子，以合成植化素和其他防御性化合物来抵抗病原体。

在菌丝网络的另一端，菌根共生体将它们薄薄的菌丝延伸到土壤中。作为根毛的延伸，菌根的菌丝将根系的有效表面积增加 10 倍，并提供了通向小的、不可及的土壤孔隙和裂缝的途径。菌根可以帮助植物从土壤中汲取更多的营养元素和水，每单位根的长度可以使磷（和其他营养元素）的摄取量增加一两倍。作为回报，植物向其提供了碳水化合物"包餐"。

菌根真菌不仅有助于直接滋养植物，还帮助改善土壤质量。它们的菌丝网络所"改良"的土壤不容易被侵蚀，且极大地增强了水分渗透。这些对土壤的积极影响提高了植物的生产力和抗干旱能力。

菌根真菌对土壤结构和植物营养元素获取的影响，是霍华德一直探索但找不到的机理之一。如果他发现有这样的物理联系存在，或者植物和菌根真菌交换营养元素，他也应该不会惊讶。这个人迹罕至的地质学—生物学十字路口，是地下世界和阳光普照的世界的联合。在这里，自然界的交换物品——植物的碳水化合物和来自真菌的矿物质养分——形成了地下经济。

今天的科学家清楚地认识到，根际碳、氮的流动是非常复杂的，也是双向的，根系既分泌又吸收有机化合物。根部分泌离子、酶、黏液和各种有机化合物。令人惊讶的是，植物的根部也摄取有机酸、糖和氨基酸。虽然根系对碳的吸收在植物的碳收支中起着较小的作用，但是一些植物根系将从土壤中吸收的碳化合物转化成有机酸，然后分泌到土壤中，从而提高植物对根际中磷的吸收。此外，一些共生的微生物吸收分泌物并产生代谢物，而代谢物又会螯合来自根际的铁和磷，使这些元素可用于植物。

植物与土壤生物（尤其是细菌和菌根真菌）之间的相互作用，远比以前想象的复杂。植物主动将营养元素推送到根际，为特定的微生物供食；而微生物帮助保护植物免受病原体侵袭，并将关键营养元素带入其根部。事实上，整个植物微生物群体的运行非常类似于其宿主的生态药房，有助于保持生命流通。我们对植物与土壤生命之间这种联系的深入理解，类似于从牛顿力学到量子物理学的思维方式的演变，前者是基于我们直接用感官感知的现实的卡通版本，后者是复杂变化的深层故事，并解释了大自然是如何真正运作的。

无声的合作伙伴

土壤科学的不断发现，持续揭示了植物健康的新观点正在改变我们对自然和农业的看法。几个世纪以来，园丁和农民使用堆肥、粪便和其他有机营养物来种植健康的植物，提高作物产量，尽管他们并没有充分了解地下发生的情况。而当时的伟大思想家，如李比希，却忽略了土壤生命如何与特定土壤中的化学成分协同工作，从而提高了土壤肥力。

向土壤中添加肥料并不能保证它们能够进入植物。如果没有微生物将营养物转化成植物可以利用的形式，那么重要的元素就会无用地停留在植物根部以外，就像货船停靠在港口外。"土壤微生物与植物之间具有非常亲密的关系"，这一新兴观点为土壤肥力提供了全新的视角。虽然植物营养和植物健康肯定有化学基础，但霍华德把土壤肥力视为一个复杂的生态系统，现在看来似乎是预见性的。

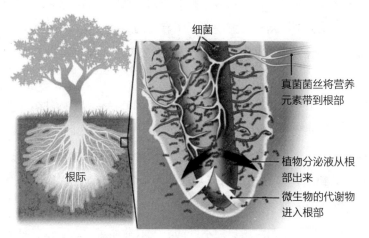

地下经济。植物根部周围的根际，是植物与土壤微生物之间进行无数次交易的场所。真菌和细菌都会消耗植物的分泌物，反过来，它们会为植物提供对于生长和健康至关重要的营养和代谢物。

　　与土壤物理学和土壤化学领域相比，土壤生态学仍处于起步阶段。直到近几十年，生物学家才开始梳理土壤微生物的主要群体及其作为地下社区成员的职能和关系。他们已经认识到，我们所看到的植物和传粉昆虫之间奇妙的共同进化关系也反映在地下世界各种生物之间，后者与前者一样复杂，但远未得到理解。在我们看不见、不留意的地方，有益的微生物会运作起来，帮助维持植物的健康。

对微生物作为天然土壤肥力的生物催化剂的新认识，挑战了现代农业的哲学基础。没有人能否认，短期看来，农业化学在提高作物产量方面是有效的。但是越来越多的人认为，从长期来看，这样做会对作物产量产生危害。除了破坏营养元素的转移，过度使用农用化学品可能会降低和损害植物的防御机能，为病原体攻击脆弱的作物提供机会。由于无意中杀死了有益的土壤生物，我们破坏了植物通过与微生物间的适应性共生关系而发展出来的营养和防御系统。

如果将土壤视为一个生物系统，那么就更容易理解为什么"管理"一些植物病原体的农业化学方法是困扰现代农业问题的根源。广谱杀菌剂好坏不分，导致坏的微生物和杂草种类反弹得最快。这个根本的缺陷使得以杀菌剂为基础的农业欲罢不能——你用得越多，所需要的就越多。虽然对于经销商和中间商而言这非常有商业价值，但长期看来，对用户是不好的。就农业而言，这意味着对我们所有人是不好的。

最近，地下共同进化关系的重要性突然成为世界各地的焦点。写这本书时，在南非的一次旅行中，我们惊讶地发现，小小的白蚁居然极大地影响了整个地上生态系统。白茫茫的蚁丘散落在风景之中，像微型的山城一样升起，俯瞰着平坦的地形。不久之前，我们注意到一个奇怪的模式。为了给大象和长颈鹿遮阴和提供食物而种植的最大的树木，一直在活跃的或被遗弃的白蚁丘之上和附近生长。

事实证明，白蚁有微生物帮手。白蚁将死去植物的物质带到蚁丘中，并将其喂给真菌，这些真菌能够分解白蚁难以消化的物质。就像其他园丁一样，白蚁也会收获它们的真菌，然后吃掉。^①在农业这个有趣的转折点上，真菌养殖白蚁，将白蚁丘变成营养绿洲，有助于支持非洲的标志性野生动物。

虽然我们去非洲，一部分是惊叹于令人印象深刻的大型野兽，但是在这次旅行结束之际，这个意料之外的白蚁活动却深深吸引了我们。它们为那些支撑了食草动物生命之所需的植被建立了基础，这些食草动物又反过来哺育了非洲标志性的食肉动物。

回到西雅图，我们的小花园提醒了我们在非洲看到的东西。我们应该留意我们脚下的土壤，以及土壤中的微生物和无脊椎动物——这些土壤是它们的家园——而不是过度关注土壤表面的植物。正如我们所做的那样，我们开始把那些不为人知的、相对陌生的土壤生物想象成我们工作中的无形的盟友。毕竟，我们亲眼看到，促进地面生命活动的秘密就是促进地下生命活动。但是对于支持动物健康（以及我们自己的健康）的微生物菌群，我们还有一些事情需要了解。

---

① 其他种类的白蚁依赖自己肠道中的共生细菌。这些白蚁能够啃食大块的木头但不能加以消化。它们肠道中的细菌可以代为消化这些木头。科学家们使用抗生素清除了白蚁的肠道共生菌、观察会发生什么。他们发现，白蚁继续啃食木头但是几天后开始陆续死亡。没有肠道细菌，它们不能从木头的纤维素中获取任何代谢能量。它们吃得饱饱的，但最终饿死了。

第七章

近在咫尺

人体是一个巨大的生态系统。实际上,它更像是一个拥有丰富多样生态系统的星球。就像塞伦盖蒂和西伯利亚的生态系统大为不同一样,每个星球都寄宿有巨量的微生物。

当我睁开眼环顾四周的时候，戴夫坐在我的医院床边的椅子上，正专心地看着书。他头顶的时钟显示现在已经近 5 点钟。我转过头去，朝门外发亮的地板和忙碌的护士台望去。这一刻，我的身体感觉到了前所未有的放松。我希望癌症及其带来的五个小时的手术永远成为过去时。

我尝试着坐起来，可我的头却重重地跌回枕头上。宽大的女式病号服的腰围比我的腰围大多了。我拉开衣服的腰部，看见胶布下面，皮肤钉就像铁路一样盘绕在我的腹部。我的手指划过肚脐周围的皮肤钉，尝试着去数有多少根，最后发现有 15 根皮肤钉嵌在我的腹部。

3 周前，2011 年 5 月上旬的一个周五，我的医生叫我联系她，因为我的宫颈涂片结果有问题。医生从来不会用通电话的方式报告好消息，所以周末的时候，我只能告诉自己不去多想医生联系我的原因。

"病理科的医生之前联系我说，你的宫颈涂片已经有结果了。显微镜下细胞的形态十分异常。"当我周一早上联系上格里尼（Greaney）医生的时候，她如是说。

我听到这句话的时候，当时就坐在厨房的餐桌边愣住了，手指上绕着电话线，嘴巴说不出话来。

"病理结果表明，这是原位癌。"

"癌症？真的就是癌症吗？"

我喜欢我的医生，因为她很直率，也不说废话，总是会告诉我很多医学信息。但这次，她没有回答我的问题。突然之间，我的胃翻江倒海，我感觉恶心想吐。我天真地以为，医院肯定出错了，或者是把我和其他人的涂片搞混了，那些肯定不是我的细胞。

"你需要尽快来做一个阴道镜检查（colposcopy）。"

"什么？结肠镜检查（colonoscopy）？"她在年度体检的时候和我讲过这个检查。

她澄清了一下："是阴～道～镜～检～查。这是一种以肉眼看宫颈的检查方法，你需要做一次。"

这听起来不好，非常不好，比结肠镜还要差。

"马上要做。"她补充道。

她毋庸置疑的口吻让我知道，我不得不做这个不管叫什么名字的检查。

人类乳头状瘤病毒简称为 HPV，会增加人类宫颈癌发生的风险。几年前的一次常规宫颈涂片的检查显示，我感染了 HPV。那时，医生告诉我，高达 80% 的女性一生中会感染一种或者多种与宫颈癌有关的 HPV 病毒。

　　我记得，她最后鼓励我道："大多数人都可以清除病毒。"她把这件事情说得就像动动手指一样轻松。所以，我以为我的身体可以轻松清除体内的病毒。毕竟，戴夫才是经常感冒的那个人，我基本上不会生病。因而，对于 HPV 我并没有多想。

　　我和一位妇科肿瘤科医生预约了阴道镜检查，仍然心存侥幸，觉得之前的检查结果可能是和其他病人的搞错了。当医生告诉我在我的宫颈看到一处病变的时候，我心中的希望彻底破灭了。一个星期后，实验室结果确认了那个小病变是一个早期的恶性肿瘤。那个宫颈涂片结果毋庸置疑属于我。听到这个消息，我瞬间崩溃了。戴夫和以前一样坚强，他把我抱在怀中，我大约也振作了几个小时或半天，然后又崩溃了。

　　恶性肿瘤必须根治。我有两个选择，第一个是化疗和放疗，第二个是根治性子宫切除。平时，我很喜欢"根治"这个词。但是当"根治"和"子宫切除"放在一起的时候，这就意味着我的宫颈、子宫以及卵巢都将被拿掉。

　　化疗和放疗也有其不好的一面，这可能会伤害我身体其他的重要部分。我不希望失去身体的任何一个部分，但是在生殖器官和心、脑、肠道之间到底应该选择哪种？我知道，如果没有后三者，我将无法生存下去。可是，手术也就意味着感染和出血致死的风险。到底我应该选择化疗，还是手术呢？与这些相比，结肠镜检查简直不算什么痛苦。最后我还是决定手术。

　　这个手术必然会引起的一个副作用就是停经。我只有不到一个月的时间对此仔细研究。我浏览了许多书本和网站，为何如此正常的生理过程却成了人们口中谈虎色变的话题？我所阅读的几乎所有东西，都把绝经描述得像魔鬼一样可怕，即便你以符合生理的速度进入更年期也不例外。然而，我却是由于激素水平的骤然下降而导致的绝经。

生育的能力使女人的身体复杂起来，这既奇妙又不那么奇妙。这其中的复杂性为打着医学旗号营销消费品和现代医药创造了机会。现在，面对即将到来的更年期，在我面前摆着一系列令人惊叹的药物、补充剂及激素类似物，它们号称能够对更年期综合征有所帮助，比如潮热、抑郁和其他许多生理变化。

但是，事情没那么简单。每一种治疗方式似乎都需要注意很多方面，有时甚至会有相互矛盾的研究结果。当雌激素水平下降之后，骨头中的钙便开始流失，我只能额外增加钙摄入量。市面上有不同形式的钙剂，所以我必须选择容易吸收的类型。但是，我不能过多摄入钙，否则容易造成动脉阻塞。如果我使用激素替代疗法，我便不需要使用钙剂。可令人不安的是，有一系列的研究表明，我不能使用激素替代疗法太长时间，否则会增加乳腺癌和中风的风险。或许这也不对，因为另有一些研究表明，之前的研究是针对老年的绝经女性，对于年轻的绝经女性没有任何借鉴意义。当然，任何关于肿瘤的消息都会使我焦虑。看到这里，我不禁再次泪流满面，哭着逃到了花园。

手术之后，我在床上至少躺了六周，也没有办法去打理我的花园。所以在我手术之前，有好几周我堕入了一种痴狂的状态。我给一些小树苗搭建了支架，让它们能够长成大树。我把我的"活篱笆"修建了一番，相信它能够长得更加茂盛。园子里放着我收集的盆栽和树木，我修剪着每一盆，进行着年度梳理。虽然我把所有的精力都放在了园艺上面，但是每一刻我的头脑里仍在为即将面临的难题而烦恼着。

时间很快就到了 6 月 6 日，我把修剪枝条的剪刀放在锁定的位置，把它们放进悬挂于花园车上的皮革架子里，然后把车推到车库里。我整理了铲子、干草叉和耙子，关上了那个摇摇晃晃的车库门。已经晚上十点多了，我最后一次沿着花园走了一圈，看着地平线上若隐若现的太阳余光，衬托着头顶上的蓝色夜空。暮色中的花园看起来宁静而美丽。空气似乎静止了一般，但我却丝毫没有感受到平和的气息。疲惫的眼睛里涌出了一股泪流，我哭着跪在了地上。几个小时后天还未亮，戴夫和我出发前往医院。

手术两周后，我们拿到了病理报告，肿瘤标本的切缘是阴性的，并且没有发现有转移的迹象。身上的肿瘤最终成了过去式，我激动不已，感恩万分。

虽然预后情况很好，但是我的内心仍然充满慌张和惧怕。我想起了我身边得癌症的亲人和朋友，包括我的姑母、戴夫的妈妈以及读书会的两位成员。我的妈妈在她 52 岁的时候诊断出得了黑色素瘤，两年后便去世了。

癌症在使我恐惧的同时也让我着迷，我想要尽我的努力来了解关于癌症的信息。所以，在手术后我仍然继续深入搜寻癌症的相关信息。我发现，我得的宫颈癌是世界上女性第四常见的致死性肿瘤。在美国，由于筛查的普及和积极的治疗策略，宫颈癌的死亡率在癌症中排第 14 位。我同时也发现，1976 年，一个德国的病毒学家哈拉尔德·楚尔·豪森（Harald zur Hausen）提出，HPV 在宫颈癌的发病过程中起着重要作用。虽然这个理论最初受到了很多质疑，但是在 20 世纪 80 年代他成功地找到了 HPV 和宫颈癌联系的证据，这让他获得了 2008 年的诺贝尔奖。他的发现也给 HPV 疫苗翻开了新的篇章，2006 年他建议 26 岁以下的人都应该接受疫苗注射。

正如大部分病毒那样，HPV 也分为不同的亚型，其中 HPV-16、HPV-18 两种和半数的宫颈癌相关。然而 HPV 却狡猾多变，杜克大学和北卡罗来纳大学的研究者们于 2013 年发现，在非洲裔美国女性当中，除 HPV-16、HPV-18 外，大约还有 6 种 HPV 亚型与宫颈癌有关。

令人感兴趣的是，HPV 也和头颈部的肿瘤有关。2011 年发表于《临床肿瘤杂志》(Journal of Clinical Oncology) 的一篇文章表明，在美国与 HPV 有关的口咽癌（鼻、口、喉）人数有了显著的上升，与 HPV 有关的口咽癌患者占所有口咽癌患者的比例从 20 世纪 80 年代的 16% 上升至 21 世纪初的 72%。令人奇怪的是，发病率上升的主体集中于三四十岁非吸烟的健康白人中。根据这个结果，如果这种趋势继续下去，那么在 2020 年以前，HPV 导致的口咽癌人数将超过宫颈癌人数。2013 年在其他发达国家的另一项研究也得出了相似的结论。一些研究者发现，HPV 和黏膜相关类癌症，如肺癌和食管癌等，也存在关系。

虽然我们知道了与癌症发生相关的 HPV 具体亚型，但研究者们仍无法了解 HPV 到底是如何致癌的。2013 年的另一项研究表明，HPV 通过将自身的基因整合至宿主细胞的基因组中从而致癌。显而易见的是，HPV 基因就像飓风一样，插入宿主细胞的基因组当中，使得插入位点相邻的基因发生改变。有些基因会发生重排，有些基因则会失去功能。如果这种插入导致抑癌基因的沉默或者原癌基因的增强表达，就有可能致癌。

虽然 HPV 是对我个人的惩罚，但其他微生物也能够导致癌症的发生。幽门螺旋杆菌（*Helicobacter pylori*）与胃癌有关，乙肝和丙肝病毒可以引发肝癌。加上 HPV，这几种微生物导致了全世界范围内 1/5 癌症的发生。

当知道微生物能引发癌症的时候，我也了解到大约 1/3 的癌症被认为与饮食习惯有关，包括结肠癌、前列腺癌以及绝经后妇女的乳腺癌。我对饮食习惯和癌症发生之间的紧密关系表示深刻的认同。我一直坚信，日常饮食能够决定人的健康状况，但是这并不代表我的饮食习惯十分健康。

正如绝大多数孩子一样，我会缠着父母在商店里买我喜欢吃的东西。我喜欢商店里形形色色的果脆圈（Froot Loops），它们有鲜艳的颜色和奇妙的味道。每当父母买了麦片以后，我和我的兄弟们会把它们当做早餐，放学以后总是会第一时间打开橱柜，从盒子里直接拿出脆甜麦片（crunchy sweet cereal）吃。所以麦片总是很快就被吃完。

我在科罗拉多州的利特尔顿长大，在离学校不远的地方有一家必胜客。我和朋友们非常喜爱那个地方。在那家店，如果和披萨一起点，啤酒就是半价。那家店深色的内饰和红色的人造皮革半圆形餐桌让我们感觉到我们不再是待在教室和老师眼皮底下的学生，而是一群已经长大的成年人。

我上高中之后，对食物的看法开始改变。我最好朋友之一的父亲每年都会为毕业的学生们举办鳄梨酱和辣酱玉米饼馅的盛宴。长期以来我仅仅看到我的妈妈或爸爸做饭，但这个盛大的宴席则是另一番景象。有一年，他们邀请我去做大宴宾客前的准备工作。从未见过如此大场面的我把将近二十个鳄梨剥皮、捣碎，同时把许多洋葱和大蒜用厨具切成小块备用。最后，把这些原材料混合并放置一段时间，放入大量的智利辣椒粉。酸橙汁能够释放出菜品的香气，柑橘的味道从碗中飘出。小茴香、盐和牛至增添了更多的味道，然后把切好的洋葱、大蒜以及一些切碎的番茄和黄瓜放入。这次的经历之后，我和我的朋友偶尔会用她的厨房做饭吃。我们学会了从零开始制作辣酱玉米饼，并尝试制作不同的馅料。上大学之后，我喜欢上了做饭，我的室友和我会一起吃饭，我们两人每周都会做一次晚餐。我们会较劲，看谁做的菜更好吃。我很快就把仅有的两本烹饪书——莫莉·卡森（Molly Katzen）的《穆斯伍德食谱》（*Moosewood Cookbook*）和《神奇的西兰花森林》（*The Enchanted Broccoli Forest*）上的菜式都尝试了一遍，并开始制作新的菜式。

多年以后（在我被诊断为癌症的几年之前）我转行了，就职于公共卫生领域。当时，西雅图金县卫生局正在寻找一位具有环境规划经验和政策学背景的人，在他们称为"建筑环境"的新项目中工作。这个术语是从城市设计和景观建筑专业中衍生出来的，其理念是以城市的布局影响每一个人健康福祉的选择。

我觉得这个想法十分有趣。虽然对公共卫生领域知之甚少，我却十分了解自然环境对植物和动物的影响。大学毕业后，我在加利福尼亚州的野外当过生物学家，当时主要负责调查和清点濒危物种并统计它们生息的地方。所以，当戴夫和我搬到西雅图时，这里野生的三文鱼以及它们居住的河流和溪流，都成了我们俩职业的一部分。

十多年来，我一直在西雅图东南十几英里的锡达河下游工作。和团队里的生态学家和工程师同事一起，我们收购了经常被淹的房屋，以便能够拆除堤坝，并沿河重新种植当地的灌木和乔木。这次改造使得河水继续在原先的土地上流淌。我们的理念是恢复鲑鱼洄游产卵的自然过程，让河流承担起帮助鲑鱼繁殖的重任：夺回鲑鱼产卵所需的沙砾，冲刷出深潭以便鲑鱼用作产卵床。事实上，我们干预之后，鲑鱼几乎马上开始使用新的栖息地了。

我尽我所能地学习了河流系统和鲑鱼栖息地的相关知识，并将其应用于新工作当中。有趣的是，我的公共卫生部门的同事使用了一个我十分熟悉的术语——上游（upstream）。对他们来说，"上游"意味着疾病和不良健康的根源。我开始学着不去考虑某个泛滥平原的质量或某个流域的状况，而是开始考虑其他因素，比如城镇的空气质量、邻近地区的犯罪率，甚至是公园的数量以及居住小区附近的人行道和杂货店。我惊讶地发现，如果在整个人群中取平均值的话，这些因素和其他上游因素对健康的影响程度甚至比遗传因子或频繁看医生更甚。如此一来，合乎情理的就是，既然我们可以在锡达河流域通过改善栖息地来使鲑鱼种群恢复至原来的状态，为什么对人类居住的地方不能采用同样的方法呢？

从一次次的项目会议中，我注意到了一些新的无法避免的事实。在全国范围内，约三分之一的孩子肥胖或超重，其中许多人将会继续发展出慢性健康问题，如 2 型糖尿病和心脏病。即使没有公共卫生背景，我也知道，这些疾病一般发生在父母和祖父母年纪的人身上，而非孩子身上。流行病学家们谈到，在美国人的长寿趋势中，将来慢性疾病的发生率将上升。除非有所改变，否则今天的年轻人将不会像父母那一代那样长寿。

　　大部分时间，我认为自己肯定不会在这些疾病统计数据的范围内，直到得了癌症，我才发现我错了。诊断明确时，我开始更多地考虑自己的健康。很显然，这个厘米大小的肿瘤是必须要切除的，这也是我恢复健康的必经之路。可是我的身体其他部分如何呢？

　　我开始用各种方法寻找答案。我咨询朋友，查找资料，并继续挖掘参考文献。之后，我去见一位擅长自然疗法的肿瘤科医生——海蒂（Heidi）。我之前没有参加过任何的自然疗法，不知道将会发生什么。在手术前几天，我第一次通过预约见到了她。她问了我很多问题。事实上，在我们长达一小时的谈话中，大部分的时间都是我在说话。她同时充当着友好的医生和知己的角色，从记事本中抬起她温暖的棕色眼睛，看着我回答她的问题。她安慰地笑着说："嗯，告诉我更多关于这方面的事情。"当我们谈话时，我总结出了她所提问题的中心。她将注意力集中于三个主题：我吃过什么？我生活中的压力有多大？我平时如何锻炼？从来没有一个医生和我如此直接和深入地讨论这些问题。

　　我描述了一下一般吃的早餐——一杯咖啡馆的拿铁，以及在最喜欢的几家面包店买的牛角面包，因为在家里吃早餐太浪费时间。另外，早上的时候我头脑总是昏昏沉沉的，经常只能冲出家门赶公交车上班。到下午早些时候，我会贪婪地喝着咖啡，吃着烤饼。通常，我的午餐是一些剩菜。但是，午餐时间晚导致晚餐时间也晚，进而导致第二天吃早餐的时候也不会太饿。

　　她暗示说，我应该按时吃三餐，不能一成不变地每天吃牛角面包、喝咖啡或葡萄酒。我十分懊恼，也无法反驳她的话。过了一会儿，我屈服了，我确实需要做一些改变。但是，我住在西雅图，怎么能够不喝咖啡？我怎能不去我最喜欢的面包店和咖啡厅，还有享受葡萄酒？葡萄酒曾是晚餐的一部分。而如今，葡萄酒却从食物的金字塔中消失了。但我怎能不小酌一杯？

海蒂耐心地指出，我不应该一直吃这些东西。她告诉我，咖啡因影响了我的胃口。我的身体将面包中的淀粉视为糖类，也把酒当做糖类。她说，快乐其实很简单，还有很多其他的东西可以吃。吃一顿真正的早餐和减少喝咖啡的摄入并不意味着我再也不能喝咖啡或吃烤饼了。葡萄酒不应该是禁忌，但也不能每天喝。这些习以为常的饮食，其实只能偶尔为之。

聊天进行到这里的时候，我开始慢慢接受我之前拒绝去相信的事情。但是，我还是努力寻找挽回的余地，并不想改变自己的饮食习惯和生活方式。我提出每两天喝一杯拿铁，海蒂并没有给出我想听的"好"或者我不想听的"不行"，她鼓励我尽最大的努力去坚持不喝咖啡。

与此同时，海蒂还想知道戴夫和我晚餐都吃些什么。晚餐我们通常只吃蔬菜，我知道这对于我的健康没有太大帮助，我也知道海蒂对这个答案并不满意。然后，她在笔记本上翻开新的一页纸，并画了一个圈，还从圈的最顶端到最低端画了一条竖直的线。我需要在圈的一边写日常食用的植物性食物，包括十字花科的绿色植物、其他的蔬菜和水果。她又在圆圈中画了一条线，现在的盘子看起来像是一个象征和平的标志。在我的饮食结构中，未经加工的谷物只占据了很小的一块。剩下的第三部分应该是富含蛋白质的植物，如豆类。我食用的富含蛋白质的动物类食物也不多。但是，无论吃什么都不能浪费。她还告诉我，减轻潮热症状 ① 的最好方式就是改变自己的饮食结构和饮食方式。她告诉我，减少咖啡因、酒精和糖分的摄入对此有帮助。我不知道，怎样才能做出这些改变。

蛋白质

蔬菜和水果

未加工的全麦类

海蒂的餐谱。我们重新思考一日三餐的出发点是想促进全面健康、增强免疫力和预防癌症。

    海蒂的话当中，有一点是毋庸置疑的——我必须每天按时吃三顿饭。一日三餐？我已经很久没有试过如此规律的饮食了。首先，一顿健康的早餐需要时间去准备，然而我早上并没有这么多时间。其次，如果一日三餐我都吃固体食物的话，我很快就会变胖的。于是，我反问了她一个问题："为什么要吃三顿饭？"

    海蒂告诉我，我不规律的饮食习惯会使机体的血糖水平像坐过山车那样变化剧烈。她轻轻地解释道，当血糖骤升或骤降时，机体内的器官和细胞会尽其所能来保持血糖水平稳定。当血糖反复升降时，就容易引起机体炎症，直接吃糖也会引发同样的结果。这让我

---

① 绝经综合征的并发症之一。——译注

想起了小时候的淋巴结肿大。但是，真正让我感到沮丧的是她说的下一件事：炎症会导致癌症的发生。这同时也让我很吃惊。

海蒂的建议就像头顶上方的广告牌一样，需要自身的努力才能够到。我不知道这件事，因为从来没有人和我谈过这些问题。当我和海蒂的聊天结束之后，我也给格里尼医生打了电话，听到相似的结论后，我开始紧张起来。

我知道饮食习惯和炎症不是导致我患宫颈癌的主要原因，但如果不必要的炎症可能引发癌症和其他疾病，我也不想要炎症反应。毕竟，得过一次癌症就够了。我向海蒂医生要了那张写着我饮食习惯的纸。不管怎么着，我会去改变。

在我与海蒂的交谈过程中，我认识到我以前从来没有想过的食物的双重性。我以为，住在西雅图就意味着我不需要去过多思考饮食，这里的一切看起来都很健康。咖啡是有机的，面粉是有机的，通心粉是全麦和有机的。如果喜欢，还可以吃无麸质。这里没有白糖，只有蔗糖。青草在纯净雨水的滋润下生长，牛吃这样的草长大。小鸡们一边走一边咕咕叫，然后在翠绿的地面上寻找肥美的食物。西雅图手艺超群的面包师和厨师们能够做出许多让人口齿留香的食物，比如烘焙食品、可口的面包、或硬或软的奶酪，以及每一块肥美的肉块，这些都令我垂涎三尺。

如今，美国的各个地方都可以买到各种口味和大小的食品。我们在家附近就能买到世界各地的东西，也可以在超市或折扣店购物。我们在周末甚至每天去农贸市场买东西，这取决于我们居住的地点。我们可以选择在厨房里做饭吃，叫外卖，去食品店买东西，或者在便利店里买东西吃。我们可以有快餐，优选佳肴，或者选择两者之间的其他食物。有时我们在家门口就可以吃到来自世界各地的美食。虽然还有近 5000 万美国人徘徊在温饱线附近，或为了食物及其安全问题而烦恼，但是对于大多数人来说，我们都已沉浸在美味的海洋之中。

我意识到，无论人们吃的是哪一种食物，或者属于社会的哪一个阶层，大多数人对糖和脂肪都有着天然的需求，尤其是前者。很久以前，在人类生活于城市之中或在厨房里烹饪之前，甚至在农业形成之前，这种天生而来的渴望和需求使得人类存活下来。糖在水果中较多，但在其他食物中都很少。某些植物只能在特定的季节成熟，到那个时候我们才能吃到。我们对快速能源的渴望如此之强、需求如此之大，以至于甘愿冒着生命危险将蜂蜜从蜂巢中取出。现代的工业化进程使得曾经罕见的、帮助我们生存下来的食物变成了像鸦片一样诱人的东西。

海蒂让我意识到，我的饮食习惯中各种食物的比例都是错的，蔬菜和水果太少，其他东西的占比太大。

令人讽刺的是，我其实喜欢吃水果和蔬菜。但是，我的“行为软件”一直在后台嗡嗡作响，形塑我的行为。追随人类进化过程中形成的饮食偏好，某些食物进入我的嘴巴之后，香味就停留在心中，久久无法散去。以谷物为原料的碳水化合物能够精制成单糖，这可以照亮我的大脑，让我开心。谁不爱烤好的面包圈？涂上奶油或黄油以及果酱使得面包更加美味。就像之前那样，再配上一些咖啡，能让我精力充沛。

我的舌头并不喜欢富含矿物质或者植化素的植物，尤其是带叶子的蔬菜。戴夫也不喜欢。这些物质的存在使得蔬菜（和一些水果）的味道变得苦涩。恶心！除了甜食和肥美的肉食以外，为什么有些人居然会喜欢这些食物呢？

蔬菜和一些水果受到的对待就像犬展上拉布拉多犬的遭遇一样。拉布拉多犬从来不是犬展上形象最佳的犬类，因为你不可能像打扮贵宾犬一样打扮它们。它们的耳朵总是耷拉下来，它们的毛太短，所以无法卷曲或集成一束，也就无法装饰，而且它们的外表桀骜不驯。

不同于肉类、乳制品和谷类，蔬菜和水果不适合作为转化成其他东西的原料。萝卜、卷心菜或者斑豆的味道并不好，喜欢吃的人也屈指可数。水果由于富含糖类而更容易卖，不过，即使是它们，也需要混在其他食材中才能被人接受。人们并不是真的冲着水果来吃馅饼的，馅饼通常是由凝固的纤维素组成的糊状团块，微硬的外皮和其中的糖才是其吸引人之处。还有丹麦卷，只有傻瓜只吃中间的水果而把糕点的其他部分扔掉。麦当劳的苹果派又怎么样呢？孩子们不会为了苹果派而给父母出难题，因为他们喜欢苹果。

归根到底，人类和文明的特征就是，我们可以大量栽种食物，储存起来以备日后使用，并加工成我们想要的食品。面包店、食品卡车和餐馆不专门销售苹果、甘蓝或哈密瓜。一般情况下，它们准备、推销和售卖的是由碾好的米、肉类和奶制品制作而成的菜肴。

蔬菜和水果是久远过去的留存物，或者说主食。在人类进化的早期，这些含矿物质和植化素的宝贵食材在我们的饮食中处于主导地位。我们之所以知道这一点，是因为我们先人的头骨顶部有一个巨大的矢状嵴。巨大的肌肉从这个颅嵴上长出来并固定住下颌。这些肌肉让他们能够从大自然中获取富含纤维的叶子、硕大的根，以及带皮的果子。他们每天花六个小时来咀嚼、研磨和吞吃植物。他们花了很长时间在土壤中挖掘可食用的根茎，或者寻找隐藏在树枝和树叶中的水果。那个时候，对于人类来说，找到并咀嚼食物是他们一天之中最重要的工作。

我们同时是狩猎者和采集者。渐渐地，我们发现可以逃离这个让下巴麻木的苦差事以及无尽的觅食过程。我们开始动用脑力，设法去捕捉和驯服动物、使用火、耕田、种植可储存的高能量食物。接下来，便有了锦上添花式的人类活动：我们相互交易或出售美味可口的食物——蛋糕、面包、糖果棒、牛肉干等。只要不是饥荒年代，我们便吃很多这样的东西。

我用祖先的饮食习惯来指导自己在现代世界的食物选择，这导致了一个难题：我总是不吃有利于长期健康的食物。最令人困惑和不安的是，我在现实中吃的东西和吃的方法总是与内心所相信的大相径庭。我认为食物应该能够滋养我的身心，而非让我生病。

在手术后的几个月里，根据我所找到的医学资料和海蒂的建议，我改变了饮食习惯。并且，因为我是家中做饭的人，所以这也意味着改变了戴夫的饮食习惯。他对此并不高兴，不过我可以理解，因为就在不久以前我对这种新食谱也是兴味索然。我一直很恼火和烦躁，但海蒂成功地说服了我。因为，没有什么东西是完全不允许的，只是我需要去改变与咖啡、酒精和精制糖相关的饮食习惯。

我向戴夫分享了新的生活准则，并高兴地告诉他，我们会多吃绿色蔬菜、豆类和水果，少吃精制谷物、肉类和奶制品。戴夫的反应就是点头和"嗯……"，但没有从心底里认同我的决定。紧接着，我告诉他，我为此付出了多少——如何早一点起床，以便有时间吃一顿真正的早餐；下午又如何减少糖类、面包、拿铁和葡萄酒的摄入量。这是我们生活中一个大的改变。

当你大声说出某些话时，即使听起来十分离谱，它也会变得更加真实。我实在不敢相信我真的告诉了戴夫自己会戒掉喝咖啡的习惯。一开始他并不相信我。然而慢慢地，日常的习惯确实变成了偶尔为之的乐趣。我一点一点地在日常生活中影响着他，他（至少大部分时间）也接受了这种新的饮食方式。

我从来不是一个盲目乐观的人，不觉得癌症是什么好事情。一开始，我的诊断就像下了死刑判决书，我不知道如何去面对那种绝望和无助。但是，慢慢地我开始明白，我确实可以改变自己的健康状况。我会用食物的美味引导我走向目标，而非让自己痛苦地坚持着。

对于一个真正的园艺家来说，在几乎任何困境中，她都能求助于植物。一束鲜花不仅可以用来弥补一段关系，而且可以让自己振奋起来；一棵树，可以给予我很多的人生启示。所以我制订了一个宏伟的计划，决心将那些已成为悠久饮食传统且对我大有好处的食物作为我的盘中餐主角。我将学着种植它们。

这似乎是一件十分自然的事情，几年前我就开辟了几块菜圃。起初，我挑选了一些我喜欢的植物种类，并且这些植物可以很好地适应西雅图的气候。我发现了一种叫"罗马"的豆子，它有着多肉的豆荚，它的藤蔓可以攀缘至高处。叶子的大小甚至也让我震惊，一片叶子便可以盖住我的一整只手掌。更令人欣喜的是，它可以像观赏植物那样长得郁郁葱葱。

我们摘了豆子和丁香，但是唯独没有摘洋葱。它们在整体的绿色背景下，有一种不可思议的美。它们粉红色的小花朵像菜圃上的仙女一样舞动着。白色的圆叶子在微风中荡漾，近乎完美。一群蜜蜂、黄蜂和食蚜蝇挥舞着翅膀在花丛间飞着。这些植物是如此令人着迷，我都不忍下手摘取。

但是，这些菜圃是在我发现癌症之前打理的。从现在开始，我们对这些蔬菜再也没有怜悯之心，决意把它们都吃掉。然后，我把种植的重心转移到了十字花科上。具有抗癌效果的植物包括恐龙羽衣甘蓝、俄罗斯红甘蓝、紫甘蓝、卷叶羽衣甘蓝、白菜和西兰花。

这个花园滋养了我的心灵，现在我用它的一部分种植对身体健康有好处的植物。为了达到这个目的，我把珍贵的蚯蚓放在了土壤当中。它们将带来更多的土壤微生物，使菜圃生机勃勃，并且使蔬菜含有对人体至关重要的矿物质、维生素及植化素。我知道，蔬菜从被摘取时，便会立即开始失去营养价值。当然，作为生物学家的我也知道，它们从被摘取的那一瞬间起，便失去了生命，并开始了回归自然的旅程，因此往返于菜圃与厨房之间甚至比摘取蔬菜更重要[1]。发现癌症之前，我很少去菜市场买蔬菜，现在我却成了蔬菜摊的常客，因为家中菜圃里的蔬菜已经不敷使用。买来的绿色蔬菜虽然不是自己种的，但是也足够新鲜。

冰箱里的绿色蔬菜和水果慢慢多了起来，我开始尝试海蒂给我

---

[1] 意即她总是会尽快地将新鲜蔬菜做成菜肴食用，并将厨余垃圾拿到菜圃中堆肥。——译注

的饮食建议。我开始学着把绿色蔬菜作为菜谱的中心。我画出了海蒂给我的食谱，并添加了蛋白质类食物和一些五谷杂粮。像洋葱和大蒜这样的蔬菜，以及橄榄油或椰子油这样的油脂为菜肴的风味奠定了基础，我把周围所能获得的东西都混在一起。我会用草药、香料、调味品和更多种类的蔬菜做各种不同风味的午餐和晚餐，如亚洲、西非、地中海、中东或美国中西部等地风味。海蒂的话一直在我脑中回响。真的，世上还有很多可以吃的东西。

预防癌症的饮食习惯给我带来了更多的好处。我终于减掉了一直难以甩掉的赘肉，这样的饮食习惯还让我一直不断上升的血压开始有了下降的趋势。我的基础代谢率、胆固醇和血脂水平也降至正常范围。

手术所引起的潮热，就像广告中那样令人难以忍受。但是，我改变了饮食习惯，我现在只是偶尔才会吃精制的碳水化合物以及喝拿铁和葡萄酒。我开始进行瑜伽、散步和做园艺时必不可少的拖拉以及挖掘等锻炼。术后一年，我身体上的症状几乎都消失了。我改变了吃的东西以及吃东西的方式，这就像灵药一般神奇地改变着我的身体，给予我前所未有的体验。

手术后的几个月里，我非常关注自己的健康状况。我尽量不让癌症占据我的头脑，但这是一场长久的战斗。每四个月，我都会去肿瘤科医生那里进行复查。在我第一次去复查的时候，一名护士引导着我走过通往检查室的长廊。在长廊的中间有一间房，房内有一个超大的窗户，透过窗户可以看到雷尼尔山和华盛顿湖的美景。几个不同年龄的女人，有的有朋友作陪，有的独自一人，躺在大躺椅上，沐浴着阳光，欣赏着美景。除了她们身边的输液袋，这样的景象让我想起了欧洲人在滑雪场的那种放松和休闲的心情。有一些人看起来十分健康，但有一些人脸色苍白而且没有头发，因为她们正在接受化疗。我差一点就成了她们中的一员。我盯着窗外，满心巴望自己正处身别的任何地方。

我有时候会从门口向这群女人的房间偷瞄，并尽量保持镇定。但是随着随访次数的增加，我开始慢慢变得焦虑起来，我想象过许多将来的场景，但没有一个是积极正面的。如果肿瘤的切缘并不像外科医生说的那么干净，如果肿瘤已经转移到机体的别处，如果转移灶已经在我的身体里面长大，那要怎么办？

这些假设的情景虽然令人不愉快，但敦促我做出正确的改变。海蒂肯定了我在饮食习惯上的重大改变，同时也强调保持强大的免疫系统和减少过度炎症的重要性。我已经知晓了很多关于食物对健康的影响，但是对于免疫和炎症却知之甚少，而且几乎完全不知道它们之间的关系。我看不见、摸不着、闻不到任何东西，也没有任何线索指示我具体往哪个方向走，以增强我的免疫系统并降低炎症水平。一直以来所发生的事情只是提醒我，我的免疫系统已经在两个方面失败了，它没有打败 HPV 和癌症。

在手术之后的一年时间里，我没有吃过美味的面包。我和戴夫在湾区（the Bay Area）度过了一个短暂的假期，并且逃离了旧金山的喧嚣，来到这个城市以北的缪尔森林享受宁静的生活。下午晚些时候，我们来到了鹈鹕客栈（the Pelican Inn），这是一个坐落于马丁县乡村的海岸沙丘之中、有着茅草屋顶的英式酒吧。我们一边喝着茶，一边看着桌上的《马林独立日报》（*Marin Independent Journal*），报纸上的文章提到了病毒和人类微生物组计划。

病毒？

在经历了 HPV 感染后，病毒这个词将永远引起我的注意。我拿起报纸，读了第一段。数百名科学家刚刚发表了关于在人体内进食、排泄、繁殖和死亡的微生物群落的研究结果。有其他的生物在我们体内进食和排泄？就像那种占据了我的园艺学家大脑并撩拨我的探究之心的生物学观念一样，这听起来令人毛骨悚然，但是也很有趣。

然后，我们回到家里。在离家的这段时间里，家里信件成堆，我从中找到了我父亲的一封。我的父亲从一位退休的航空航天工程师变成了风景画家，他经常把报纸上的文章剪下来寄给我。附在这封信里的是《丹佛邮报》（the Denver Post）上的一篇文章，它的内容是细菌也拥有好的一面，并在人类健康中发挥着重要作用。

我依稀记得该文所描述的人类微生物组计划，但是我不知道这个项目的科学家们已经发表了他们的新发现。所以，我在《自然》和《科学》杂志上面阅读了几篇最新的研究论文，然后找到了这些文章中所提及的其他文章，再顺藤摸瓜，从找到的其他文章中挖掘出更多的文章。

我十分兴奋。细菌、病毒及其他微生物以我无法想象的方式在我和戴夫的体内起作用。并不是所有的微生物都像 HPV 一样，对人体存在威胁。事实证明，免疫就是在微生物生存的地方（包括你我的体内）发挥作用的。人类微生物组的科学家还谈到了微生物和宿主之间持续不断的对话，分子是它们之间的语言，而且这样的对话并不是闲聊。微生物，尤其是在肠道中发挥作用的微生物，可以改变机体的免疫反应、炎症水平和其他生理功能。

　　我拉着戴夫进入了这个崭新的微生物世界，这个世界其实就在我们身体的内部。我们两个人都破译了近乎难以理解的细胞和分子生物术语，努力去理解微生物学家的理论。我们读到的内容与三十多年前林恩·马古利斯的想法是一致的。人体是一个巨大的生态系统。实际上，它更像是一个拥有丰富多样生态系统的星球。就像塞伦盖蒂和西伯利亚的生态系统大为不同一样，每个星球都寄宿有巨量的微生物。我们一篇论文接着一篇论文地阅读，其中所揭示的世界让我们目瞪口呆。

　　从微生物的角度来看，我是一个活生生的、"坚固耐用"的宿主，身体内外都有大量的微生物在附着、攀爬和生长。我的每一个细胞，都至少养活三个细菌。[①]它们就生活在我的体外和体内——我的皮肤、肺脏、阴道、脚趾、肘部、耳朵，眼睛和肠道。我的身体就是它们的家园。

　　我并非自己所以为的那个人，而你也不是。我们都只是其他生物的生态系统的集合。但是，微生物本身不仅仅增加了我们身体中的成分，它们还增加了我们的基因库。单单是细菌就将200万个基因带入我们的体内，比人类基因组中大约2万个蛋白质编码基因多出200倍。如果再加上其他微生物如病毒、古菌和真菌对人类基因组的影响，那么机体内的微生物基因数量将高达600万。在大多数情况下，这是一件好事，它们的基因使得机体能够吸收数十种对免

---

① 2013年，美国微生物学会（ASM）重新审查了有关细菌细胞和人体细胞之间比例的基本信息。之前常被引用的数据是细菌细胞数量与人体细胞数量之比为10:1，修订后的数据是3:1。ASM还指出，在人类的微生物组中，病毒与细菌的比例大约为5:1，而细菌与真菌的数量之比可能超过10:1。

疫、消化和神经系统至关重要的物质。

只需要借助分类学的方法，我们就可以充分掌握人类微生物的多样性。回想一下，门是生物界分类中仅次于界的生物分类类别。迄今为止，大约有 50 个已知的细菌门。纵观人类，仅我们的肠道，就能够容纳多达 12 个细菌门。相比之下，地球上的所有植物只组成了 12 个门，绝大多数动物只归属于 9 个门。或许你还不知道，我们和所有其他脊椎动物（包括鱼类、两栖动物、爬行动物、鸟类和哺乳动物）恰好都属于同一个门——脊索动物门。

人类微生物组研究人员指出，在人类肠道中占据主导地位的两个细菌门为肠杆菌和厚壁菌。如果你是一个生活在发达国家的西方人，构成你肠道微生物组的其他 10 个门中，代表性的细菌通常为变形杆菌、放线菌和疣微菌。但如果你是一个农夫或者猎人，抑或来自非洲或南美洲的一个乡村，那么你肠道微生物的构成是完全不同的，而且会更加多样化。

12 个门的微生物生活在人体当中，这就意味着没有两个人的体内微生物的类别组成是完全相同的。尽管就细菌而言，物种的概念并不是十分清楚，但据估计，西方人的肠道中含有大约 1000 种（species）细菌和这些细菌的不同菌株。

虽然迄今为止关于微生物组的研究几乎全部集中在细菌上，但科学研究必须拓展到其他类型的微生物上面，譬如未曾在生命进化树上出现的病毒，这样可以很容易让我们看到生命的奇妙。

我们的身体乃是微生物的栖息地。在这个栖息地中，最为丰富多样的地方就是近 7 米的消化道。特别是最后 1.5 米的消化道，即结肠，这里拥有的微生物占肠道微生物总数的 3/4，它们的数量有数万亿之多。肠道最下端的微观世界的多样性完全可以与地球本身宏观的生物多样性相媲美，谁能怀疑这一点呢？

更令人惊讶的是，生活在我们体内的绝大多数微生物从来没有被人工培养过，它们无法在我们体外生存。因此，迄今为止，我们对肠道微生物的种和菌株以及人类微生物组还知之甚少。然而，基因测序技术为我们认识微生物开辟了一条新的途径。

我惊奇地得知，大约 80% 的免疫系统与肠道有关，特别是与结肠相关。免疫学家对此有一个非常通俗易懂的名字，他们称之为肠相关淋巴组织（GALT）。因此就有一个之前我没有考虑到但对身体健康有好处的因素，就是我结肠中的微生物。这个发现让我惊讶不已。

随着学习的深入，我就把我的 GALT 看作是哈利·波特分院帽（Harry Potter's sorting hat）的现实版本。还记得这顶帽子有多不寻常吗？分院帽在每年进入霍格沃茨的学生队伍间旋转和跳跃，分析他们的性格，把他们分配到合适的学院。分院帽能够知道谁应属于哪个学院。

我们可以想象一下，把分院帽的形状改成管状，并让它一路沿着胃、小肠、结肠滑行，直至肛门口。虽然分院帽的力量来自魔术，但免疫细胞和免疫组织确是真实存在的，它们的存在才使得GALT 可以行使功能。免疫细胞甚至成为结肠壁的一部分。

我开始明白肠道对于免疫系统如此重要的原因。从某方面来说，我的嘴巴就像一个大门，显示中央车站的一部分。管状的肠道可以容纳来自外部世界的大量东西，这样的话免疫系统便可发挥作用了。我的 GALT 必须严格筛选我吃喝的食物，因为我有可能在不经意间已经摄入了病原体。如果这个过程出现了一丝差错，那么我就会生病。当来自外界的病原体或者部分已消化的食物进入消化道时，我的免疫系统便会开始发挥功能，除去一切有害的东西。

结肠壁非常薄，其厚度只有一个细胞的直径。幸好，还有其他东西支撑着结肠细胞。就像是其表面一层厚厚的起保护作用的土壤，黏液处于结肠细胞顶部并且面向内腔（即结肠内的空间）。在结肠壁外的是一种特殊的膜，很像体育运动中的压缩袜①，它可以使 GALT 紧贴着人体最大的潜在病原体来源——肠道。

结肠细胞不断地产生许多黏液。黏液有多种用途，它可以促进结肠内容物的翻滚，并形成保护 GALT 的屏障，防止细菌进入。而且，当需要时，结肠细胞会将化合物添加到黏液之中，从而阻止病原体附着于结肠壁。从化学上来说，黏液是一种碳水化合物。就像植物的根系释放至根间的分泌物一样，黏液也是细菌的食物来源。

要想真正了解这件事情，我们可以想象一下把自己缩小到只有一毫米的高度，穿上潜水服，爬到结肠中去（我们现在假设内腔中没有太多的东西）。在你的脚底和头顶上，你会看到由被黏液覆盖的单层细胞所组成的结肠壁。接下来，你拿出你随身携带的迷你铲子，一直向下挖。

挖了几铲后，你应该能够看到一个袋状的入口。这是一个结肠隐窝的顶部，每一个隐窝都是由轻微折叠的结肠壁组成。隐窝的顶

---

① 压缩袜（compression sock），一种可用来改善下肢血流状况的弹力袜。——译注

部较窄，底部较宽，结肠腔表面覆盖着数千个隐窝。新的结肠细胞在隐窝底部形成和生长，并以传送带的形式向上迁移到内腔表面。虽然你是微小尺寸的，但你不会掉进隐窝里，因为隐窝开口远远小于你毫米尺寸的身体。

　　或许我从微生物中了解到的最奇怪的事情便是，研究人员在小鼠的结肠隐窝中发现了大量的某种活细菌，隐窝就像一个远离

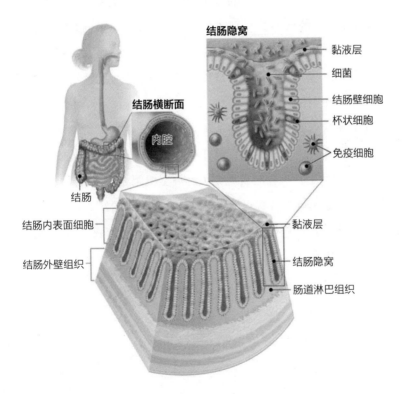

肠道内部的生命。结肠中的微生物数量比其他器官中的都要多。尽管某些细菌位于结肠隐窝或者结肠壁上的黏液之中，但绝大多数细菌仍然生活在内腔之中。免疫细胞存在于肠相关淋巴组织中。

结肠纷争的漩涡状场所。他们也觉得十分奇怪，因为结肠细胞会分泌抗菌化合物，所以结肠隐窝一直被认为是不适宜细菌生存的地方。

但是，对于那些设法躲避黏液中抗菌化合物的细菌来说，结肠隐窝是一个非常好的选择。对于它们来说，隐窝和肠壁上的黏膜可以保护它们，使它们免受其他掠夺者和食物的伤害。在每个隐窝的侧面和底部，均存在着一种特殊类型的细胞，我们称之为杯状细胞（不能有更贴切的名字了）。这些细胞能够分泌富含糖的黏液，这使得隐窝内的细菌能以此维生。有些细菌还可以穿透黏液，和结肠细胞以及 GALT 共生，这样的发现使得我们对于微生物及其对人体健康的影响有更新的认识。

随着戴夫和我对于微生物了解的深入，我们意识到，关于这个问题的最新研究大部分集中在免疫和炎症方面。所以，正如我们在发现脚下的微生物世界时就抛弃了有关土壤肥力的传统观念一样，我们对于健康基础的理解也随着免疫学迷人世界的发现而开始发生改变。看来我们的妈妈一直都是对的，因为她们常说："真正重要的，是你的内在。"

第八章

内在的大自然

比起银河系里星星的数量，你身体里的微生物的数量更多，而且要多得多。我们每个人都是自己的微生物银河系。

洛基（Loki）是一只小型的黑色拉布拉多犬。我们在写这本书的时候，它那贪婪、来者不拒的食欲造成了很大的麻烦。它总是对整个世界怀有很强的好奇心，但是近些日子它却无精打采的，呼吸时发出海豹喷鼻那样的声音。一天早上随意散步的时候，它突然停了下来，四肢一动不动。之后，它可怜地盯着人行道，把刚刚吃下的早饭吐在了脚边。在它要再次狼吞虎咽吃掉呕吐物之前，我们赶紧掉头回家。在回家的路上，它的呼吸变得更奇怪了——深而长的呼吸，交替着喘息。

　　当天，我们带洛基去了急诊室，在那里它被诊断为化脓性胸膜炎——胸部发生了化脓。根据兽医的诊断，洛基吸入或者吃下的一个食物颗粒，不知什么原因逃出了它的肺或食道，然后进入了胸腔。不过问题不在于这个颗粒本身，而是颗粒上的细菌。这些细菌随颗粒进入了洛基的身体中，在其中安家，然后开始繁殖。一个变成了两个，两个变成了四个，不到一周，原来的那些细菌复制了上十亿个细菌。

炎症是洛基的免疫系统对待侵入的大量细菌做出的反应。一般来说，炎症对身体而言是最有帮助也最有必要的生物反应，因为它对于杀死病原体、治愈并解决由病原体造成的病痛非常重要。洛基的发热症状和极高的免疫细胞数量正是告诉兽医它的免疫系统正常运作的信号。但是对洛基，化脓性胸膜炎引起了强烈的免疫反应，威胁到了生命。

炎症引起的化脓、淋巴和免疫细胞堆积在了它的胸腔，然后慢慢地挤压它的肺。表情严肃的兽医给我们提供了几个选项。我们可以让洛基在窒息前选择安乐死，或者立刻开始治疗。但是即使立即开始治疗，洛基获救的概率也非常小。兽医警告说，晚期化脓性胸膜炎使得炎症迅速发展，引起感染性休克，从而造成了很多狗的死亡。

洛基是从导盲犬中心来到我们身边的，在那里它只是待了很短的一段时间。它曾经注定是准备要为人类服务一生的。但是，它那无尽的欢乐却延伸到了人行道和信号灯之外。当它看到同类时，总会兴奋地、像猎狗一样地大叫，然后径直追逐它们。导盲犬训练师知道，洛基的这个行为特征（当然还有其他表现）有可能导致一些伤害情况的发生，于是他们把它从导盲犬中心放了出来。不久后，我们收养了它。当化脓性胸膜炎发病时，洛基才 3 岁，看上去也很健康。我们已经喜欢上了这只古怪的"辍学"犬，决定让兽医进一步治疗，看看能不能把洛基从过于活跃的免疫系统中拯救出来。

洛基的治疗由口服和静脉注射抗生素、抗炎药和输液组成。但是它的肺一直没有正常地膨胀起来。在住院的第三天，它再次发生了感染——肺炎。

当我们在兽医院看到洛基的时候，它几乎不能动了。一个柔韧的管子连通着鼻孔与氧气瓶，但是它依旧挣扎着在呼吸。它在毛毯中半清醒地躺着。我们喊它的名字时，它的眼睛快速地睁了一下，然后又闭上了。它唯一可以努力做的就是让厚厚的黑尾巴无力地摆动一下。粗粗的导管从洛基的肋骨间插入胸腔。我们从没见过的很宽的绷带缠绕着它的躯干，固定着导管。每隔几个小时，兽医师都会从这些导管中抽出胸腔内的积液和积脓。

当洛基徘徊在死亡边缘的时候，我们无力地等待着。在肺炎发作的 36 小时后，新一轮的抗生素开始起作用了。洛基逐渐缓过神来，我们欣喜若狂。兽医也非常吃惊。

疾病的变迁

在抗生素被发现之前，对人类来说威胁最大的就是感染和传染病。几个世纪以来，肺结核、天花和伤寒成了人类死亡的主要原因。黄热病的爆发在 17 世纪末和 18 世纪初给纽约和费城带来了灾难。大约 5% ~ 10% 的感染者死亡。但是，生存下来的也依然遭受身体上的痛苦——发烧、疼痛、皮肤及眼白呈现出发黄的迹象。1822 年之前，人们在灭蚊方面的努力大大减轻了美国北方城市中的黄热病。但是黄热病在南方城市肆虐一直持续到 18 世纪末。

当黄热病在北方逐渐消亡，一种新的疾病却通过船舶从亚洲传染过来。1832 年，霍乱在纽约爆发，之后的几十年间在美国的大城市间传播。每一种传染病都让城市面临崩溃。有条件的人都逃到乡下去了，但是贫穷的新移民就只能待在原处，饱受疾病折磨。

在美国，随着饮用水和污水系统、垃圾收集处理以及其他公共卫生设施的改进，传染病导致的死亡人数逐渐减少。在20世纪40年代之前，抗生素和疫苗的开发已经开始。与持续实施的公共卫生措施一起，这些新的医疗措施开始逐渐控制一种又一种臭名昭著的病菌。

但是现代的疾病，例如关节炎、青少年型（1型）和成人型（2型）糖尿病之类的慢性病，在第二次世界大战之后开始激增。慢性病不会从一个人传染到另一个人，但可以在人从童年到成年的任何一个时期罹患。你一旦患病，就很难摆脱。根据美国疾病控制与预防中心的调查，慢性病占据了2010年美国成年人十大死因中的七个。健康部门也报告说，在2012年有一半的成年人至少罹患一种慢性病。

持续性、相对不严重的炎症是慢性病的一个症状。不像洛基身上快速发展的细菌感染所引起的炎症症状，一个人通常对不严重的慢性炎症是察觉不到的。然而察觉不到的炎症，也并不是无害的。随着时间的推移，它可以造成许多威胁生命的问题。

很多慢性病也会导致免疫紊乱。当一个人的免疫系统把自身的组织误认为不属于自己身体的时候，自身免疫疾病就会发生。这时，发炎这一通常对人体有益的生理现象就会不分青红皂白地出现，甚至破坏或损伤健康组织。自身免疫疾病几乎可以在身体的任何一个部位产生：多发性硬化症会损害神经系统，一部分哮喘会损伤肺组织，克罗恩氏病会侵袭肠的中部到下部。

虽然自身免疫病有80多种，但并不是所有的类型都被仔细研究过，或者被持续地追踪研究，这样就导致了对患病率估算的差异性。美国国立卫生研究院估算美国人口中约 8% 患有自身免疫疾病，然而美国自身免疫相关疾病协会估算的患病率却是它的两倍甚至更多。

在某种程度上，慢性病与自身免疫病患病率的上升，是由于今日人类幼年时期传染病死亡率的下降以及更好的医疗条件。今天，一些疾病比如哮喘，有了前几十年没有的新的治疗方法。而且很多自身免疫疾病上升的发病率是因为更及时的发现和诊断，同时也是因为把一些慢性病重新归类为自身免疫疾病。然而这些因素仍然没能说明近几十年来为什么越来越多的人，尤其是孩子和年轻人，患上了慢性病和自身免疫疾病。[①]

自身免疫疾病的发生率 20 世纪最后几十年在发达国家急剧地上升，而且没有任何下降的迹象。在发达国家里，1 型糖尿病的发生率在过去 30 年里翻了一倍，而且在越来越年轻的人群中发病。与慢性炎症相关的现代健康疾病就像我们最古老的敌人——病菌一样，如今依旧威胁着我们的健康。

免疫力的二元性

对慢性病和自身免疫疾病发病率不可思议地上升这一问题的解释和答案，在于免疫系统自身，以及其奇妙的二元性——它既可以拯救我们，也可以伤害我们。但是免疫系统的作用也是很难预测的。不像大脑的神经系统或者心脏的循环系统，它遍布全身，并不

---

① 关于常见自身免疫病发病率变化的更深讨论，见 Velasquez-Manoff (2012) 和 Blaser (2014)。

引人注目。我们的免疫系统像一个由淋巴管和淋巴结构成的网络，分布在我们整个身体中。免疫细胞在这一身体的网络中环游，犹如在广阔的大海里面一样。

除了与肠道相关的淋巴组织外，我们的免疫系统中还有其他一些重量级选手。有多少人知道我们的免疫细胞来自哪里——来自胸腺，甚至奇怪地来自骨髓中？胡桃一样大小的胸腺就在胸骨下面，会生成某种免疫细胞。骨髓是另一种免疫细胞的发源地。那么，拳头大小的脾脏会有什么样的功能？它很好地藏在位于左上腹部的肋骨下面，过滤着我们的血液，以巡视外来分子。

大部分人只是把免疫系统看作我们身体的防御系统。这一常规想法侧重于我们把病菌看作是"门口的野蛮人"，这其实是对各种免疫细胞与病菌做斗争的一种简化的表达。免疫细胞有极好的探测和认知功能。它知道那些"野蛮人"不是你身体的一部分，通常会将其逐出身体。

但是保持身体健康需要的不仅仅是击退那些"野蛮人"。在这些"门"里面，毕竟有一个很大的世界。它是由身体内部环境，以及像心脏、肺、肝脏、肠、肾脏、大脑等主要器官组成。然后在这里，在"门"的后面，免疫系统起着其他的一些重要生理作用——调节身体内主要的炎症水平，这样体内所有系统都可以顺畅地、与其他系统紧密无间地协作。

精准地查明免疫系统如何最大程度发挥作用以及免疫系统如何持续地调控炎症这把双刃剑，已经被证明是很复杂的。免疫细胞作为一个群体，在功能和外观上体现出相当大的多样性。然而令人困惑的是，有些和"野蛮人"做斗争的免疫细胞也会在门里维持秩序。至于为什么我们的免疫系统如此复杂，生物学家们也有了一些了解。

有人认为，具有重要作用的免疫系统对我们和其他长寿的哺乳动物来说都是非常必要的，因为在一生中，比起如蚱蜢或者青蛙这样的生物，我们会遇到更多的病原体和寄生虫——有时候会遇到不止一次。所以，这意味着我们需要更坚固、更复杂的防御系统。但是这个观点并不能解释为什么一些具有相对简单免疫系统的无脊椎动物的寿命却超过百年，例如过滤富含细菌之沉积物的圆蛤。

另一种有关免疫系统的新观点源自这样一种现象：脊椎动物的肠道菌群由很多相对稳定却又高度多样化的微生物群落组成，其中很多微生物在其他地方是不存在的。这些特征与无脊椎动物身体中短暂生存的微生物群落形成了鲜明的对比，这些群落经常随着外部环境的变化而变化。我们复杂的免疫系统让我们——以及其他脊椎动物——都能够辨别出所有与我们发生接触的微生物到底是入侵的"野蛮人"还是长期定居于我们体内的永久居民。

如果我们能够接受我们的身体不完全属于我们自己这个事实，则可以更好地理解免疫系统的双重特性。想想组成我们身体如此之多的微生物的风景——从内脏这个河谷，到头发的森林、脚指甲干燥的沙漠以及眼睛的天空。这些地方居住着大量互相关联的微生物居民，与地球上其他生态系统一样具有活力。它们也受到肉眼可见的生态系统中常规的自然过程的影响——生存资源富足与匮乏的循环、大灾难、捕猎关系、温度与湿度等。

对我们来说最有益的是，在我们身体这个生态系统中的居民，不会引发免疫系统去采取焦土政策。否则这将对我们和微生物群落产生破坏。因此可以这样认为，免疫系统尚未完全被人类认识到的全职工作就是去维持我们身体中无数生态系统和其中的居民的健康。当然，偶尔发作的炎症对于摧毁出现在门口的"野蛮人"也是需要的。但免疫系统最重要的功能就是出于对我们利益的考虑，确保我们身体中的生态系统正常运作。

这个看法与有关微生物组的新发现是一致的。哺乳动物的免疫系统已经进化到可以监视我们身体中长期居住的微生物居民，并且与它们和平共处，这样的证据越来越多。而且在任何共生关系中，当微生物居民们蓬勃生长时，我们也能够健康生存。尽管其中的机理和细节并非完全可知，但是扰乱微生物群落似乎是我们易患很多慢性病和自身免疫疾病的根本原因。

好事过头

要完全理解科学家关于人类微生物群落的那些科学发现（好像每天都有）的重要性，具备一些关于免疫系统怎么运作的基础知识很重要。虽然免疫系统在我们体内广泛分布，但是它的作用却类似于电话总机这样一个交互界面，通过这个界面我们碰到的那些微生物与我们相互交流。

肿大的淋巴结、疼痛或者发热是你的免疫系统正在与病菌战斗的一个报警信号。正如上文所述，炎症通常是健康的一个信号。比如说，你在准备晚饭切胡萝卜的时候切到了手指，无论菜刀、胡萝卜和案板有多干净，这些地方总是有细菌存在。当刀片切到了皮肤，细菌就会一拥而入，你的免疫系统就立即开始工作。伤口附近的血管会有目的地发生渗漏，让免疫细胞从血液中释放出来，与皮肤中的其他免疫细胞一起工作。伤口处的免疫细胞分泌出一种叫作细胞因子的物质以进行相互间的联系，并与其他免疫细胞共赴战场。[①] 有些免疫细胞在伤口处杀掉那些进入身体的细菌，而另一些则开始治愈伤口。

炎症的症状表现为伤口变红和变痛，这是流向了伤口处的血细胞和免疫细胞造成的。稍后，细胞因子促使伤口周围的皮肤细胞和血管再生，然后修补被刀割破的地方。导致炎症发生的免疫细胞像集破坏、重建与清洁等职能于一体的人员，专注于快速进出需要抢修的建筑物。因此，急性炎症从本质上说是治愈过程中的一个很重要的部分。

但是严重程度较低的慢性炎症就不一样了。在这种情况下，免疫系统就会把正常、健康的组织作为攻击目标。免疫细胞会误以为有一个创伤需要治愈，然后不停释放出细胞因子，从而产生更多的免疫系统活动。炎症部位的免疫细胞会不断释放具有杀伤力的物质，而且不知道何时该停止。这种混乱会按照惯性运行，从而引起体内的生物紊乱。随着时间发展，可以想象也就是几年的时间，受慢性炎症影响的组织就会发生溃烂。

涌向伤口或感染处的细胞因子和免疫细胞群使得伤口或感染处在细胞层面上成了一个非常忙碌的地方。免疫系统日复一日地工作，变成了一种必须承担的义务。在没有伤口要修复的时候，免疫

---

① "Cytokine"（细胞因子），源自 *cyto*（细胞）和 *kinos*（指移动）。这些分子有广泛的功能，常常能够促进或抑制免疫细胞功能。比如，有一种叫趋化因子的细胞因子，能够将免疫细胞吸引到伤口或感染灶。

系统也会运作，因此发炎这一过程不会结束。此时，免疫细胞和细胞因子在伤口附近驻留，以非常快的速度进行细胞分裂。每次细胞分裂时，DNA 也会被复制。但是，复制过程迟早会产生错误。有一些错误无伤大雅，或者可以被修复，但是另一些就会产生严重的后果，比如会促进一些细胞发生无法控制的生长，这样就导致了癌细胞的产生。

对抗外来入侵者的两支部队

免疫学家通常认为免疫系统具有两种类型——天然免疫和获得性免疫。这两个部分的运作方式完全不一样。"白细胞"，这可能是你比较熟悉的一个词语，是对一种免疫细胞的统称，无论它是来自天然免疫还是获得性免疫。但是一些特殊类型的免疫细胞是与某一特定免疫类型相关的，命名上采用了相同的名字，称作天然免疫细胞或者获得性免疫细胞。两种类型的免疫细胞在整个身体里面通过连通的淋巴和血管进行循环。

免疫细胞的第一个任务是扫描和识别它们遇到的无数各种各样的分子。它们只有一个目的——识别这些分子"属于你"还是"不属于你"。这些分子是否来自"野蛮人"？或者它们是你身体中微生物共和国的公民？

免疫细胞也监视着身体里所有的细胞，因为有些时候，如果患有癌症的话，细胞会变为恶性。当一切都顺利运行的时候，免疫系统会识别和区分出与病原体、非病原体以及我们自身细胞有关的不同的分子信号。

天然免疫细胞和获得性免疫细胞有些基本的区别。构成天然免疫系统的细胞可以立即识别出一些最常见的病原体。天然免疫细胞构成了我们防御疾病的第一防线。"天然"是指这些细胞在我们每个人出生时天然具备。

到目前为止，免疫学家已经发现在天然免疫细胞的外表面上有很多可以探测不同细菌种类的感受器。各种类型的感受器都像嵌入细胞的条形码扫描器，但相互间有着关键的不同。这些天然免疫细胞上感受器的扫描范围很广，涵盖了与不同病原体和非病原体微生物有关的一切分子信号。

感受器的作用可以视为天然免疫细胞的一流探察能力，就跟救援犬一样，聚焦于特定的气味。我们再来看看某种天然免疫细胞所进行的扫描过程。当它们遇到一种它们可以识别出的分子信号时，就会收集一个分子样本，然后把它提供给获得性免疫细胞。这些树突状的天然免疫细胞所收集的分子样本非常重要，它们甚至有一个特别的名字——抗原。如果没有抗原，获得性免疫系统将会无从下手。

巨噬细胞和树突状细胞属于天然免疫细胞的两种类型，被统称作吞噬细胞（"细胞吞噬者"）。它们都可以探测到常见病原体的分子信号，但是它们却有不一样的目的。巨噬细胞像一个真的捕猎者，为了捕食而狩猎，在这个过程中它们杀死了那些倒霉的细菌并把它们吞下。树突状细胞就不一样了。它们的目的不是杀死病原体，而是从入侵者那里获取抗原。树突状细胞和巨噬细胞都能够识别出来自微生物病原体的而不是人类的分子信号。

相比天然免疫细胞，获得性免疫细胞没有自动识别和捕杀能力。它们在行动之前需要获得来自天然免疫细胞的信息。获得性免疫细胞主要有两种——T 细胞和 B 细胞。T 细胞和 B 细胞最值得注意的要点之一就是，一旦天然免疫细胞给它们展示了抗原之后，它们就可以永远记住它。如果你第二次有了一样的问题，T 细胞和 B 细胞就会立即作用于病原体上，从而很大程度地减轻你的症状，甚至可以挽救你的生命。获得性免疫细胞这种非凡的特点正是疫苗能发挥作用的原因。

你的免疫系统虽然非同凡响，但也会被骗。癌细胞就有巧妙的方法。有时癌细胞会泄露出一些信号，显示它们不是正常细胞，然后免疫细胞就会全力以赴地做出反应。但是癌细胞每次都可以躲避免疫细胞，不时会分泌出一些扰乱细胞因子传递消息的混合物，这样就造成了免疫反应脱离正轨。在其他一些情况下，免疫细胞会把癌细胞识别为部分属于你和部分不属于你，从而造成有些免疫细胞会攻击癌细胞，而有些免疫细胞则不会攻击。

HIV 病毒对我们的免疫系统来说是一个更致命的挑战。它会感染一种非常关键的免疫细胞，而全身的免疫功能都要依靠这种免疫细胞才能工作。最终，这必然会导致患病，让带有 HIV 病毒的人们对一些常见疾病越来越容易失去抵抗力。

无畏的探险者

19 世纪 70 年代初，洛克菲勒大学一位年轻的免疫学者拉尔夫·斯坦曼（Ralph Steinman）开始深入研究树突状细胞。一开始，他并不清楚这些细胞到底是什么。在实验的过程中，他无意中发现有些奇怪的细胞上长有各种长度的手臂状结构。而且任意两个细胞看上去都是不一样的。有一些像星星，另一些像伸展开的团状物。更让人惊讶的是，这些细胞可以伸展，可以把那些手臂状结构的部分缩回，并且像变形虫一样改变它们的形状。斯坦曼把他这一神奇的新发现命名为树突状细胞，并且研究了数十年。

他最终发现，这些奇怪的细胞是无畏的探险者，在身体这个抗原的大海里航行，收集那些对引发免疫反应有重要作用的样本。事实上，现在免疫学家已经知道，如果没有了树突状细胞，免疫系统中天然免疫和获得性免疫两部分之间的联系就会遭到毁灭性的破坏。

后来，斯坦曼患上了胰腺癌，他成了自己的实验对象。他与其他免疫学家一起研究，开发了针对他自己癌症的实验治疗方法。和他一起与疾病作斗争的伙伴是谁？正是他所发现的那些树突状细胞。斯坦曼确诊后活了四年半，而大多数胰腺癌患者只能存活几周至几个月。

在 2011 年 10 月 3 日，他去世的 3 天后，诺贝尔奖委员会打电话想告知斯坦曼，由于在树突状细胞方面的研究工作，他将获得一半的诺贝尔奖（另一半给了研究天然免疫激活的两位科学家）。在诺贝尔奖颁布的一个多世纪以来，这样的事从来没有发生过。虽然诺贝尔奖的规则是禁止给死者追授奖项，但是委员会还是允许斯坦曼获奖。因为直到委员会打电话给斯坦曼，他们一直以为他还活着。

在斯坦曼研究树突状细胞以及后来利用这些细胞与癌症作斗争的大约一个世纪前，威廉·科利（William Coley）医生无意中走上了利用细菌治疗癌症的道路。科利当时是一名助理外科医生，也是纽约癌症医院（即今天的纪念斯隆－凯特琳癌症中心）的外科讲师。

他的一名同事报道了一个病例：一位患有颈部肿瘤的 31 岁的病人，在过去 3 年内做了 5 次手术并获得了惊人的好转。每次手术后，肿瘤都会重新生长。第 5 次手术也无法移除整个肿瘤，科利的同事放弃了，确信那个病人已经无法医治。但是最后一次手术不久后，这个病人感染了丹毒，一种跟癌症毫无关联的皮肤感染。丹毒大片发作，然后消失，不久又以比较温和的方式复发。令人吃惊的是，该男性的肿瘤开始缩小，并且完全消失了。7 年后，科利和他的同事复查了这名男性：颈部肿瘤没有重新长出来！

科利被皮肤感染与肿瘤消失之间的关联性吸引住了。他开始琢磨引发丹毒的感染在其他同样类型的癌症患者身上会有什么效果。1891 年 5 月 2 日，他终于有了机会来研究。一个病人转到了他的手里，这个病人颈部和扁桃体的肿瘤都太大，以至于无法手术。科利就给该病人注射了他认为可以引起丹毒的细菌。但是这没有起到任何作用，于是科利开始怀疑他用错了细菌。

他下定决心要找到一个真正能起作用的细菌，于是他与德国的微生物学家罗伯特·科赫（Robert Koch）取得了联系。科赫提供了真正能够引发丹毒的细菌纯培养物，并从大西洋彼岸运输过来（这在当时可是一个壮举）。在一位专业人士的护送下，一种叫作链球菌的病原体安全抵达纽约。科利立刻为这名患者接种细菌。这一次确实引发了丹毒，并且几天后颈部肿瘤开始消失。两周后，它完全消失了。两年后，颈部肿瘤仍然没有再生长（虽然扁桃体的肿瘤一直保持原来的大小）。

科利继续使用科赫提供的链球菌菌株，并产生了复杂疗效。虽然他没能完全理解他是如何以及为何实现了他所希望的疗效，但是看来是链球菌在引发丹毒的同时，也激活了可以探测并杀死肿瘤细胞的免疫系统部分。虽然他没有找到这一机理，但是他开发了一个早期版本的免疫疗法，利用免疫系统去治疗疾病。

抗原的语言

斯坦曼的发现引发了人们对科利医疗成果更深层次的理解。

就像鸟的翅膀对于飞翔的作用一样，树突状细胞奇怪的外观对其功能来说是完美无缺的。我们记得构成免疫系统的很多细胞和大部分组织都包裹着消化道。在各种免疫细胞中，只有树突状细胞可以从结肠的外部进入内部。它会灵活地将其中一只海星般的手臂伸进两个结肠细胞间，然后开始狩猎远征。当手臂到达黏液层时，它会像潜水艇的潜望镜一样穿过结肠内表面露出头来。树突状细胞的手臂会收集结肠内部或者黏液中的抗原，然后采用与进入时相同的方式离开。

树突状细胞上还带有一个特殊的部分，从功能上讲就像从细胞表面升起的旗杆。它们将收集到的抗原向旗杆上部移动，以起到展示的作用。当研究者意识到树突状细胞的功能时，也就解开了免疫系统两个部分之间，以及这两个部分与微生物之间进行交流的秘密。树突状细胞和 T 细胞依赖于一种共同语言进行交流——抗原。

结肠只是树突状细胞监控的地方之一。它们常常聚集在细菌从体外进入体内的一些可能的出入口，比如皮肤、肺，还有阴道。这样看来，树突状细胞不光是探险家，而且擅长在我们身体的海洋中巡游，装载着抗原并呈递给 T 细胞。

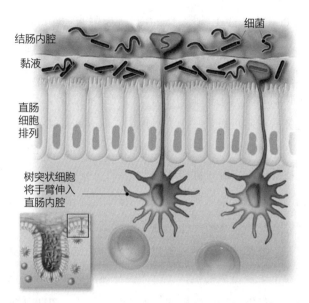

结肠内腔

黏液

直肠
细胞
排列

树突状细胞
将手臂伸入
直肠内腔

细菌

活着的潜望镜。树突状细胞从直肠中收集抗原，并递呈给其他免疫细胞。

　　虽然 T 细胞诞生的地方是胸腺，但该处并非树突状细胞和 T 细胞相遇的地方。而一旦离开胸腺，T 细胞并非马上就会活跃起来。T 细胞生命的第一阶段是漫游于身体这个广阔的海洋。T 细胞上有着专门针对不同种类抗原的受体。它们也会反复停留于脾脏和淋巴结这些海港，与树突状细胞相遇，并且检查它们携带的抗原。

　　T 细胞只会在一系列事件发生后被激活。首先，T 细胞和树突状细胞必须在淋巴结（或者脾脏）这个迷宫里找到彼此。其次，树突状细胞必须为 T 细胞受体递呈抗原。当这两个事件都发生后，T 细胞才会被激活。一旦被激活，无论是处于幼年期还是成年期，T 细胞通常都会在你接下来的生命中逗留于此，反复做着同样的事。

　　T 细胞至少有六个种类，每个种类都以自己的方式为免疫系统服务。例如，杀伤性 T 细胞，会寻找抗原的来源（mother lode of antigen）——抗原的来源曾激活过抗原，主要是癌症细胞或被病毒感染的细胞——然后杀死它们。

树突状细胞激活 T 细胞的能力是一种癌症免疫疗法的基础理论依据。树突状细胞可以从一个人身体中提取，并且被人体的肿瘤抗原激活。一旦重新植入人体，树突状细胞就会激活 T 细胞，T 细胞就会去寻找抗原的来源（肿瘤细胞），然后杀死它们。

相比 T 细胞，B 细胞则是在骨髓中开始它们的一生。像 T 细胞一样，它们在身体中漫游，不断地通过脾脏和淋巴结，寻找将激活它们的抗原。B 细胞的激活过程以产生抗体为结束点——必要时一天要产生几千个数量级的抗体。抗体会在体内的血液和淋巴液内自由地循环，一旦发现一些细菌的分子特性与激活了初期 B 细胞的抗原相匹配，就会"紧盯"着它们，在它们的背部贴上抗体的标签。这些被贴上抗体标签的细菌很快就成为其他免疫细胞的目标，然后被这些免疫细胞杀死。B 细胞的长处是可以很快产生抗体，这会在抵抗快速移动的传染性病原体的过程中起到重要作用。

平衡的行动

在认识到 B 细胞是免疫系统重要组成部分的同时，研究者发现了 T 细胞与其他微生物之间非常惊人而有趣的互动方式。

至今为止，我们主要关注了免疫系统和病原体之间的互动。但是要记住，不是所有细菌都是病原体。事实上，人体内脏微生物组中的细菌大多数都是有益的，而不是有害的！这个事实很好地解释了为什么微生物组研究者发现免疫细胞和非病原细菌间的互动对正常免疫反应非常重要。

尤其是两种 T 细胞——调节性 T 细胞（Tregs 细胞）和 Th17 细胞（以其分泌的细胞因子白介素 17 而命名），似乎正是依据非病原细菌提供的信息进行工作的。这两种 T 细胞以不同于杀伤性 T 细胞的方式保护着你。它们不攻击病原体或者肿瘤，而是发挥免疫系统的第二种功能，即日日夜夜调控着人体中的炎症。Tregs 细胞消除炎症，而 Th17 细胞引发炎症。

对于有正常免疫系统的人来说，这两种 T 细胞经常被描述成跷跷板两边完美的平衡物，发挥着统一的平衡调节作用。它们共同把免疫力的水平调上或者调下，使炎症水平达到与病原体战斗的最佳水平，从而让有益的微生物生存下来，或者治愈受损的微生物。

在某些情况下，引发炎症的 Th17 细胞会压低它们那一侧的跷跷板，从而扰乱这个平衡。Th17 细胞和 Tregs 细胞间的不平衡会导致自身免疫疾病以及炎症性的疾病，比如溃疡性结肠炎以及由炎症引发的癌症等。

不同的 T 细胞制造受体的方法是一个引人入胜的生物过程。我们不妨把每个 T 细胞受体的末端比作一只独特的手，当然了，真实的情形比我们的比喻更复杂精妙。每只这样的手有数量不一样的手指，每只手大小不同且形状各异。想象一下，这只手来回挥动着，伸出去寻找另一只手，即树突状细胞递呈的抗原。这些 T 细胞的受体必须准确地找到与它匹配的部分。实际上存在着数量繁多、有可能匹配的手——数量可达上百万只。所以当一个树突状细胞和抗原一起出现的时候，T 细胞受体就会伸出去，严格检查受体和抗原是否匹配。当二者匹配得如同两枚拼图一样完美时，T 细胞就立即开始行动。

但是一个杀伤性 T 细胞可不是一大群癌细胞的对手，更不用说那些充满致病病毒的细胞群了。一个 Tregs 细胞或一个 Th17 细胞也不能联合起来阻挡慢性炎症像潮水一样地爆发。因此，一个被激活的 T 细胞首要的任务是反复克隆自己。被克隆的 T 细胞有着与 T 细胞祖先一模一样的受体。

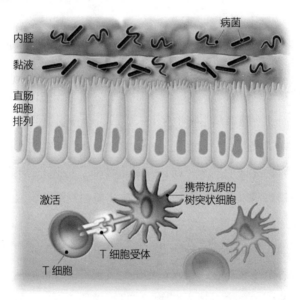

激活 T 细胞。一个 T 细胞检查树突状细胞上的抗原的匹配。只有正确类型的抗原才能激活 T 细胞。

我们的身体通过精巧的过程生成了 T 细胞和 B 细胞的受体。科学家一开始认为，为 T 细胞和 B 细胞受体进行编码的那些基因是被遗传的。但是这样的话，免疫细胞受体惊人的多样性（和数量）

将需要动用几乎我们所有的基因组才能实现这一目标。实际上，制造受体的基因是在现场临时组装的，通过对适量 DNA 片段进行随机重组来实现。以这种方式，多达数十亿的不同受体就产生了。

植物可以产生大量的植化素和渗出液，以吸引和留住自己的盟友，而我们身体中的树突状细胞具有超凡的分析能力和交流技巧。我们的身体还可以组装出种类繁多的 T 细胞与 B 细胞受体。这正是我们与来自生命之树的微生物实现有益互动所必需的。

微生物同盟

虽然一个世纪以前美国人经常死于微生物所引发的疾病，但是传染病学者估计实际上的人类病原体只是少数，大约 1400 种。对比之下，人类共有的微生物组中，非病原性微生物大约有 100 万种。大约每 700 种非病原体对应一种病原体。此外，微生物学家认为，他们可能仅仅识别了所有非病原性微生物的 1%。从微生物既可能致病也可能对人体有益这个方面来看，很多微生物亦敌亦友，简单地改变其基因即可实现角色的转换。

免疫系统要对人体的健康状态进行监视。此外，免疫系统的运行状况也会产生与微生物本身相关的一些变数。众多与我们共同进化而来的细菌通常有着好几顶帽子可以更换[1]。这些"帽子戏法"在与我们共生的这一连续过程中不断变化发展，从与我们身体互惠共生的一端，可以变动到互不影响的中端，或者滑向成为病原体的

---

[1] 更换帽子的意思是呈现出不同的生物特性。——译注

另一端。但是大部分时间里，我们身体中那些永久的微生物居民是对我们有益的。其余时间里，它们则表现为中性，很少危害到我们。一些环境因素的改变是细菌换帽子的主要原因，比如出现了另一个食物来源，或者一种新的微生物进入或离开了体内群落。我们体内微生物组中具有这种特性的微生物被称作共生体。[①]

可能你回想起来，前面提到过我们免疫系统的主要部分缠绕着我们的消化道，尤其是结肠。那么为什么附着于结肠的免疫细胞不攻击这个细菌丰富的污秽场所呢？毕竟，这些由部分被消化食物构成并不断搅动着的结肠内容物应该会吸引擅长侦探且警惕性颇高的树突状细胞的注意，从而潜入其中去收集抗原。

其中一个解释就是，免疫细胞会无视共生体。在这个"看不见你"的假设中，覆盖在结肠细胞内腔壁上厚厚的黏液层被认为是一道无法穿透的墙壁，这堵墙可以将来自结肠细胞本身与来自包裹着结肠的免疫细胞以及组织所构成的共生体分离开来。如果微生物抗原一直不能穿过黏液层从而到达群聚于结肠细胞外侧的免疫细胞的话，那么免疫反应也就一直不能被激发。这个解释看起来确实有些道理，但前提是你做了两个错误的假设：免疫系统只跟病原体互相作用，共生体存在于结肠内腔中。

让我们把一些令人吃惊的事实放在一起来看看。我们这种杂食、脑容量大、长寿的哺乳动物从形成时起，就是从一个遍布微生

---

① 虽然在微生物组研究中，"共生体"（commensal）是一个经常被用到的术语，但这个词并不是很准确。在生态学中，共生关系是指一方获益而另一方既不获益也不受损的关系。"情境共生体"（situational commensal）可能是一个更好的替代，但是这样的术语并没有正式使用。

物的世界中跋涉而来。微生物细胞的数量远远超出了我们身体细胞的数量。非病原菌多得如同汪洋大海，轻易地就会把我们体内、体外环境中那些致病的同类淹没其中。我们的基因组有着一种即时生成受体的能力，这些受体可以探测到极其丰富的生物多样性。我们的免疫细胞赋予我们的免疫系统一种超凡的监视能力，可以把病原体从我们身体的盟友中筛选出来。所有这些归纳起来就是，我们给自己讲的那些免疫故事（比如免疫的目的、来源、工作方式等），可能会发生意想不到的剧情变化。

与其说我们的免疫细胞是一支军队，倒不如说是更像死党般亲密的哨兵。要是这样的话，你觉得如何？免疫细胞每天的工作就是维持一个动态的炎症水平，这个水平不仅对我们所有体内系统，而且对帮助体内系统运转的微生物都是最理想的。这样的话，当病原体时不时出现的时候，我们的免疫哨兵就可以快速发动适当的免疫反应去驱逐那些入侵者。

人类今天生存中所面临的挑战完全不同于我们祖先在 20 万年前进化时所面临的挑战。但有一样却始终如一，即我们生活在一个充满了二元性和复杂性的微生物世界中，这个微生物世界既在我们身体的内部，也在我们身体的外部。免疫系统的病原体中心论正如同前哥白尼时代认为太阳围绕地球转一样是错误的。

今天的微生物组研究者正在经历着研究的全盛期，这个全盛期完全可以与 19 世纪周游世界的博物学家的黄金时代相媲美。查尔斯·达尔文，以及与他同样敢于冒险创新的亚历山大·冯·洪堡（Alexander von Humboldt）、阿尔弗雷德·拉塞尔·华莱士（Alfred Russel Wallace）是这些博物学家中的杰出人士。正是这些探索者发现了一个又一个的自然奇观——从安第斯山脉到婆罗洲丛林。一回到欧洲，他们带回的标本以及他们的观念就彻底改变了我们看待世界的方法。两百年后的今天，科学家又在探索我们身体内部的风景——人体内的生态系统和居民——这将再一次挑战"我们是谁"的观点。

播种共生体

像植物一样，我们通常会利用我们体内的直接环境（immediate environment）去组装和培养我们的微生物组。但是我们的实施方案却有点复杂。就在我们出生前的几个小时，我们的母亲会增加某种特殊的阴道膣黏液的分泌量，为我们培育一批特殊的微生物。从我们滑出子宫，开始我们生命的那一刻起，这些微生物就已经与我们形影不离了。就像我们是手，它们是手套一样，在很多方面我们有着一生的默契。在接近我们出生过程的终点时，我们身体会沾上母亲的排泄物，这成为母亲对我们最初所拥有的那些微生物组所进行的最后一点干预。现在有些科学家认为，胎盘甚至子宫会帮助我们播种下我们身体中最初的那些微生物组的种子，因为来自母体的细菌在脐带血和羊水中被发现了。

在仔细研究共生体的数量时，我们可以再一次看清楚共生体的真正意义。让我们回想一下，微生物细胞的数量远远超过我们本身的细胞，尤其在我们的内脏中。当一个细菌只有一百万分之一克的一百万分之一重时，你身体里所有的微生物就只有几镑重。一平方英寸的人类皮肤上生存着大约五十万个微生物——大约相当于整个怀俄明州的人口。比起银河系里星星的数量，你身体里的微生物的数量更多，而且要多得多。我们每个人都是自己的微生物银河系。至于细菌，构成人体微生物组的微生物混合体不仅像指纹一样独一无二，而且会随着时间发生改变。一个 50 岁的人其体内的微生物组和他 2 岁时的微生物组是不一样的。

值得注意的是，就像生活在植物根际的细菌会与植物交流病原体的存在一样，在结肠里面也有类似的情况发生。当来自结肠内腔的病原体试图大批繁殖于黏液层时，黏液层中生存的细菌会通过化学信号向结肠细胞发出警报。

有些共生体对我们非常有益，以至于缺失它们就会对我们造成损伤。虽说病原体会引发免疫反应是长久以来众所周知之事，但共生体也会与免疫系统一直互动，而非偶尔互动，这个事实也正变得非常清楚。事实上，如同病原体一样，共生体在事先警示和训练免疫细胞上起到了非常重要的作用。在某些方面上，它们的作用甚至更加重要，因为研究者现在发现共生体在调节身体炎症的整体水平上起到了非常大的作用，相应地，这一点对于保持身体中其他部分的顺利运行是非常必要的。

脆弱类杆菌不同寻常的案例

加利福尼亚理工学院的微生物学家萨尔基斯·马兹曼尼安（Sarkis Mazmanian）是微生物组的研究者之一。这一研究团队正在研究关于共生体调控炎症的令人信服的机理，他们的实验揭示了内脏中生存的脆弱类杆菌和免疫系统相互作用的方式。虽然实验体是白鼠，但他们的研究结果表明，生存于人体结肠黏液中的脆弱类杆菌以及其他细菌会影响我们的免疫反应。在我们深入了解马兹曼尼安的科研成果之前，回顾一下他的研究思路，会有助于我们的理解。

在很长的一段时间里，树突状细胞被认为只能递呈由蛋白质碎片组成的抗原，这样的观念导致我们认为，T 细胞受体——存在于杀伤性 T 细胞、Tregs 细胞和 Th17 细胞上，数量达到数百万之众——只能和蛋白质碎片相匹配。毕竟，蛋白质碎片都是科学家们过去在分析抗原时发现的。但是，脆弱类杆菌却不一样。

脆弱类杆菌会制造一类称作多糖 A（PSA）的特殊分子。多糖并非蛋白质，而是碳水化合物。人们发现树突状细胞可以将 PSA抗原移动到自己的旗杆上部，这意味着树突状细胞可以探测到超出人们预想的更多种类的抗原，并与 T 细胞分享它们。

事实上，脆弱类杆菌和免疫系统的关系取决于 PSA。这就是马兹曼尼安的研究成果受到人们关注的原因。马兹曼尼安推测，如果树突状细胞要专门递呈来自脆弱类杆菌的抗原，那一定是有原因的。他和同事们开始深入研究这种常见细菌。为什么树突状细胞能够筛选出 PSA？为什么 PSA 分子会吸引 T 细胞？

你已然知道了炎症是免疫反应的重要组成部分，这也是马兹曼尼安和他的同事开始研究脆弱类杆菌对宿主影响的起点。他们采用了传统的实验研究方式，集中了一批小白鼠，设计了一系列的实验。实验专用的"无菌"鼠在无菌的环境中进行饲养和安置，这样便于研究脆弱类杆菌产生的影响。

首先，被认为会造成结肠炎的病原细菌注入了这些无菌鼠体内。一旦结肠炎发作，就会向小白鼠体内注入脆弱类杆菌，结果患结肠炎的小白鼠很快就痊愈了。另一组小白鼠也患上了结肠炎，但体内注入了另一种脆弱类杆菌，这种脆弱类杆菌在基因上被修改过，不会制造出 PSA。结果这一组小白鼠的结肠炎一直没有缓解。这些实验结果揭示了两个事实：脆弱类杆菌可以让结肠炎消退，而且脆弱类杆菌制造的 PSA 分子似乎在治疗中起到了很大的作用。

但是脆弱类杆菌到底是如何治愈结肠炎的呢？马兹曼尼安和他的同事继续探索它的机理。他们最后发现，是装载着 PSA 抗原的树突状细胞激活了抗炎的 Tregs 细胞！脆弱类杆菌，似乎有助于维持老鼠宿主体内的和平，并同时避免了自身成为免疫系统的目标。在这个过程中，这种细菌就像头顶上方有一个屋顶在保护自己。但这样的治疗是否适用于每个人呢？

通过在实验中增加一项内容，马兹曼尼安进一步确认了脆弱类杆菌的消炎作用。他从脆弱类杆菌中提取并提纯了 PSA，然后将其注入试验中患有结肠炎的小白鼠。在小白鼠身上的效果与脆弱类杆菌注入的效果一样。很显然，小白鼠们结肠炎已经痊愈，它们很快恢复了健康。

马兹曼尼安和他的同事继续深入钻研，发现了更多与脆弱类杆菌诱导 Tregs 细胞相关的事实。这些 Tregs 细胞通过分泌一种可以消炎、被称作白介素 10 的细胞因子治愈结肠炎。在那些仍然患有结肠炎的白鼠体内，一种不同的 T 细胞和细胞因子在发挥作用。这些患有结肠炎的白鼠有着相对更多的 Th17 细胞，而这类细胞会制造引发炎症的白介素 17。

虽然脆弱类杆菌大量繁殖于消化道外可能会造成一些问题，但是马兹曼尼安及其同事的实验还是证明了脆弱类杆菌具有治疗的作用，至少在白鼠内脏中是这样的。

日本的研究者也对存在于结肠黏液上的共生体感到好奇。脆弱类杆菌以外的其他细菌也能影响 Tregs 细胞的生长吗？通过一系列实验，他们测定了不同共生体治愈无菌环境中患结肠炎白鼠的能力。他们推测，治疗的机理就是去促进 Tregs 细胞的生长。他们偶然有了一个惊人的发现：促进 T 细胞生长的最大因素并非是单一的细菌，而是来自一群被称作梭状芽孢杆菌的 17 种细菌的特殊混合体。

恰到好处

如果说在人体中也存在着像金凤花姑娘①那样"刚刚好"的情形的话，那就是这个过程——免疫系统通过激发和抑制 Tregs 细胞和 Th17 细胞，以达到"刚刚好"的炎症水平。Tregs 细胞对人体有益的原因已经很清楚了——它们通过分泌一种抑制 Th17 细胞繁殖的细胞因子，去控制内脏的炎症。但是同时也要记住，炎症对于治愈组织和驱逐病原体也是非常必要的。所以如果有病原体进入了内脏，你一般总会希望某种类型的促炎 T 细胞能着手治疗，或者向身体发出警告。但是，什么会让 Th17 进入待命状态呢？

让我们看看分节丝状菌的情况，这是一群内脏的共生居民，常常被发现黏附于很多脊椎动物或者非脊椎动物的内脏壁上。②这些细菌会促进 Th17 细胞生长，但是不会使 Th17 细胞如洪水猛兽般

---

① 金凤花姑娘（Goldilocks），美国传统童话中的角色。金凤花姑娘喜欢不冷不热的粥、不软不硬的椅子等"刚刚好"的东西，后来美国人常用之形容"刚刚好"。——译注

② 迄今为止，人体中经常和广泛存在的分节丝状菌还是一个谜。研究人员发现，这些细菌在 0 到 3 岁大的婴儿中广泛存在，但是随着年龄的增长，其在小肠下段中的数量会减少。

失控——其数量恰好让免疫反应处于全面爆发的临界点之下。在另一个实验里，来自美国和日本的研究者把分节丝状菌注入无菌环境中的白鼠体内。研究者等待了两周时间，然后再将一种叫鼠类柠檬酸杆菌的剧毒病原菌注入小白鼠体内。这种细菌引起了严重的内脏发炎，这种内脏发炎与人类大肠杆菌引起的炎症类似。注射了分节丝状菌疫苗的白鼠显示了明显的疗效。它们体内由炎症造成的结肠内部损伤较少，并且鼠类柠檬酸杆菌没有穿刺它们的肠壁。

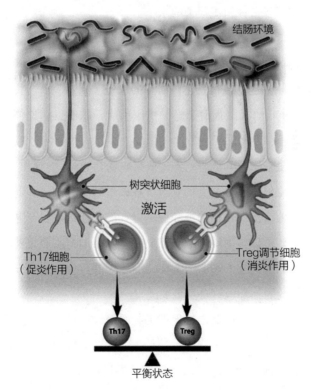

平衡态的发炎过程。内脏的微生物影响了促炎的 Th17 细胞与消炎的 Treg 细胞的平衡关系。

关于分节丝状菌和免疫系统之间相互作用的机理，人们现在也不完全清楚；同样，人们也不清楚分节丝状菌如何会具有可避免像病原体那样引发"造成组织损伤"的炎症的能力。研究者猜测，分节丝状菌可以促进一种不同类型的 Th17 细胞的生长，这种细胞在效果上更像是比较温和的一种刺激，而非猛烈的火焰喷射器。也有可能分节丝状菌会刺激 Tregs 细胞去生成细胞因子，而这些细胞因子可以抵消 Th17 细胞分泌引发炎症的细胞因子的作用，从而让后者保持在低于造成组织损害的水平。

当然，让 Th17 细胞随时待命非常重要。这样的话，当"野蛮人"到达门口或破门而入时，可以立即启动所有重要的致炎过程。考虑到病原微生物在宿主体内繁殖的快慢（回想一下可怜的洛基的经历），分节丝状菌有助于确保快速反应，以驱逐病原体。这会对感染的严重性和后果产生很大的影响。

马兹曼尼安及其他研究者的成果表明，Tregs 细胞和 Th17 细胞对健康免疫反应都是必要的。至少在白鼠的实验中，脆弱类杆菌和分节丝状菌有助于保持消炎和促炎过程的平稳进行。与这些细菌类似的共生体可以精确地调节炎症反应，以帮助宿主避免罹患与慢性炎症相关的那些使人虚弱的病症。通过这些行为，这些细菌也可以保证它们的居住环境对自身更加适宜。

对于建立和维持健康的生理机制而言，这是一种完全不同的视角。你也可以这样想：你面对的是生存的两大挑战——来自体外的敌人（病原体）和来自体内的敌人（慢性炎症）。两者对你都是非常有害的，但却以不同的方式危害你的健康。

虽然不必要的慢性炎症和病原体是不一样的威胁，但是我们的免疫系统可以对付两者，只要我们能借助一些朋友的帮助——这些朋友就是栖息于你身体内部的共生微生物。直到最近，来自慢性炎症的威胁几乎一直被忽视，因为它并不像肺结核或者霍乱之类的传染病那样容易被发现。但是，考虑到慢性炎症与发达国家中相关疾病上升的趋势，这对我们的健康依然是个威胁。

来自远古的朋友

在很久以前的进化过程中，我们常常会与种类极其丰富的微生物相遇——在我们的饮用水和洗澡水中，在来自土壤的食用块茎中，也在我们食用的动物肉中。甚至也在我们忌讳的地方——我们自己和其他人的排泄物中。

当然，病原体可以击倒我们。但是，一些微生物一旦进入了我们人类体内，就会处于一种流动的生存方式中：它们经过我们的消化道，一路上不断进食，但是不会造成任何危害。有些共生微生物甚至常常从母亲传到孩子。其他一些微生物在其生命旅程中会与免疫系统保持着休战状态。它们变成我们的共生体，在我们内脏中成为永久居民。有些深深钻入结肠表面的绒毛褶皱中，远离结肠内容物的快速流动。或者想办法找到我们体内或者体表的其他栖息地，设法避免成为我们免疫细胞的攻击对象。

我们可以想想阑尾。这是一个位于小肠与大肠过渡部位、令人费解的闭塞之所，曾经被认为充其量只能算是一个无用的器官。医生和研究者曾经对这一点感到惊讶：我们内脏里这个奇怪的附属物般的所在，居然会藏匿着厚厚的细菌生物膜和一群对付细菌的免疫细胞。

这个问题的答案在于，阑尾具有惊人的作用。这个涡旋状的栖息地给共生体提供了一个安全的避难所，以躲避消化道内部如同洪水般的环境。在其他的生态系统中，像这样的栖息地被叫作残遗种保护区。有一些动植物物种在灾难性的洪水或者火山爆发后，会在残遗种保护区中毫发无损地出现，然后可以重新定居于那些被灾难破坏过的地方。残遗种保护区中生物群落的构成就设定了首批重新回归者的构成。当你有 20 分钟的时间可用于微生物世代更替，正如你与很多细菌相处时会发生的一样，让共生微生物往正确的方向回归至关重要。这一切都有助于解释阑尾真正的作用：当旨在清除病原体的腹泻发作以后，它是那些随时可以重新定居的共生微生物的发源地。

结肠里的隐窝是细菌的另一个残遗种保护区。这个富有营养的凹陷部位可以躲避开肠腔内部的混乱，共生微生物必要时会从此处出发，迅速重新定居于结肠壁。

无论在哪里生存，我们体内微生物组的共生体已经成为免疫系统至关重要的伙伴，相应地它们在人体中也为自己创造了一个稳定的居所。最重要的是，在进化的过程中，共生体已经告诉我们的免疫系统，它们并不是病原体。相反，共生体启示了我们 21 世纪的典型"通货"：信息。它们提供情报以帮助我们的免疫系统避免引发不必要的炎症。

总之，扰乱我们的微生物组就会带来麻烦。发生在共生体、树突状细胞和 T 细胞受体间的这种复杂又精确的信息交流可能会发生混乱。我们最不想看到的就是，被赋予了强大火力的免疫系统与它应该保护的身体之间产生了矛盾。

植物学家长久以来就已经知道，不是所有的微生物都是致病的，并且伴随植物生长的微生物会保证植物的正常生长。实验反复证明了农药杀菌后的土壤往往会导致植物患病。似乎这样的事同样存在于动物界。在三个独立的研究中，无菌环境中的小白鼠暴露于能引发痢疾、炭疽、利什曼病（一种由寄生原生生物引发的疾病，会造成皮肤溃疡或者危险的器官肿胀）的病原体之下。结果，这些无菌环境中的小白鼠的病情进展比常规微生物环境下的小白鼠要严重得多。此外，无菌环境中的动物也有着更低水平的抗体循环能力，并且其脾脏、淋巴结和胸腺里生成的 T 细胞更少。

我们从来没有试图让自己的身体处于无菌状态。要是我们真能够达成这样的状态，我们将会失去健康。在我们体内生存的微生物种群会做非常多的事，从帮助我们驱赶敌人，到为我们供给它们代谢的副产物，这些反过来也有助于我们保持健康的状态。例如我们受益于内脏菌群所产生的、对我们的身体至关重要的维生素。比如维生素 B_{12}，我们需要它以便让神经系统正常运作；还有维生素 K，它与血液凝固和维持骨骼健康有很大关系。这两种维生素仅仅是我们生存所必需的众多分子和化合物中的两种而已。我们的血液中发现了众多的代谢产物，其中多达三分之一的物质是由微生物产生的。

我们过去通常认为，免疫系统进化后会杀死微生物。但是现在看来，微生物有助于免疫系统的运行。尽管有益微生物如何影响我们健康的细节和机理只是最近才被关注，但是我们已经很清楚，如果干扰了一个人的微生物组，其后果会是非常麻烦的，甚至是灾难性的。

总之，有必要把我们自己重新想象成我们体内微生物的管家，我们要让我们体内这些微小的盟友得到充足的营养，住得舒适，并且安全无虞。我们和这些微生物朋友祸福相依。它们不仅仅是大自然中隐秘的部分，而且就像我们免疫系统的另一件武器——如同保持"三脚凳"之稳定性的第三条腿。然而，医学界仍然对微生物大多持有敌对的立场，这是19世纪微生物学的权威理论——微生物病原学理论的直接后果。

第九章
看不见的敌人

　　一次又一次地，由细菌、病毒和一些原生生物引发的疾病横扫人类社会，带来了热病、死亡或者食物短缺，深刻影响了人类历史。

我们这些生于战后婴儿潮末期以及随后岁月的人们可谓是非常幸运的。我们接受了常规的疫苗注射，防止罹患那些让早年的人们饱受折磨的传染病。当我们的父母还是孩子的时候，脊髓灰质炎和麻疹是两大常见病。再向前回溯一到两个世代，我们的祖先甚至要面对今天很少人能叫出名字的一些疾病。

　　我们人类似乎一直受流行病的困扰，但事实并非如此。在农业社会兴起的很长时间以前，我们群居于一个四五十人左右的小型流动的群体中，人们以捕猎或采集食物为生。这种生活方式——不断地迁徙，并且长期和其他群体相隔离——防止了传染病变成流行病。像手腕或踝关节扭伤这些比较轻微的外伤在那时似乎更麻烦一些。如果你不能采集到食物，或者把它们从土地中挖出来，你可能就得挨饿了。如果你不能避开你所要捕猎的猛兽的反击，你自己就有可能成为它们的一餐。

　　大家普遍认为，在五千年到一万年前，随着早期农业社会的兴起，传染病才第一次在人类社会中站稳了脚跟。当时，农业耕作出现于肥沃的底格里斯河和幼发拉底河的河谷以及中国的部分地域。比起打猎和采集，定居下来耕种作物和饲养家畜的生活方式给人们提供了更可靠、有时也更充裕的食物。

这个改变同时也导致了女性在短时间内可以生育更多的孩子。如果不停地迁徙，寻找食物，躲避食用动物，我们可以想象一下，在这样的生存环境中，照顾孩子的压力会有多么大。一个更加稳定的生活方式让女人从每三到四年生育一个孩子，增加到每一到两年就可以生育一个孩子。尽管饥荒可能并且确实使文明受挫，但是人口却在持续增加。随着人口的增加，我们定居下来，进入了以农业为主的生活方式，人口密度普遍达到了捕猎—采集时期的 10 到 100 倍。

在古代，环境的肮脏不堪就像现代的电子产品一样泛滥。肮脏的饮水，以及充斥着从动物尸体到人体排泄物的周围环境，为病原体创造了大量繁殖的条件。人类文明再次出发，与病原体一同向前奔跑，不愿甘拜下风。

我们可能并不惊讶，很多最致命的病原体正是始于我们驯化的家禽，或者寄生在我们身上或排泄物中的动物，比如老鼠、跳蚤和苍蝇。通过 DNA 分析，科学家发现了很多微生物，包括那些会传染天花、百日咳和猩红热的微生物，会通过各种各样的动物和昆虫迅速传播到我们身上。但是这些病原体来源于哪里呢？

当然是来自自然界。每棵我们砍下的树和每块我们耕种的土地都让微生物以及它们的宿主流离失所。你或许可以猜测，这些善于把握时机、能够快速繁殖以及能够进行基因交换的细菌是如何对所处的新环境做出快速反应的。一旦接近新宿主，有了更多食物，或者获得了更好的保护，它们就会抓住这个机会——结果可能会是死亡，也有可能会是蓬勃兴盛。人类的聚集给细菌和其他未来的病原体提供了一个完美的发展环境——密集、混杂的人群。早期植物性病原体也是这样。像小麦这样的谷类作物通常是单一种植的，如果在其周围的原生植被中生存的病原体没有寻觅到任何生存机会的话，它们就会很快转移到小麦这类种植作物中去。

一次又一次地，由细菌、病毒和一些原生生物引发的疾病横扫人类社会，带来了热病、死亡或者食物短缺，深刻影响了人类历史。当人们谈到"瘟疫"，通常是指鼠疫——人类最惨痛的灾难之一，这个由跳蚤携带的耶尔森菌所引发的臭名昭著的恶疾，塑造了历史。雅典瘟疫，破坏了公元前430年的古代城邦，影响了伯罗奔尼撒战争的进程，促成了古希腊的灭亡，并为罗马的崛起创造了条件。在大约一千年以后，东罗马查士丁尼大帝统治时期的大瘟疫（公元541—542年）打击了拜占庭的首都君士坦丁堡，加速了罗马帝国的灭亡。最糟糕的是黑死病，这个传染病在14世纪造成了大批欧洲人的死亡。从1346年到1353年的8年间，瘟疫夺去了三分之一到一半的欧洲人的生命，进而使宗教、经济和社会都产生了巨大变化。几个世纪后，天花和其他流行于欧洲的传染病，夺去了很多美洲土著居民的生命，帮助欧洲人征服了新世界。在美国内战和第一次世界大战期间，战场上因为感染而死去的士兵的数量比敌人炮火杀死的还要多。

传染病的起源对我们早期的社会来说是一个谜。从希波克拉底时期以来，疾病的原因都被归类为瘴气，这是对污浊空气的另一种称呼。这样的气体被认为来自令人生厌的地方，比如污浊的水体和腐烂的尸体。这个见解支配了人们一千多年，直至欧洲的自然哲学家开始挑战这些传统观念，并且亲自开始研究自然世界的运作方式。

安东尼·范·列文虎克发现，微生物是如此之小，以至于一百个微生物头尾相连的长度与一颗沙子大小差不多。而早在安东尼这个发现的一个世纪之前，一个意大利医生就提出了可能是一些很小的生物微粒引起了这些传染病。1546 年，吉罗拉莫·弗拉卡斯托罗（Girolamo Fracastoro）发表文章写道，通过直接接触或者借助空气媒介，看不见的传染病会从一个人传播到另一个人。他没有断言这些传播者其实是某种生物，但是他推测它们存在于脏衣服和织物上，传播了疾病甚至引发死亡。弗兰卡斯托罗当时肯定没有意识到，他的理论是走向微生物病原学说（微生物可以引起并传播疾病）的第一步，并开启了人类需要花几个世纪的时间去探索真相的旅程。

在探索真相的旅程中，人们认识到改善卫生条件对控制疾病起着主要作用。基本的公共卫生措施，例如干净的饮用水和城市污水系统，开始在 19 世纪后期出现。比起曾经实行过的其他任何措施，这样的措施控制并根除了更多的疾病。尽管这样，有些疾病依然是我们人类主要的凶手。注射疫苗是另一个有效的方法。疫苗并不能杀死细菌，但可以增强免疫力。其中的一种疫苗注射尤其是医疗创新的典范。

脊髓灰质炎

20世纪初，脊髓灰质炎横扫了整个美国。脊髓灰质炎的病毒通过被排泄物污染的食物或者水进入人体，如果不被免疫系统驱除出体外，这种病毒就会从胃肠道转移到神经系统，进而造成四肢中一肢或几肢永久瘫痪，有时甚至导致死亡。1916年在美国爆发的脊髓灰质炎就造成27000人瘫痪，并夺去了6000人的生命。这样的爆发持续了十多年，几乎每个夏天都要发生。

到20世纪50年代为止，美国人把核毁灭和脊髓灰质炎看作是他们最害怕的事情。当俄罗斯人忙于开发氢弹的时候，美国科学家却在竞相研制脊髓灰质炎疫苗。然而疫苗并没有很快研制成功。到1952年为止，美国的脊髓灰质炎病例达到了58000例。这个疾病给每个美国家庭都带来了威胁，无论其收入多少，出自哪个阶层。

虽然病毒并不被认为是一种生命的形态，但是疫苗制造者还是用了"活着"和"死亡"这样的名词来形容病毒。我们一般认为，活着但被弱化毒性的病毒比起同类的死亡病毒在致病性上还是强得多。免疫系统是非常敏感的，在发炎的情况下，疫苗开发者需要找到并培育相关的毒株，或者将抗原分离出来，而这些毒株与抗原必须能引发充分的和有效的免疫反应。因此，这个制作疫苗的过程需要控制得恰到好处，以保证免疫系统的平衡。免疫疫苗的研发者遇到的挑战之一就是来自病原体中的抗原通常恰好与那些使病原体具有毒性的特性有关。在脊髓灰质炎疫苗这个案例中，到底是用活的病毒还是死的病毒，对于患者的生命及职业生涯有着重要的影响。

乔纳斯·索尔克（Jonas Salk）博士决定从一种具有高毒性、

但刚被"杀死"的病毒中提取脊髓灰质炎疫苗。早在 1954 年，他在匹兹堡大学医学院的研究团队就在实验室中成功研制了疫苗。当年 4 月，两百万孩子参与了全国性的疫苗试验。1955 年 3 月前，试验结果出来了。艾森豪威尔总统和其他社会名流给予了索尔克博士许多的表彰，以预祝击败脊髓灰质炎时代的到来。索尔克拒绝了申请疫苗专利，宣布它属于"人民"，他的这个表态使他深受美国同胞的尊敬。但他的同事却对他得到全民关注心怀不满，并且抱怨他没有把这个成就归因于所有为疫苗工作的人。

随着夏天的临近，疫苗的生产正式开始了。到 4 月中旬为止，制药公司向全国发放了数十万剂的疫苗。整个国家也因为孩子们大量进行了疫苗注射而大大松了口气。但是几周后，产生了一些严重的问题。爱达荷一个注射了疫苗的女孩染上了脊髓灰质炎，而且被夺去了生命。居住在西海岸区域的一些孩子中间也发生了十几个类似的病例。乔纳斯·索尔克在几天内就从英雄变成了恶棍。

阿尔伯特·沙宾（Albort Sabin）是批判索尔克的那些研究者中的主力。索尔克刚到匹兹堡的时候，他们俩碰过面。脊髓灰质炎研究者的圈子很小，沙宾认为小索尔克是一个没有经验的新手，没有重视他的研究成果。有趣的是，两个人有着相似的背景。两个人都出身于从异国逃避迫害而来的犹太家庭。沙宾的家庭来自波兰，索尔克的家庭来自俄罗斯。尽管他们有着共同的背景，但他们之间并没有什么交情。他们对于开发脊髓灰质炎疫苗有着明显不同的意见。沙宾坚持认为，应该采用另一种更低毒性，即毒性被弱化但还没被杀死的毒株，这样才能生产出最安全且最有效的疫苗。他对索尔克从高毒性且被杀死的毒株中制造疫苗的担忧似乎被证实了。

由索尔克制造的疫苗所引发的死亡显然警示了孩子们的父母，很多父母拒绝给孩子注射疫苗。但是夏天伊始，脊髓灰质炎的爆发再次席卷了芝加哥和波士顿。出于恐惧，孩子们几乎都没有注射疫苗。据说索尔克那时已经到了自杀的边缘。

结果查明，是制造索尔克疫苗的六个药厂实验室中的一个出了问题。就像沙宾所担心的一样，问题在于使用了高毒性的毒株。在生产过程中，有些培养瓶被放置了太久，在底部形成了沉淀。用来杀死病毒的化学物质并没有完全到达位于底部沉淀部分中的病毒，所以有些活着的病毒进入了疫苗。一旦被发现，问题很快就解决了。索尔克的疫苗重新开始生产，再也没有孩子死亡的案例发生。但是毕竟已经造成了一些不幸，人们还是怀疑疫苗的安全性。

与此同时，沙宾坚持采用毒性弱化了的活病毒生产疫苗，这种病毒比索尔克曾经使用的病毒在毒性上要弱多了。很多人相信沙宾的疫苗会比索尔克的疫苗更安全，并且跟索尔克的一样有效，但是这一点从来也没有得到试验证实。俄罗斯人也开始投入研制疫苗，他们迫切希望控制住在20世纪50年代晚期大规模暴发的脊髓灰质炎。在冷战最激烈的那段时间，俄罗斯仍然派科学家来美国评估这两种疫苗。他们选择了沙宾的疫苗，并且组织了一千万孩子进行试验。试验的结果让沙宾梦想成真。他的疫苗被证明是安全的，俄罗斯政府开始给另外的七千万孩子注射疫苗。

在美国，人们依然在争论到底该采用哪一种疫苗。1961年，索尔克的疫苗投入使用尚不足十年，脊髓灰质炎的发病数就减少到了一千人以下。很明显，疫苗确实产生了效果。但是俄罗斯大规模成功的尝试让美国人对本国为何没有采用沙宾的疫苗产生了疑问。

如果对于俄罗斯人来说这种疫苗是安全且有效的话，难道对美国人来说不是这样吗？这种不满正中沙宾下怀。他对政府官员进行了游说。同样，制药公司也在游说，他们做好了准备，想从获得专利的疫苗中赚取巨大的利益。索尔克的抗议没有起到任何作用。1961年秋，沙宾的疫苗由政府推荐给医生。脊髓灰质炎的病例不断减少，到1979年在美国宣布已经被根除。但从全球来看，脊髓灰质炎却依旧处于根除的边缘。每当它快要被根除的时候，由于战争和社会不稳定因素的不断滋生，又死灰复燃。

天　花

这个"长满斑点的怪物"，天花，蹂躏我们文明的时间比脊髓灰质炎更长。很多健在的美国人还记得20世纪40年代到50年代脊髓灰质炎的爆发，那时候天花在美国早已被根除。天花后来在发展中国家持续爆发，但是20世纪80年代前，天花成了第一个从这个星球上被根除的疾病。

主天花病毒（*Variola major*）是天花（smallpox）中最致命的一种。这是农耕时代开始不久就困扰人类的病原体之一。天花这种流行性传染病在历史的长河中盛衰更迭，那些长期接触病毒的人慢慢产生了免疫力。

所有年龄段的人都有1/3的概率在天花暴发时期接触到病毒，而一旦被传染，有1/5的概率会死亡。作为最具传染性的疾病，小孩尤其易受感染。一旦被感染，10岁以下孩子的死亡率在80%到98%之间。

18世纪末叶，天花每年都会夺去约40万欧洲人的生命。纵观历史，从最初的旧世界（欧洲）到后来的新世界（美洲），天花这种传染病都会一视同仁地夺去无论贫富贵贱几乎所有人的生命。除了鼠疫，死于天花的人数比历史上其他传染病加起来的还要多。

即便是幸存者，也并不会毫发无损。想象一下全身起水泡的可怕情景吧。天花痘疱长出来后，会结痂。变硬的、火山口形状的痘疱让很多幸存者的脸部毁容。发作的痘疱会在眼睛上结硬痂。据推测，18世纪欧洲人中1/3的眼盲是由天花引起的。天花带来的损伤太过严重，以至于在公元前15世纪的埃及木乃伊上也能检测到。有证据表明，年轻的法老拉美西斯五世（Ramses V）于几百年后的公元前1145年，也死于天花。中国对于天花的记录也可以追溯到公元前11世纪。

在可怕的天花暴发期，以往的幸存者往往会照顾那些刚被传染的病人。那时候人们都知道这种传染病中的幸存者都具有免疫力。虽然没有人知道为什么会这样，以及获得免疫的原因是什么，但是他们知道这些人确实具有免疫力。对比之下，药物治疗弊大于利。9世纪，波斯的内科医生阿尔－拉兹（Al-Razi）在巴格达担任医院院长的时候，首先把天花从麻疹中分辨出来。他建议让疾病通过出汗的方式从患者体内排出，以加快"有害体液"的释放——当时认为这些有害体液的蒸气来自发酵变质的血液。

几个世纪以来，那些付不起医疗费的不幸的病人们被囚禁在燃烧着烈火且窗户密闭的房间里。欧洲的患者接受着这些同样误入歧途的治疗方法。水蛭被用来给那些发烧病人放血。很多富裕的人们则接受了"红色治疗"。这是一个由于绝望而孤注一掷的且没有逻辑的治疗方法：让患者穿着红色的衣服，在挂着红色窗帘的房间里裹着红色的毯子。这个方法一直持续到了 20 世纪初期。

天花从 5 世纪到 6 世纪期间从亚洲传到了欧洲。一些贸易路线，例如从中国延伸到叙利亚的丝绸之路，让病毒传遍了世界。16 世纪第一批拓荒者到达美洲时，欧洲人已经有了一些免疫力，但是美洲原住民却从来没有接触过这种病毒。接下去的几个世纪，这些病毒传播到美洲，给原住民带来了灾难。死于天花的美洲原住民比在与欧洲殖民者的战争中死去的人要多得多。

17 世纪，英国内科医生托马斯·西德纳姆（Thomas Sydenham）爵士注意到死亡率最高的情况是发生在接受了最多治疗的人们中，此时人们对天花病毒如何致病已经有了一定的了解。在早期循证医学治疗的病例中，他继续反对传统的热疗法，并且提倡给病人降温，以消除给病人带来痛苦的发热。

1716 年，新上任的英国驻奥斯曼帝国大使夫人玛丽·蒙塔古（Mary Montague）女士在到达君士坦丁堡（现在的伊斯坦布尔）之后不久，亲眼看见了土耳其的"嫁接法"治疗，并促成了天花治疗的突破。面对着一个天花幸存者典型的皮革状面容，蒙塔古女士惊奇地发现"嫁接法"——预防接种在土耳其的叫法——似乎可以大大降低天花的危害性。她写信把这个过程告诉了她在英国的朋友，她写道：当地人会为孩子们举行聚会，在这些聚会上年长的女人会用针在孩子身上割开一个小口，然后在伤口中放入一撮疮痂，这些疮痂来自一些症状最轻的天花患者的痘疱。（这些症状比较轻的天花可能是由被称作次天花 [*Variola minor*] 的病毒变种引起的，这种病毒并不致命。）8 天后，孩子会长出二三十个痘痕，发低烧，几天后就会康复，然后再也不感染天花。

这个方法让蒙塔古女士印象非常深刻，她说服了大使馆的医生查尔斯·梅特兰（Charles Maitland），去监督给她年幼的儿子用这种方法接种的过程。一个年长的希腊妇女用颤抖的手拿着一根褪色的针，把干了的天花痘疮痂弄进了男孩手臂上的伤口中。梅特兰医生看到这一过程的时候惊呆了。当儿子后来痊愈后，蒙塔古女士才把这一切告诉了自己的丈夫。

当然，当时没有人知道免疫细胞的存在，更不用说树突状细胞从病原体中获得抗原，然后激活获得性免疫细胞。尽管人们不完全理解这种接种怎么会产生免疫，但并没有阻止人们继续利用这个方法。毕竟，它起作用了。虽然对英国人来说这是令人瞠目的事，但是这种违反直觉的接种方法并非首创。好几代人以来，印度的医生会将针在天花脓包中的脓水里蘸一下，然后刺入孩子的上臂，给孩子进行天花的预防接种。虽然这样的方法是在蒙塔古女士到达前不久才传到了君士坦丁堡，但在中国，对天花的预防接种已经有上千年的历史。据报道，中国人的方法包括向孩子的鼻子中吹干燥的天花疤的疮痂——用某一个鼻孔给女孩接种，另一个鼻孔给男孩。不管方法如何，大多数情况下孩子都会轻度发烧，然后康复并获得免疫。

蒙塔古女士和她的家人在 1721 年天花暴发前回到了英国。她再次拜访了已经退休并且回到伦敦的梅特兰医生，请他去给她的女儿接种。梅特兰医生同意了，但前提是要有目击者。国王乔治一世（George I）的宫廷医生同意作为目击者。蒙塔古女士的女儿只是有些轻微的发烧，只长了一点点痘痕。

　　不久之后，国王的儿媳妇，生于德国的威尔士公主卡洛琳（Caroline）也听说了这个神奇的方法，并且想让自己两个最小的女儿进行接种。她的长女在 1720 年患了天花，差一点被夺去生命。卡洛琳公主自己也是在 1707 年的传染中幸存了下来。她开始收集相关的资料去说服她自己和国王，她需要得到国王的批准才行。她私下询问了蒙塔古女士相关情况，并坚决要求亲自去见见蒙塔古女士已经接种过的女儿。见过之后公主仍然心存疑虑，下决心在自己孩子接种之前要有更多的证据。

　　她说服了国王，从纽杰特监狱中找了六个囚犯去进行接种实验。作为囚犯们参与实验的交换条件，他们可以获释。结果大家都幸存了下来，但是对于卡洛琳来说证据还是不够充分。实证意识非常强的公主会见了医生，并且从圣詹姆斯教堂里找来孤儿进行了接种实验。像囚犯一样，所有的孩子都幸存下来了。最终满意了的公主把这些证据呈交给国王，得到了给国王孙女接种的许可。

　　也不是所有的天花接种都是成功的。当时接种的剂量大小是依据个人推测，也没有问及或者了解被接种人的身体状况。人们也不可能知道是应该用主天花病毒还是次天花病毒来接种。有些人在接种之后去世了，这也引起了人们的怀疑和恐惧。有意让人感染是如何防止疾病或者大大减轻症状，这个问题一直是一个谜，即使对那些实施接种的人来说也一样。医生一直担忧接种天花可能实际上传播了这种疾病。接种过程中也会不经意传播其他疾病，比如当时蔓延的梅毒，这也是一种真实存在的威胁。

　　当然，也有一些人发表了非常沙文主义的和不光彩的言论，比如皇家学会的威廉·瓦格斯塔夫（William Wagstaffe）医生，他针对蒙塔古女士在土耳其的经历写道："我们的子孙将不会相信，一些无知女性在目不识丁、无思考能力的人们中所获悉的疗法会被皇家采纳。"[①]

尽管社会上存在着这些情绪，医生中也普遍地存在着偏见，但是皇家默许的力量还是左右了治疗意见。这也得到了一些有说服力的统计数据的支持。一位受过数学训练的学者詹姆斯·朱林（James Jurnin）医生开始收集大量实验数据。这些数据显示，天花的致死率从没有接种过的感染者中的 20% 降低到了接种患者中低于 2% 的水平。接种也大大地减少了以前天花幸存者毁容和失明情况的发生。

这种挽救生命的接种方法于 1721 年天花病传染期传到了波士顿。新英格兰被传染病击垮已经不是第一次了，但是这次最严重。波士顿 12000 名居民中大约一半感染，其中几乎有 900 人死亡。清教徒牧师科顿·马瑟（Cotton Mather）对天花的暴发殚精竭虑，决定要采取行动。他知道一些意大利的接种方法，并且从一个他刚得到的奴隶那里了解了一些非洲的接种方法。马瑟支持扎布迪尔·博伊尔斯顿（Zabdiel Boylston）医生进行接种实验，这位医生把他自己的儿子和两个奴隶当做实验目标。大家都存活了下来。美国为预防传染病而发起了前所未有的接种运动，这之后有大约 1/5 的波士顿人进行了接种。

虽然接种取得了不可否认的成就，但它也不是在所有殖民社会中都得到接受。很多传统的医疗团体和宗教团体对接种运动进行了强烈的反对，对这种冒犯上帝意志的行为感到愤怒。马瑟的家在传

---

① Stearns, 1950,115.

染病流行的时候曾经被人投了炸弹。尽管如此，马瑟和博伊尔斯顿仍然义无反顾地收集关于死亡率的信息。他们提出，那些自然感染天花的患者的死亡率为 14%，而接种过的患者的死亡率只有 2%。这样的信息也没能说服那些反对者，但是让马瑟确信，接种是来自上帝的礼物。

尽管有效，然而这个接种方法确实近乎野蛮，自然也引起了公众对这种新方法的顾虑。虽然相关的描述很少，但 1757 年格洛斯特郡教区一位助理牧师记录了一名叫作爱德华·詹纳（Edward Jenner）的 8 岁孤儿所经历的磨难。显然，医生们在他身上进行了一个不人道的实验，他们让这个可怜的男孩在接种前的六个星期经历了一系列的断食与放血。当接种时机到来的时候，男孩呈现出平静、饥饿与贫血的状态。据记载，他像被套上缰绳的马一样被捆绑着，进行了快速的接种。随后的几十年中，詹纳对天花疫苗的发展做出了巨大的贡献。

詹纳很小就成了孤儿，由他的哥哥姐姐们照顾。这个男孩很快喜欢上了位于伦敦东部一百英里塞文河谷的伯克利小镇周边的乡村。他对博物学怀有强烈的兴趣，并且研究了他家和学校附近的动物和植物。后来由于无法在牛津大学受教育，詹纳成为当地一名外科医生的学徒。他继续着博物学方面的学习，并引起了一位著名的植物学家约瑟夫·班克斯（Joseph Banks）的注意。班克斯曾经伴随库克船长（Captain Cook）进行了第一次以科学研究为目的的航海远行。班克斯需要人手帮助他为航海中带回的植物标本和其他自然珍宝编撰目录。20 岁出头的詹纳抓住了这个机会。

他完成了这个任务，但是拒绝了随同库克船长进行第二次航行的邀请。他更希望留在英国继续学习医学和博物学。在随后的20年里，詹纳成功地成为一名乡村医生。他通过研究布谷鸟满足了自己对自然界的好奇心。所有的布谷鸟会把蛋产在其他鸟的巢里，他从这种鸟巢中发现了布谷鸟的一些奇怪举动。他观察到布谷鸟的幼鸟会把其他的蛋扔出鸟巢，或者有时候把亲鸟的幼鸟扔出去。在进一步研究了这种现象之后，他断定这种奇怪的举动其实是很普遍的。1788年，他把自己的发现写成论文，并投给了皇家学会，希望能发表。不是所有的学会会员都相信詹纳对于布谷鸟古怪行为的发现。一只鸟怎么会这样做？然而在约瑟夫·班克斯等有影响力的朋友的帮助下，詹纳关于布谷鸟的成果被发表了，这使他在40岁的时候就获得皇家学会会员的地位。

詹纳对于医学有着与对于布谷鸟古怪举动一样的兴趣。19世纪早期天花持续在伦敦爆发的时候，医生们会通过不定期的接种进行应对。与此同时，坊间流传说，患有牛痘的挤奶女工从未患过天花。牛痘并非致命疾病，但是依然给农夫、挤奶女工当然还有奶牛带来困扰。当牛痘爆发时，家牛的乳房会起水泡，给患病家牛挤奶的女工也会在手上起水泡。

当传染病暴发时，乡村医生肩负着给病人免疫接种的任务，因此詹纳掌握了伦敦最新的天花免疫接种的技术和成果。挤奶女工是他的病人，她们接种后的反应引起了他极大的好奇心。如同坊间流传的说法一样，她们从来没有像其他患者一样出现轻微发热或者出现少量痘痕的情况。他观察和记录自然界的能力发挥了作用，使他发现了一个非常重要的细节：接种的地方总会长出一个小水泡，而其他地方没有。

在接下来的天花暴发时，他雇用了一名刚刚患过牛痘的挤奶女工和一个未曾得过天花、也从未接种过的男孩。1796 年 5 月 14 日，他用刺血针从挤奶女工受感染的手上的小水泡中抽出了一些体液，然后立刻把这个充满体液的刺血针扎入男孩的手臂。男孩经历了一整天的头痛、食欲不振以及轻度的精神不振，然后就康复了。

几个月后，詹纳收集了取自恶性天花患者身上的脓液，并再次注入该男孩的手臂。这个男孩这次没有任何不适反应。詹纳证实了自己的猜想，他可以用牛痘去预防天花。1798 年下一次牛痘暴发时，詹纳进行了另一个相似的实验，并得到了结论：用轻度致病性的牛痘接种可以使人们免受来自其致命的"表亲"——天花的伤害。

除了利用奶牛和挤奶女工进行活体牛痘接种以外，医生现在可以利用新接种牛痘者产生的脓疱中的物质作为天花疫苗便捷的来源。使用牛痘而非天花作为疫苗也消灭了传播天花的可能性，并且消灭了因为接种主天花病毒而导致死亡的可能性。这个方法在欧洲很快传播开来。

詹纳发现了如何在人体中注入几乎无毒的牛痘以预防剧毒的天花。这其中蕴含了一种成功的疫苗所必需的要求：去掉病原体中的致病性，但同时保留可以引起免疫反应的部分。我们现在知道，詹纳成功背后隐藏的秘密在于刺激了获得性免疫细胞，这些细胞只要见到一次，就能够永远记住并识别病原体的某一特定分子特征。詹纳从来没有碰到沙宾和索尔克互相对立的那种困境，因为牛痘不会致死。但是他的成就并没有打动每个人。

1797 年，詹纳向皇家学会递交了一份有关他的观察与实验的报告，希望能发表。虽然自己也是一名会员，也有来自著名植物学家约瑟夫·班克斯的支持，但是皇家学会会长和学会拒绝发表这份不同寻常的报告。一年后，不屈不挠的詹纳自己出版了这份 75 页的报告。有趣的是，虽然詹纳的研究肯定是"vaccination"（接种疫苗）这个单词得以产生的灵感，但这份报告中并没有出现这个单词。是詹纳的一位外科医生朋友从"vacca"即拉丁语"奶牛"这个词中创造了这个名词。

自开始预防接种以后，根据每年的统计，1801 年到 1875 年间天花致死率减少到了原来的 1/6。在瑞典，1816 年接种成为强制措施，每年死于天花的人数成千倍下降，从 1801 年的 12000 人下降到了 1822 年的只有 11 人。

詹纳在最终征服天花中取得了医学上的巨大成功。他也在微生物病原学说的道路上树立了里程碑。从詹纳第一次示范接种天花疫苗，直到彻底根除天花，历经了两个世纪的时间。世界上最后一个自然病例发生在 1997 年的索马里。今天，世界卫生组织正在讨论如何处理冷战高峰期以来存储于各国政府实验室中的病毒。

洗手的新规

如同接种疫苗的医学实践，新的卫生标准推动了医药学的变革。19 世纪 40 年代，在科学家意识到微生物致病的几十年前，匈牙利外科医生塞梅尔魏斯·伊格纳兹（Ignaz Semmelweis）倡导了洗手的概念，这在当时是非常激进的。当时他在维也纳总医院的妇产科病房工作，在那里很多生育的女性感染上了产褥热（或产后热），这是一种生殖系统传染病。在一些产房中，每三个产妇中就有一个人死于这种奇怪的疾病。塞梅尔魏斯发现医生看护病房的死亡率是助产士看护病房的三倍。两者间关键的不同在于，医生往往会无比自豪地穿着血迹斑斑的外套，从一个病人忙到另一个病人，从验尸到诊断病人，中间也不洗手。塞梅尔魏斯开始坚持让医生在验尸后和诊断病人前换掉外衣，并且用漂白粉（次氯酸钙）洗手。通过这些简单的措施就将医生看护病房中的死亡率下降了 90%，即下降到了助产士看护病房的水平。

他的成功大大激怒了医学界。因为他把蔓延的产褥热和很差的卫生环境联系在了一起，他不仅将病因归罪于医生，而且与当时医学界的主流思想相抵触。当时大部分医生认为，疾病是由"污秽的空气"引起的——这就是古代的瘴气理论。虽然他提出的卫生举措确实有效，但塞梅尔魏斯却不能解释这究竟是如何起作用的。当然，医生也不是很乐意接受洗手这样的建议。他怎么胆敢暗示作为绅士的医生的手是不干净的？他怎么敢说助产士的工作更出色？

被同僚们刻意回避的塞梅尔魏斯最终还是被他所在的维也纳总医院开除了。他去了布达佩斯，并且在一个产褥热蔓延的小医院产科病房中担任了一个无薪的名誉外科主任。他立刻规定要求洗手，从而再一次根除了疾病。新的匈牙利同事给了他同样的反应：他们嘲笑这样的做法，并且不由分说地拒绝了洗手就可以预防疾病传播这样荒唐的见解。这种不断强烈的批评给予了这位医生很大的打击。因为饱受严重抑郁症的折磨，他在一个精神病医院去世。而正是此时，一些微生物学先驱开始提供了有力的证据，证明了微生物会致病。今天，哲学家把下意识地拒绝那些与已有理论或模式相抵触的新知识的行为称作"塞梅尔魏斯反射"（Semmelweis reflex）。

第十章
医学先驱中的
一对宿敌

对于微生物来说，人类一代人更迭所需的三十多年超过了细菌更迭一百万代所需时间的四分之三。依据这种世代更迭的速度，我们这个物种已经物是人非了。我们每一个人的生命对于微生物来说都是进化的场所，进化的微生物可能对我们有利，也可能不利。

这位以自己对细菌隐秘力量的发现拯救了法国红酒业和酿醋业的人，也推动了医学界对微生物认识的革命。1865年，就在抑郁的伊格纳兹·塞梅尔魏斯去世的那年，路易·巴斯德又一次临危受命，从实验室被召唤去解决一个实际问题。当时一种离奇的疾病正蹂躏着桑蚕业，从而严重损害了法国南部的经济。当巴斯德上了年纪的导师，著名的化学家J.B.杜马斯（J.B.Dums）请求巴斯德去调查桑蚕相继死去的原因时，这位年轻的化学家很不情愿地同意了。他提醒杜马斯，自己对桑蚕或者其他昆虫一无所知。

尽管如此，巴斯德出于对老教授的忠心，还是同意去调查桑蚕的病害情况。当他到达现场时，养殖者给他看了身上覆盖着黑色小颗粒的病蚕。巴斯德小心翼翼地切开了一些蚕体，并且在蚕腹部的脂肪组织内发现了微小的球状颗粒，他立刻怀疑这些球状颗粒就是患病的明确症状。这个问题似乎并不难解决。巴斯德告诉养殖者，他们应该用显微镜检查每一对交配期的蚕蛾，只挑选那些腹部没有球状颗粒的蚕蛾所产的卵。

养殖者们并不愿意改变他们原来的养殖方法，抗议声不断。他们宣称自己可不会使用这种新奇的装置。巴斯德反驳说，他实验室中一个八岁的女孩都可以掌握显微镜的使用办法，那么养殖者们也应该可以做到。这让持怀疑态度的养殖者们觉得非常难为情，于是他们买了一台显微镜。在接下去的养殖季中，他们小心翼翼地从腹部没有球状颗粒的蚕蛾中挑选蚕卵。来年春天，当这些珍贵的卵孵化成蚕宝宝的时候，他们像鹰一样地仔细观察。当患病的桑蚕从这些精挑细选的卵中孵化出来的时候，巴斯德的自信以及声誉轰然倒塌。

面对着绝望的桑蚕养殖者们尖刻的嘲讽，巴斯德又检查了更多的桑蚕。他发现其中一些患病的桑蚕腹部脂肪中没有球状颗粒。他感到十分困惑，于是他用涂上患病桑蚕排泄物的桑叶去喂食了一些健康的桑蚕。结果这些桑蚕都死掉了。终于，这一小小的实验解开了最后的那个谜团：小球体实际上是微小的寄生虫，但是它们并不一定寄生于桑蚕腹部的脂肪中。保护桑蚕业的方法应该是让那些健康的桑蚕远离被患病桑蚕污染过的桑叶。

养殖者们又一次很不情愿地听从了他的建议，但是这次他们惊喜地发现这个方法起了作用。健康的桑蚕从卵中孵出来，巴斯德也被称赞为桑蚕业的拯救者。这一经历给了巴斯德一个很深刻的教训。除了酿造或者降解啤酒与葡萄酒，微生物还拥有多种多样的能力，其中就包括可以向动物传播疾病。很自然地，巴斯德将自己对微生物的研究延伸到了人类罹患的疾病。

巴斯德继续他的微生物学实验。如果把装有煮沸培养基的烧瓶中的灰尘颗粒去除掉，就可以预防霉菌的生长。这一实验结果不仅驳斥了长久以来根深蒂固的自然发生论，而且也证明了霉菌的生长需要空气中"菌类"的播种。巴斯德证明了微生物并非从腐败物中产生，从而启示了医学研究者去研究如何从疾病的源头上预防细菌感染。

在列文虎克的时代，微生物仅是些奇妙的小玩意儿。巴斯德通过他在红酒业和酿醋业的工作，将它们转变为人类看不见的助手。在解开桑蚕生病之谜的过程中，巴斯德逐渐开始研究微生物如何致病。自然而然，这样的想法很容易将微生物看作残忍的杀手，同时也形成了人类应该消灭微生物的观念。巴斯德希望可以在全球范围内消除传染病。这是非常崇高的愿景，但这却让他和一个顽固的普鲁士年轻医生罗伯特·科赫结下了深深的宿怨。

在科赫还是一个男孩的时候，他就梦想着去探索世界上每一个遥远的角落。但是，当他在1866年从哥廷根大学获得医学学位的时候，他能找到的唯一工作只是在汉堡的一家精神病医院做实习医生。接下来他在一些饱受疾病折磨的普鲁士乡村做了一些索然无味的医疗救治工作，这一切都使得科赫远离了迅猛发展的微生物学世界。直到有一天，为了使他把注意力从那些沉闷的工作中转移出来，他的妻子带回了一个显微镜。他当时并没有意识到，这个礼物对这个世界有多么重要的意义。

科赫开始像列文虎克一样漫无目的地用显微镜观察微观世界——他充满好奇心地观察着他能想到的一切。有一天，他把死于炭疽的羊和牛的血放在显微镜底下，发现了一些微小的、颤抖着的像树枝一样的东西。它们是活着的吗？它们就是巴斯德鼓吹的微生物吗？他继而也检查了健康牲畜的血液，但没有找到任何这些树枝样的小活物。此时，他充满了好奇。

随后一年，他发现来源于同一个血液样本的这些树枝样的东西变成了孢子。这就解开了众所周知的谜团——炭疽是如何传染给在某一特定"患病"的牧场上吃草的羊的。处于孢子阶段的病原细菌可以在新的宿主出现以前生存于土壤中。这就是为什么羊会从土壤中以及从其他患病动物那里被传染炭疽病。

科赫在家中简陋的实验室中开展研究工作，将已感染炭疽病的老鼠的血液提取出来加以培养。1876年，在科赫30岁出头的时候，他发表了一篇关于炭疽病细菌起源的论文。随后的一年，科赫通过实验把导致炭疽病的细菌分离了出来。这是人类第一次把一种特定的疾病与一种特定的微生物关联在一起。科赫不仅发现了这个至关重要的关联，而且还提出了一个简单有效的方法去控制疾病，即把死于该疾病的动物尸体焚烧掉，而不是进行掩埋。他认为，这一方法证明了通过避开细菌生命周期中的孢子阶段能够阻断传染。欧洲的科学团体热烈欢呼着这个冉冉升起的科学新星。

科赫是一名天才的研究者。他给细菌染上不同颜色的染料，以便更容易观察它们，并且辨别出来。他确信用语言对细菌进行描述可能会造成混淆，从而阻碍辨别病原体的进展，于是他买来了照相机。他在显微镜上装上了照相机镜头，并拍下了细菌的第一张照片。

当然，每种传染疾病都对应特定的微生物。科赫想要培养出每种细菌的纯种菌株，但如何实现呢？微生物学家用做培养微生物的营养液易受到空气中传播的微生物的污染。

科赫注意到，不经意留在实验桌上的半块煮熟的土豆上覆盖了彩虹般五颜六色的彩色小圆点，有灰色、红色、黄色和紫色。这是科赫开启微生物未知之门的重要一天。科赫好奇地从每一个圆点上刮下一个小样本，在显微镜下观察。这些圆点其实是不同的细菌菌落——有的是由圆形的细菌构成，有的是由小的杆状细菌构成，也有的是由活着的螺丝锥状的细菌构成。

培养微生物纯种菌株的方法是这样的：把一种微生物播种在营养物的表面，并遮盖起来以防受外界污染，然后让其长成一个菌落。在更深入的实验中，他把明胶和牛肉汤混合在一起。微生物很喜欢这种营养物。最终，他找到了一种培育可能致病的病原体纯种菌落的方法。

作为一名内科医生，科赫在确定某些疾病和某些微生物之间的因果关系中体现出了医疗诊断的严谨性。在这样的研究过程中，他深信微生物有着稳定的生物特性，并且特定的微生物只引发特定的疾病。他也相信改善卫生条件是控制疾病的方法。

虽然科赫和巴斯德对炭疽的致病菌取了不一样的名字，但是他们彼此互相支持的证据证实了微生物正是疾病的根源。他们的研究成果稳固地建立了微生物病原学说。但是，他们两个人采用了截然不同的方法把他们的科学理论应用于疾病。

巴斯德是一名更侧重实验的化学家，擅长于将实验观察结果与创新性的方法相结合，以解决实际问题。他专注于细菌的变异性研究，他猜测可以用毒性弱的细菌变种或者减毒的细菌制成有效的疫苗。带着这种想法，巴斯德将研究转向了利用微生物去治疗它们所引发的特定疾病。

得知科赫成功分离了导致炭疽病的细菌后，巴斯德着手将法国的绵羊从这种致命且极易传染的病魔中拯救出来。自古以来，每年这种疾病都会莫名其妙地杀死成千上万的人类以及数量更多的羊。可能某一天，一名牧羊人会仔细检查他的羊群，发现一切都很正常。但在第二天清晨，他来到牧场上却发现他的羊全部躺倒了，莫名其妙地死了。

在几个星期的实验之后，巴斯德发现，如果把炭疽的致病菌加热到足够高的温度，就可以产生出充分减毒的菌株，可以作为牲畜的疫苗使用。1881 年的 1 月末，兽医出版社的一个编辑撰写了一篇质疑巴斯德实验的文章。两个月以后，这个编辑要求对巴斯德关于炭疽病的实验研究进行现场测试。这些研究成果对于真实的农场来说会有效吗？巴斯德接受了这个挑战，把他的研究成果应用在了美伦农业协会提供的 60 只羊的实验中。

25 只健康的羊被注射了一种减毒的炭疽菌株，这种菌株可以杀死豚鼠，但不能杀死体量更大的动物。两周后，这些羊再次接种疫苗。但这次注射的减毒炭疽菌株的毒性更强一些，可以杀死兔子。几天后，在实验最后的阶段，巴斯德把这 25 只羊和另外 25 只没有接种过疫苗的羊放在一起，在实验室中暴露给毒性最强的炭疽菌株。实验开始后的一个月，所有没有接种过疫苗的羊都死了。接种过疫苗的羊都健康成长。这一现场试验的戏剧性成功至少在法国平息了对巴斯德的批判和诽谤。

在那个夏日，巴斯德和科赫都出席了在伦敦举行的第七届国际医学大会。巴斯德报告了一篇关于他最近炭疽免疫现场试验的论文。科赫报告了关于细菌染色和辨别的新方法。已声名显赫的巴斯德盛赞了这位年轻的德国研究者，称赞他的研究成果是医学界一项重要的进展。这是两人间第一次友好的交流，也是最后一次。科赫根本不相信巴斯德所采用的减毒细菌。他坚信，巴斯德的研究结果肯定有另一个解释。

伦敦会面的几个月之后，科赫和他的两个学生发表了一篇挑战巴斯德研发出的减毒炭疽菌株的论文。他们批评法国人用的是非纯种的培养菌株，所以误判了致病的细菌，搞砸了疫苗接种的研究。总之，他们断言巴斯德试验中的羊并没有经历过完全彻底的炭疽感染，因此注射的疫苗实际上没有治愈什么疾病！ 1882 年 9 月，就在科赫因发现并分离出肺结核致病菌而名声大噪之后的几个月，他们两个人又一次在日内瓦的一次会议上相遇了。在演讲中，巴斯德针对科赫有关炭疽疫苗现场测试的批评进行了回应。

两个人都不会使用对方的语言，因此一名坐在科赫旁边的同行快速地把巴斯德说的话翻译成了德语。结果，翻译过快了。巴斯德称科赫发表的论文为 "*recueil allemande*"，即德国研究者发表的论文汇编，但是科赫的译者却把这个短语翻译成了 "*orgueil allemande*"，意思是德国人的骄傲或者傲慢。在巴斯德演讲后，科赫站了起来，气愤地表示要用书面的方式回应。巴斯德对这位同行的反应十分困惑。科赫果然发表了另一篇论文，这一次他抨击巴斯德对炭疽接种的研究是毫无用处的，甚至质疑医生们为什么要听从一个从来没有接受过任何医学培训的化学家。

巴斯德无惧于科赫对他炭疽研究的攻击，他开始转向研究另一种可怕的疾病。这种疾病致死率极高，并且在当时很常见，这就是狂犬病。他在患狂犬病的狗身上做了实验，并且发现给它们接种了弱化的菌株之后，可以防止疾病恶化。一想到一个关满了狂犬病犬的实验室里巴斯德的助手们在这些病犬的头上钻孔收集狂犬病毒，我们可能就觉得毛骨悚然。但是这些充满危险又折磨人的实验却给他们带来了巨大的回报。

1885 年 7 月 6 日，周一，9 岁的约瑟夫·迈斯特（Joseph Meister）和他的母亲来到了实验室的门前。两天前，在去学校的路上，一只狂犬病犬袭击了小迈斯特。他的大腿、小腿和手被狗咬得一塌糊涂。这对于每一对父母来说都是最可怕的噩梦，因为当时被狂犬病犬咬到就等于被宣判了死刑。巴斯德当时已经发表了狂犬病犬的成功实验，但却从未有人体实验。巴斯德咨询了几位医生，他们都认为迈斯特没有希望存活，于是巴斯德用减毒的狂犬病疫苗在 10 天的疗程中给这个男孩接种了 12 次。最后一天，他给迈斯特接种了一个刚刚收集到的高毒性菌株，去验证这个治疗方法到底有没有产生免疫作用。

这个男孩幸存下来了，更令人惊讶的是，狗咬过的伤口部位的感染并没有让男孩病倒。伤口痊愈了，并且男孩在两个月内完全康复了。巴斯德发表了关于迈斯特的成功实验，绝望的狂犬病人就开始不断出现在巴斯德的实验室。很快，实验室每天最重要的工作就是治疗新病人，包括那些从纽约远道而来的病人。巴斯德现在变成了国际名人，科学界的超级明星——治愈了一种长久以来困扰人类的疾病的奇迹创造者。

微生物病原学说的根源

虽然这两个对手在微生物方面的看法完全不一样，但是科赫和巴斯德都被认为是微生物医学的创始人。在科赫的影响之下，德国微生物学家发展出了一套研究细菌的标准化方法，这套方法在寻找很多疾病病因方面卓有成效。虽然存在多种病原体导致一种疾病的案例，但是一种微生物对应一种疾病这样的观念已经深入人心。

科赫形成了一种固执的观念，他认为微生物的某些特征是一定的，并且是不会改变的。他不相信毒性会发生变化，因此拒绝巴斯德实验的核心思想，也就是可以从弱化的病原体中制造疫苗。

相比之下，巴斯德认为毒性变化能够有助于解释传染病的突然暴发。他推测，微生物病原体会随着时间发生变化，甚至转移到新的宿主身上。在巴斯德的影响之下，法国大学的研究注重研究免疫与疫苗的发展。

科赫的发现导向了不同的研究方向。为了辨别和研究致病的微生物，在他的研究方法中需要分离出纯种的菌株。他提出了支撑微生物病原学说的四条假设，并且应用至今：（1）微生物一定会在患者的身体中发现；（2）微生物必须能从宿主中分离出来，并且确定为纯种菌株；（3）将提纯的微生物重新注入一个易感宿主时，一定会导致同样的疾病；（4）从再次感染的宿主中分离的微生物一定与最初的微生物菌株相同。如果可以证明所有的这四点，那么就可以确认微生物和疾病之间的因果关系。

到19世纪末期，导致淋病、麻风病、鼠疫、肺炎、梅毒、破伤风和伤寒这些疾病的微生物已经分离了出来，这也消除了微生物病原学说反对者的最后疑虑。在1905年，科赫因为在肺结核方面的研究工作被授予诺贝尔奖。而在他的科学发现之前，肺结核一直被广泛认为是遗传病。

与巴斯德不一样，科赫不懈地专注于辨别致病的病原体，因此他几乎没有接触有益微生物的经验。人们很想知道他是否感觉到他自己实际上只是分离了宏大微生物界中很少的一部分微生物。当然，我们应该庆幸他注意到了病原微生物。但是科赫对病原微生物的强烈关注也造成了我们对微生物根深蒂固的负面偏见。科赫假说被广泛接受，同时也把微生物学限制在了可培养的微生物范畴。不能人工培养的微生物就不能被分离出来，因此根据科赫的假说也就不能成为研究对象，于是微生物学家们也不会开展这方面的研究。

今天，微生物学家知道，我们只能分离和培养一小部分微生物。尽管那些可培养微生物确实会导致很多致命的疾病，但广为接受的微生物病原学说阻碍了科学家们在他们周围的生态环境中去探索和研究更多的微生物。在 20 世纪的大部分时间里，微生物学研究的目标并不是理解微生物世界，而是分离并根除某些致病的微生物。

巴斯德和科赫共同的研究成果确凿地证实了微生物病原学说。微小的、肉眼不可见的微生物可以进入我们体内，并且可以致病。这种观念是对自古希腊以来长期传统认知的一种根本革新。医生们并不明白这些细菌和其他微生物是致病的原因还是患病的结果，直到这一对宿敌发表了这些新的研究成果。

到 19 世纪末期，微生物病原学说成为医学中的基本观念，就像达尔文的进化论影响了生物学思想一样。一个肉眼看不见的小颗粒居然会把一个人击倒，这让全人类在微生物面前团结起来，抗击我们共同的敌人。我们知道了微生物可能造成的危害和惨状，这种观念根植于我们内心，直至如今，这也是大部分人看待微生物的态度。

尽管有了罗伯特·科赫和路易·巴斯德的革命性研究，还是有一些谜团未能解开。现实生活中存在一些似乎不遵循微生物病原学说的疾病。在狂犬病、麻疹、天花、流行性感冒以及其他一些很难治愈的疾病中无法找到作为病因的细菌。这个谜团让人困惑，束手无策。直到 20 世纪早期，实验证明了有一类传染病微生物的个体太小，当时的普通显微镜无法观察到。这些传染病微生物可以顺利通过捕捉细菌的过滤装置。

1931 年，具有超强放大功能的电子显微镜的发明终于解开了这个谜团。这些疾病的罪魁祸首的确很小，根本不是活着的细菌，而是"不属于严格意义上的生命体"（not-quite-alive）的病毒。虽然它们是处在生命体世界之前沿的非生命体，但是病毒的发现扩大了微生物的范畴，也进一步定义并支撑了微生物病原学说。

神奇的药物

巴斯德的疫苗的确是一个奇迹，但却不足以制服病魔。这些疫苗事实上没有也不可能杀死微生物。它们只能给人类提供免疫。当微生物被甄别为敌人后，不同领域的科学家就会专注于将其消灭。自然本身也蕴藏着消灭这些致病菌的丰富宝藏。

苏格兰一位医生才华横溢，同时也以工作杂乱无章而闻名。1928 年，他急匆匆地离开了他在伦敦圣玛丽医院那间凌乱不堪的实验室，开始了一段长假，实验室里随意堆放的细菌培养皿并没有收拾。当亚历山大·弗莱明（Alexander Fleming）度假回来，他发现一种神奇的药物通过一扇开着的窗户进入了实验室。培养皿被霉菌覆盖着。当他清扫这些被毛茸茸的霉菌覆盖着的混乱物品时，发现在一些培养皿中霉菌菌落周围没有细菌生长。这些霉菌不知怎的居然抑制住了细菌的生长。弗莱明培养了这些不速之客（青霉菌），并且分离出一种抗菌化合物，他称之为青霉素。

弗莱明在第一次世界大战时的工作经验激发了他对研究抗生素的兴趣。他作为军医在战地医院工作，无助地看着成千上万的年轻士兵死于非致命创伤的感染。虽然一直非常积极地去寻找抗菌药，但是弗莱明一开始还是忽视了这个发现的重要性。他一直忙于其他领域的研究工作。他在鼻伤风病人的鼻子中发现了一种具有抗菌性的物质，因而名声远扬。正是天然免疫细胞产生了这些物质，弗莱明把它命名为溶菌酶（lysozyme）。这个自然生成的抗菌物质后来在其他体液中也被发现，包括在唾液、眼泪、母乳以及人体分泌的其他黏液中。如果我们的身体和卑微的真菌都可以产生杀死病菌的物质，那么大自然的药房一定蕴藏着其他杀菌物质，静待着我们去发现。

虽然弗莱明在 1929 年就发表了发现青霉素的研究成果，但是他的论文几乎没有引起关注。弗莱明继续成功地用青霉素治愈了几个眼部感染的病人，但是这种神奇的真菌未能被大量培养，因而无法进行临床试验。随后这位优秀的医生转向了其他研究项目。青霉素的神奇力量在接下去的近十年中几乎没有被发现，直到他的牛津大学同行们发现了培养青霉菌的新方法。在随后对白鼠的实验中，青霉素显示出了不可思议的疗效。1941 年，青霉素在少数病人中进行了临床试验。这种新药效果十分完美，两个病人起死回生。虽然只是小规模的临床试验，但疗效惊人。此时另一场世界大战正在欧洲肆虐，于是青霉素大量生产后被火速送往前线。任何药物只要可以减少感染者的死亡率，并且控制其他军旅疾病，如淋病，都将成为敌人缺少的有力武器。

两次世界大战之间，化工已经成为一个增长迅猛的新领域。这也成为人们寻找抗菌药物的一个具有吸引力而又富有创造力的领域。在弗莱明偶然发现青霉素的 4 年后，在德国拜耳的实验室中，一名研究者正在研究工业染料在医学上的潜在用途。格哈德·多马克（Gerhart Domagk）发现了一种叫作偶氮磺胺的纺织染料，可以治疗受链球菌感染的老鼠。进一步的人体试验也证明了这种染料能有效地杀死细菌。但很遗憾的是，这种化合物会造成肾脏损伤，而且会使皮肤变成亮红色。多马克当时对这些结果并没有太大兴趣。尽管如此，这种染料在 1934 年被授予了药物专利，并且取名为百浪多息。

一年之后的 1935 年 12 月初，多马克 6 岁的女儿，希尔德加德（Hildegarde），在家中的楼梯上摔了一跤。一般来讲这并不会导致死亡，但不幸的是她碰巧拿着一根缝衣针。她当时在制作圣诞节的装饰品，想让她的母亲帮忙穿针。针的大部分刺入了她的手掌，针眼那端先刺入，并且折断在手掌中。由于在家中无法医治，于是多马克立刻把女儿送到医院。断针从手中取了出来，多马克和希尔德加德返回家中，很高兴这个事故已经过去了。

几天后，女儿的手开始肿胀，并在伤口处形成了脓肿。链球菌引发了感染。医生开了三次刀排出脓液。多马克越来越忧心忡忡，因为他知道无法控制的感染会有生命危险。几天之后，当他看到希尔德加德的手臂上出现了红色条纹，并且高烧不止，他惊慌失措。

女儿的状况不断恶化，医生告诉多马克，他的女儿希尔德加德面临着截肢的危险。狂躁不安的多马克冲向他的实验室，赶紧把一些偶氮磺胺药片带回了医院。尽管当时偶氮磺胺仍然是一种试验中的药物，但他还是让女儿在几天之内服下了比实验室中治疗老鼠所需的更多的剂量。最终，这种药物起了作用。希尔德加德奇迹般地痊愈了，并且在假期前回到了家中。偶氮磺胺拯救了他自己的女儿。

其他研究者很快分析了偶氮磺胺能够杀死细菌的机理。他们发现，是染料分子上的一个特别成分杀死了细菌。这一发现促进了第一批商业抗菌药，即磺胺类药物的发展。虽然人们发现青霉素更早，但是在 1937 年磺胺类药在市场上比青霉素更胜一筹。终于，抗菌药的前景在科学家的眼中越来越清晰了。

1939 年，多马克获得了诺贝尔奖，但却引起了阿道夫·希特勒（Adolf Hitler）的不满。几年前，一个反纳粹的和平主义者，卡尔顿·冯·奥西艾茨基（Carl von Ossietzky），因为揭露德国在秘密重整军备而获得了诺贝尔和平奖。这个举动激怒了独裁者。作为报复，希特勒颁布法令不允许德国人接受诺贝尔奖。尽管有着这样的法令，多马克仍然因为拿到诺贝尔奖而欢欣鼓舞，他向诺贝尔奖组织者写信表达了自己对于获奖的感谢之情。一脸不快的盖世太保因为多马克"对瑞典太有礼貌"而逮捕了他，并将他关押了一个多星期，然后勒令他写信拒绝诺贝尔奖。在战争结束、德国遭受重创之后的 1947 年，多马克才最终要回了他的诺贝尔奖牌。但是他一直没能拿到奖金；这笔奖金已经根据诺贝尔基金会的规则被重新分配了。

尽管基于微生物病原学说的微生物学的发展昭示人类在征服自远古以来的宿敌微生物方面已经胜利在望，有关微生物学的不同观点业已在土壤科学这一闭塞的领域中生根发芽。在 20 世纪初期，美国的一个新移民沉迷于研究土壤中的某种细菌。塞尔曼·瓦科斯曼（Selman Waksman）在乌克兰西部的乡村长大。作为犹太人，他知道自己不会被黑海岸边的敖德萨大学录取。1910 年，22 岁的瓦科斯曼只好离开祖国去接受高等教育。

瓦科斯曼刚到美国的时候，住在堂妹夫妇位于新泽西州的乡村农场，靠近现在的罗格斯大学。虽然哥伦比亚大学医学院已经录取了他，但他广泛的兴趣却让他选择了其他研究方向。在堂妹农场的工作激发了他对土壤以及肥料如何提高土壤肥力的兴趣。新的兴趣对瓦科斯曼的吸引力如此之大，以至于他选择学习农学而不是医学。

1912 年，他在罗格斯大学获得了奖学金，并且在引导他进入土壤微生物学领域的教授的指导下取得了成功。当时的医学研究者完全执着于微生物病原学说，只关注如何控制和根除人体病原体。在农学界，人们对土壤中生存着的丰富多样的生命形态的理解愈来愈深，兴趣也越来越大。后来证明这两个领域都大大影响了瓦科斯曼的职业生涯。

为了达到毕业要求，瓦科斯曼需要完成一个"实践项目"。他选定在罗格斯农场的土壤样本中培养细菌和真菌。一种特别的细菌类群吸引了他的注意。它们具有一种皮革似的质地，呈圆锥状。有时它们会生长成一片鲜艳的蓝色群落。尽管这种细菌让他十分着迷，但是其他人似乎并不感兴趣。教授们仅仅告诉他，这种细菌通常被称作放线菌。

今天，我们知道土壤所散发出的"泥土"气味通常正是由这种细菌引起的。放线菌是分解土壤中有机质的主要群体之一。尽管这种"泥土"气味并没有正式的定义，但是说明放线菌在分解过程中生成的代谢产物是非常独特的，与那些用来制作具有特殊气味的奶酪的细菌是一样。

瓦科斯曼一定是非常喜欢放线菌赋予土壤的那种气味，他对于这种奇怪细菌的兴趣与日俱增。他继续攻读伯克利加州大学的土壤微生物学专业并获得了博士学位，然后在 1918 年第一次世界大战结束时返回了新泽西州。虽然他之前的一位导师在罗格斯农场给他提供了一个微生物学家的工作岗位，但在薪水方面差强人意。后来瓦科斯曼在农场每周工作一天，其他工作日在高峰制药公司研究一种新开发的叫作撒尔佛散（Salvarsan）的药物，这种药物可以杀死导致梅毒的细菌。尽管这是一种突破性的药物，但是撒尔佛散毒性较强，这是由于它来源于一种以砷化物为原料的染料。瓦科斯曼的工作就是验证撒尔佛散对于人体细胞的毒性。

到了 20 世纪 20 年代早期，经济开始好转起来，罗格斯大学为瓦科斯曼提供了一个助理教授的职位。他辞掉了高峰制药公司的工作，致力于研究放线菌。他的实验室设施破败不堪，远远不及他刚离开的制药公司的商业实验室。在没有研究生也几乎没有助手的情况下，瓦科斯曼只能靠仅有的简陋科研条件开展研究工作，并艰苦地写出了土壤微生物学的第一本教科书。

如果在接下去的几年中没有发生科学史上两个重大事件，瓦科斯曼很可能仍然坚持研究土壤中的放线菌。在他的教科书出版一年后，弗莱明发现了青霉素。虽然青霉素是来源于真菌而非细菌，但毕竟也是来源于自然的。第二个事件来源于雷内·杜博斯（René Dubos）的研究工作。这是一位精力旺盛的法国人，他在 20 世纪

20 年代中期是瓦科斯曼的一位研究生。杜博斯研究了细菌是如何分解纤维素的，而对细菌酶而言，纤维素是植物组织中最难分解的一种。这种研究工作，为杜博斯在洛克菲勒学院后续的研究工作奠定了完美的基础。他在洛克菲勒学院的研究项目就是寻找能够破坏某种肺炎病原菌多糖保护层的物质。

在当时，人们依旧没有完全明白，为什么将患病死亡的人或者动物的尸体掩埋于土壤中之后在尸体中只能发现很少的病原体，或者几乎不存在了。这是由土壤环境不适合于病原体生存而引起的吗？或者，会不会是生活在土壤中的微生物杀死了病原体呢？我们之前提到过的洛伦茨·希尔特纳和艾伯特·霍德华爵士发现这个现象在植物界基本属实。他们观察到，在充满非病原微生物的土壤中，病原微生物难以生存。不久后，瓦科斯曼和其他研究者期望在土壤中找到可以抵抗人体中病原体的化合物。

在这些科学发现的背景下，瓦科斯曼发现，他在土壤微生物学方面所掌握的基础理论让他能够从一个独特的角度在土壤学和医学之间搭建桥梁。土壤微生物所产生的化合物可以用作医学目的吗？他的探索之旅会有收获吗，抑或是大海捞针似的徒劳无功呢？

他和他的研究生一开始是大范围地审视所有的真菌和细菌，包括放线菌。在初期实验的基础上，瓦科斯曼的团队很快就放弃了其他的菌类，唯独留下放线菌。1940 年，瓦科斯曼的一个研究生找到的一种化合物引起了他们的兴趣。他们把它命名为放线菌素。但是看上去有希望，也并不代表真正有效。后来的实验证实，放线菌素拥有过于强大的杀伤力。就像它可以轻易地杀死致病菌，它同样也可以轻易地杀死实验动物。

三年后，终于实现了突破。经过在一个位于地下室的实验室中长时间的艰辛研究，瓦科斯曼的另一个学生，艾伯特·沙茨（Albert Schatz）发现了一种放线菌（灰色链霉菌）。这种细菌会产生一种化合物，可以迅速地杀死病原体，但是不会危害作为宿主的实验动物。他和瓦科斯曼把这种化合物命名为链霉素。沙茨费尽心血进行了更多的实验，发现链霉素可以根除祸害人类已久的一种疾病——肺结核。

1944年，瓦科斯曼发表了发现链霉素的论文，沙茨是共同作者。不久之后，默克制药公司与梅奥医院一同开展了人体试验，检验链霉素对肺结核患者的疗效。到1946年底，完成了所有试验，结果非常惊人——链霉素能够完全治愈肺结核。在1947年中期，默克和其他制药公司每个月生产约1000千克链霉菌。在接下去的十年中，瓦科斯曼的研究室继续仔细梳理土壤中的微生物，以寻找更多的抗菌化合物。他们的研究卓有成效，他们找到了十多种抗生素。

在瓦科斯曼从放线菌中分离出来的所有化合物中，链霉素被证明利润最高、疗效最好，拯救了无数人的生命。就像脊髓灰质炎疫苗让乔纳斯·索尔克成为家喻户晓的名字一样，链霉素也让塞尔曼·瓦科斯曼的名字登上了新闻头条。1952年，他由于链霉素方面的研究工作获得了诺贝尔奖。

随即，瓦科斯曼以前的学生，艾伯特·沙茨因为质疑自己的导师获得诺奖而引起了轰动。是谁真正发现了这个来自泥土的神奇之物？是那个终身热爱放线菌，热爱它赋予土壤以肥力的能力，以及它的"泥土"气息的人，还是那个在别人实验室中，在天时地利的条件下专心致志筛查大自然宝藏的人？

瓦科斯曼研究室从土壤细菌中发现的大量抗菌化合物，与早期发现的青霉素和磺胺的药物一起，创造了战后对于抗生素的淘金热。到 20 世纪 60 年代，上百种新的抗生素被发现，人们只要在一两周内每天服下几片药，就可以治愈很多在以前看来非常严重的细菌感染和疾病。

抗生素不仅能够拯救生命，而且利润颇丰。抗生素近乎成为一种唾手可得的完美产品。就在一二十年之内，抗生素似乎确保美国人不再生活在致命感染或者传染病的阴影之下。有了如此强大的武器装备，我们宣称在与微生物的战争中胜利在望。我们的骄傲自大让我们忽视了抗生素武器的缺陷。1940 年 12 月 28 日，就在青霉素大量生产之前，《自然》杂志发表了一篇具有先见之明的论文。这篇论文的作者之一正是将弗莱明发现的霉菌转化为药物的生化学家，他在研究中发现了一些令人担心的现象。一种叫作结肠小袋纤毛虫杆菌的细菌（后来被重新命名为大肠杆菌）会产生一种酶，它可以在实验中分解青霉素。

奇迹的代价

到这个十年结束的时候，研究者遭遇了另一个麻烦。链霉素对某些肺结核患者不再有疗效。实际上，对于瓦科斯曼以及其他实验室发现的几乎所有抗生素，细菌很快就产生了耐药性。后来发现，细菌有着独特的耐药性机理。比如说，有一些细菌可以打开类似于大功率排水泵一样的东西把抗生素冲洗干净。其他细菌可以产生一些化合物，将抗生素分解为碎片。或者有一种细菌可以变形，改变结构蛋白以阻碍抗生素的黏附，伪装成死亡的状态。

　　尽管有着如此令人担忧的迹象，抗生素显然还是很有效的，这也让人们忽视了这些警告。为什么要反对进步呢？战后的几年开创了现代化学的新纪元，它许诺了医学难题的解决方案，而不是难题本身。农业除虫剂和除草剂背后斩尽杀绝的思维模式也席卷了医学界。过去的每一年，在更多的抗生素被生产出来的同时，又有更多的病原体成为我们的对手。我们一直深陷于这个循环之中不能自拔。

　　尽管如此，很可能抗生素拯救了当今美国每个家庭中至少一个成员。当你需要抗生素的时候，它们真的就是奇迹般的存在。但是在我们热切地拥抱这种神奇药物的热潮中，常常忽视了细菌那短短的 20 分钟生命历程所具有的进化意义。一种抗生素从来不可能杀死感染源的全部细菌。那些在抗生素治疗中幸存下来的细菌，仍然继续繁殖。最重要的是，这些幸存的细菌会把它们成功躲避抗生素的特殊基因传递给后代。这就是抗生素的阿喀琉斯之踵。①

────────────

① 非常值得期待的是，对于这些以及其他的病原体，我们可能有应对它们反击的方法。在我们即将完成这本书的时候，《自然》杂志上在线发表的一篇文章报道说，人类发现了达托霉素，一种从先前不能被培养的泥土细菌中提取出的新型抗生素。研究人员使用了一种新方法来培养产达托霉素的菌落，即使用模拟细菌自然生长的泥土环境的培养小室。达托霉素能干扰许多种细菌生成细胞壁所需的脂质分子的合成。这些分子对细菌结构完整性是如此重要，以至于研究人员认为，需要数十年甚至更久，细菌才能对达托霉素产生耐药性。这种新的抗生素能够杀死的细菌包括结核分枝杆菌、耐甲氧西林金黄色葡萄球菌（MRSA）、炭疽杆菌和艰难梭状芽孢杆菌。这一令人兴奋的发现展现了大自然药房中土壤细菌的能力。但是，如果像达托霉素这样的新型抗生素成功地进行商业化生产，对我们未来的微生物组意味着什么呢？这个问题的答案当然取决于我们如何使用这些抗生素。

在过去的半个世纪中，抗生素在处方中被过量使用，导致越来越多耐药细菌的出现。然而几乎没有人知道另外一种更麻烦的抗生素滥用现象——它们被大量使用在健康的牲畜身上，以促进它们的生长。摄入抗生素后的动物，与正常生长的动物相比会更快地增重。从全球来讲，大约90%的抗生素被用在了没有明显感染症状的动物身上。这种滥用更"有效"地促进了耐药细菌的进化。

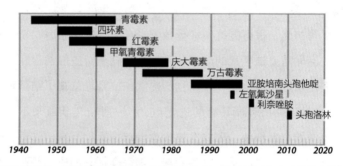

抗生素的耐药性。黑色的长条显示了常用抗生素从开始使用到产生耐药性之间的时间段。（数据来自美国疾病控制与预防中心，2013）

抗生素耐药性在感染人体和牲畜的细菌中的迅速传播，将会给我们的后代带来可怕的后果，他们可能再次死于我们原本认为我们已经战胜了的那些常规感染。我们曾经自信地认为现代医学在对于感染性疾病的征程上已经胜利在望，但这些耐药细菌的出现却严重打击了20世纪医学的这种自信心。

人类曾在20世纪与病原体进行的多次小规模交锋中获胜。但是今天，抗生素已经滥用了几十年，人类可能将会再一次被几十年前可以轻易治愈的细菌感染夺去生命。MRSA（耐甲氧西林金黄色葡萄球菌）和耐抗生素的结核杆菌会是 21 世纪细菌所发动的反击战的先锋吗？

在我们狂热地想赢得这场战争的过程中，我们没能恰当地使用抗生素。当我们试图借助抗生素去杀死人体中病原体的时候，也重构了我们体内的微生物。很久以来我们一直在破坏自己的天然防线。

最新关于抗生素作用的科学发现确实令人震惊。俄勒冈州立大学的研究者介绍说，在白鼠的试验中，抗生素不仅杀死了细菌，也杀死了结肠内壁上的细胞。那么抗生素是如何杀死哺乳动物体内细胞的呢？是通过损害线粒体来杀死细胞的，而线粒体是每个细胞中的小型能量供给站。我们回想一下，线粒体曾经一直都是一种自由生长的细菌。显然，线粒体所具有的微生物属性让它们很容易受到一些抗生素的损害。

事实上，微生物病原学说无法解释过去五十年中无感染源的慢性病和自身免疫疾病的快速增长。同样，这种快速增长也不是由于人体基因的变化——我们的基因不可能改变如此之多，因为这种快速增长只用了两代人的时间。但是发生了如此迅速改变的却是我们体内的微生物组。对于微生物来说，人类一代人更迭所需的三十多年超过了细菌更迭一百万代所需时间的四分之三。依据这种世代更迭的速度，我们这个物种已经物是人非了。我们每一个人的生命对于微生物来说都是进化的场所，进化的微生物可能对我们有利，也可能不利。

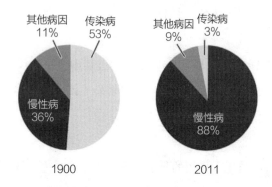

其他病因 11%　传染病 53%

慢性病 36%

1900

其他病因 9%　传染病 3%

慢性病 88%

2011

巨大的变化。在 20 世纪的美国，慢性病已经超过传染病成为首要的致死原因。（数据来自 Jones et al., 2012）

对于成长于 20 世纪六七十年代的人来说，没有人会有这样的记忆：我们有同学或者朋友患有严重的过敏或者哮喘，需要高度警惕的家长和老师把他们从濒临死亡的边缘拉回来。我们也不会记得有如今这样盛行的肠道功能紊乱问题，比如克罗恩病和肠易激综合征。

在过去的 50 年中，研究者发现，肠道功能紊乱的病例不是轻微上升，而是呈 40 倍左右的增长：从每 10000 人中有一人患病，增长到了每 250 人中有一人患病。尽管我们的基因可能让我们或多或少地易受这种疾病的困扰，但是肠道中微生物组的变化越来越显示出与此疾病相关。

如同哮喘和过敏，这些肠道功能紊乱和自身免疫疾病，至少部分源于免疫系统紊乱。所有这些疾病的标志性症状正是由损害我们细胞和组织的过度免疫反应引起的。

我们的免疫系统怎么会调转枪口对着我们自己呢？越来越多的研究显示，我们体内高效的、在进化过程中磨砺而成的免疫系统发生了严重的衰退。缺乏富有挑战性的锤炼以及有益微生物的帮助，一些特定的免疫细胞和组织会变懒，也有人称之为变糊涂。我们的身体每日暴露于体内和体外的微生物海洋中，我们的免疫系统才能更加可靠、更加敏锐地辨别敌友。我们现在生活在一个过于干净的环境中，每日食用过于卫生的食物和水，反复摄入抗生素，且极少接触土地与自然。所有这些因素都对我们的健康十分不利，因为这些因素干扰了微生物和我们免疫系统之间的交流，而且让我们长期进化而来的免疫系统无力应对炎症。

抗生素浸润我们体内的微生物土壤，导致我们失去了与微生物的充分接触，这些问题在年幼的时候更为严重。平均下来，每一个美国孩子在十岁之前，每年都会服用一个疗程的抗生素。有一些科学家认为，抗生素对我们体内有益微生物的破坏作用是炎症性疾病的根源，肠道微生物数量的大量衰减将会引发疾病。由于我们的免疫系统需要微生物提供信息，因此失衡的肠道微生物菌群将会导致免疫细胞紊乱也就不足为奇了。正常情况下，微生物会对免疫系统进行不断的刺激，调节免疫系统，这正是我们体内微生物为我们服务的核心机制。作为一个群落，有益的肠道细菌比有害的多得多，并且在大部分的时间里，大多数细菌都会与我们的身体协同工作。但是当它们无能为力的时候，我们当然希望抗生素能够填补空缺。

抗生素不仅拯救了洛基，也拯救过我们。如果没有这些神奇的药物，在过去五十多年中，很多人可能会承受不必要的病痛，甚至过早地死亡。正是由于这种药物的神奇疗效，在抗生素耐药性日益普遍的背景下，我们应该特别重视避免滥用抗生素。

我们还能有什么其他选择呢？我们可以与我们的微生物同盟和谐共处，一起调整我们的免疫系统。很多创新疗法正是利用了这个方法，效果斐然。

第十一章
私人的炼金术士

我们可以把短链脂肪酸看作是循环利用的典范——细菌靠我们不能消化的食物繁殖生长，反过来我们也依靠它们产生的废物维持生命。

每个时代的人们都在寻找通往健康和长寿之门的钥匙。在这条道路上，我们曾经祈求过上帝，泡过温泉，服用过各式配方的灵丹妙药。但没有人会想到，理解人类防御系统的关键会在海星中找到，包括作为发现者的俄罗斯动物学家埃黎耶·埃黎赫·梅契尼可夫（Ilya Ilyich Metchnikoff）也未曾料想到。

1882 年秋天，他和家人搬到了西西里岛的墨西拿。到达之际，梅契尼可夫在家中的客厅搭建了一个实验室。12 月，他婉拒了和家人去看马戏团表演，选择待在家里继续做他的实验。他走到花园中，从玫瑰丛中拔下了一根刺。接着他回到实验室中，把椅子移到显微镜旁边，把那根刺扎进海星幼体的透明身体中。第二天早晨，他在显微镜中看到了一个惊人的景象——一群像变形虫似的细胞充斥在这根刺的周围。梅契尼可夫对自己无意中发现的东西非常好奇。

他曾经看到过这些四处漫游的细胞攻击并且消化了他注入海星幼体中的红色染料颗粒。现在他意识到，如果这些古怪的、四处漫游的细胞会攻击像玫瑰刺这样强劲的敌人，难道它们不会攻击微生物入侵者吗？进化论是否也适用于微生物呢？像海星幼体中这些细胞所进行的最小的反抗，是否就是一些动物可以比另一些能更好地抵御疾病的原因？有了这些敏锐的直觉，尽管还没有直截了当的证据，但梅契尼可夫马上确信这些细胞正是我们免疫系统中的战士。

这正是梅契尼可夫所希望实现的一个突破。这个 37 岁的学者多年来默默无闻地辛勤工作，开展与海星和海绵有关的研究，满怀羡慕地追随着路易·巴斯德和罗伯特·科赫那些革命性的新发现。梅契尼可夫把他观察到的那些饥肠辘辘、到处大口吃下食物的细胞称作吞噬细胞。由于他惊奇地发现了在动物体内会发生微生物战争，于是他投入了毕生精力去发展并捍卫有关吞噬细胞的免疫理论。他的偶然发现让他从一个不知名的动物学家变成了一名饱受争议的病理学家，最终他在若干年后的 1908 年获得了诺贝尔奖。

在梅契尼可夫的发现之前，细菌被认为是会引起炎症的。他的观察完全改写了这个观念——吞噬细胞在与细菌战斗时才会引发炎症。他认为，炎症对于维护生物体的健康是必要的。今天我们知道，他的观点是正确的。

让满腹疑问的同事相信吞噬细胞会吞噬病原体细胞花了梅契尼可夫十年的时间。在这个过程中，他借助很多巧妙的实验产生了很多关于细菌的洞见，而这又带来了另一些有争议的观点。

在临近他获得诺贝尔奖时以及随后的几年中，梅契尼可夫一门心思地针对"改变结肠内部微生物居民可以延长寿命"这个想法开展了一系列的研究。其时，很多科学家把结肠看作是消化分解食物的腐臭污秽之地，同时也是一个退化器官。在这个器官里，微生物会产生毒素，渗入我们的肌体，并加快肌体的老化。梅契尼可夫一开始也持有这样的想法。他认为，结肠只不过是一个随身携带的垃圾桶，可以让我们的祖先避免总要停下来进行排泄的麻烦——这样做不仅不方便，而且在遍布食肉动物和敌人的环境下极其危险。梅契尼可夫推测，就像所有垃圾桶一样，结肠的内容物不时会溢出，对我们的肌体产生严重的损害，直至吞噬细胞赶过来清理残局。但为何不事先努力去防止这样混乱的局面发生呢？是否有办法从源头上改变结肠内部的微生物种群，使有毒物质和病原体永远不聚集于此？

实验已经证明，那些用来制造酸奶酪和克菲尔之类酸奶制品的细菌会生成乳酸这种副产品。而乳酸会抑制污染这些食物的其他细菌。在乳酸存在的情况下，就算腐坏会发生，也都进行得很慢。梅契尼可夫推测，结肠内部的乳酸制造者会降低细菌的毒性和病原体的数量，因此减缓细胞的老化。

于是他开始寻找可以制造最多乳酸的细菌，然后就找到了保加利亚乳酸杆菌。梅奇尼科夫随后了解到保加利亚有着超乎寻常数量的百岁老人，而富含保加利亚乳酸杆菌的酸奶酪和克菲尔正是保加利亚的主要产品。保加利亚人的长寿让他相信，如果用对身体更有益的细菌替代在结肠内会产生有毒物质的细菌，则可以延年益寿。

尽管病原微生物学说仍然是主流思想，但梅奇尼科夫改变了自己对微生物的看法。微生物并非全部都对人体有害；对我们而言，有一些可能是有益的。在他看来，结肠已经从下水道渐渐变为一座宫殿。这一转变正是我们今天益生菌疗法的发端。他践行了自己的观点，每天都会喝克菲尔，直到 1916 年以 71 岁的高龄去世（在那个时候，一般欧洲人的预期寿命是 40 岁左右）。

梅奇尼科夫第一个证明了益生菌对健康有益，但是医学界对此并不感兴趣。在梅奇尼科夫去世不久，研究就证明了保加利亚乳杆菌在穿越消化道的旅程中是无法通过胃部的。从 20 世纪 20 年代到 30 年代，益生菌疗法的重点转移到采用另一种更加健壮的细菌，即嗜酸乳杆菌。这种细菌是在一些酸奶产品中被发现的，它的目标明显地更温和一些：用于治疗肠胃失调，并非延年益寿。

不久后，抗生素时代的来临很快使得益生菌相形见绌，抗生素成了保卫健康的重要手段。嗜酸乳杆菌作为治疗手段的一些重要研究也戛然而止。当我们一下子有了可以杀死病原体的神奇药物时，为什么还要去食用作为药物的细菌呢？几十年来，在西方几乎再没有人提起益生菌。但是在我们了解了抗生素与日常饮食对我们体内微生物生态的影响后，观念又一次发生了变化。当科学思潮的变迁与一个正面临个人健康挑战的聪明科学家发生巧遇时，就可能产生重大的突破。

来自内部的毒素

2004 年，一位中国的微生物学家赵立平读到了一篇有趣的论文，这种科学突破的情形就真的发生了。这篇论文是关于老鼠体内的肠道微生物如何影响肥胖的。赵立平当时体重超重，并且在考虑能否通过某种方式改变自己肠道微生物的构成。

赵立平出生于 20 世纪 60 年代早期，刚好在"文化大革命"之前，因此他成长于一个与今天完全不同的中国。当时，大部分中国人都居住于农村公社，在那里不用说肥胖，就连超重都很罕见。但大约四十多年后，当完成了大学本科、研究生学习以及在康奈尔大学的两年博士后工作时，赵立平体重上升了。

赵立平非常担心自己的健康，并且对微生物会影响肥胖这个观点产生了兴趣。于是赵立平决定尝试通过改变饮食习惯来改变肠道菌群，以帮助自己减去多余的体重。这样的想法并非凭空而来，突然产生的。赵立平早年都在研究植物病理学，探索微生物如何控制植物的病变。他也是从小吃传统的中国饮食长大的——吃米饭、大量蔬菜和少量的肉。而那时候，所谓西方饮食，也就是注重摄入更多的肉和加工食品，食物中常常添加糖、脂肪和盐，还没有渗入中国。

赵立平恢复了传统饮食，偏重于食用长久以来被认为具有一定医疗效果的食物，特别是全谷类、山药和苦瓜。他相信，这些食物可以对肠道微生物的构成产生有益影响。新的饮食结构有了成效。两年中，他的体重减轻了将近45磅（约20公斤）。他把他的减肥方式称作WTP，其中W代表全谷类，T代表传统食物，P代表益生元（某种特定的食物，后文详述）。

他用自己的粪便样本去分析肠道细菌的变化，发现新的饮食结构和一种叫普拉梭菌（*Faecalibacterium prausnitzii*）的细菌有着特殊的关联。一开始，这种细菌没有出现在他的粪便样本中。但是两年过后，普拉梭菌占到了他体内肠道菌群的15%。这种细菌对于患有克罗恩病或者溃疡性结肠炎的人来说颇有益处。这些疾病都会在结肠内引发慢性炎症，而普拉梭菌的引入有助于消除炎症。

听说了赵立平在自己身上进行的实验之后，一名急需帮助的男子去了他的实验室，这一点颇像一个世纪前年轻的约瑟夫·迈斯特上门访问巴斯德。这名 26 岁的男子体重 385 磅（约 175 公斤）。由肥胖引起的健康问题，包括高血压、高血糖和高甘油三酯（指在血液中循环的脂肪量），折磨着他。他们达成了一个协议，如果这名男子采用了 WTP 饮食，赵立平就监测他身体的各种数据。

赵立平发现这名男性的血液中含有非常多的被称作脂多糖的分子。这种分子通常可以在正常居住于肠道中的细菌的细胞壁中找到，但是大量地在血液中循环却非常有害。脂多糖的另一个名字叫内毒素（意即来自内部的毒素）。内毒素也可能来源于细菌感染。内毒素如果过量进入血液，就会引起感染性休克（败血症），这个就是差点杀死洛基的疾病。

发现这名男性血液中含有高含量的内毒素并不会让赵立平感到惊讶。相比正常体重的人来说，肥胖者体内内毒素的量可以高出两到三倍。但是就算没有明显的症状，高含量的内毒素在血液中循环对身体也有负面影响。它会在体内引起轻度的炎症。

内毒素可以通过几种方法离开肠道。有一种方法比较简单——泄漏。即使结肠细胞间最小的间隙也足以让内毒素（和结肠中的其他内容物一起）从结肠壁中泄漏出去，并进入血流中。这样会导致所谓的"肠漏症"，而这种情形正是梅契尼可夫所担心的；尽管仅从这种疾病的名字上看，他并不了解其所指的到底是什么。

赵立平发现，另一个含量颇高的微生物是内毒素的来源——肠杆菌属的细菌。它们占了人体肠道细菌中的三分之一。并非所有细菌细胞壁上的脂多糖分子都是一模一样的，虽然在化学结构上它们的差异性可能很小，但是它们所产生的影响却可能大为不同。在肠杆菌类细菌中发现的脂多糖可以让这种细菌的毒性比其他会产生内毒素的肠道菌群的毒性高一千多倍。

赵立平相信，有许多因素会导致肥胖，而他则找到了其中的一个因素，或者说病原体。他想，应该是这样的：西方的饮食方式会促使大量产生内毒素的细菌聚集在一起。内毒素于是从消化道中泄漏出来，随着血液进入身体的各个部分。这一状况引起了免疫细胞的注意与反应，因此产生了系统性的炎症。最后，过度的炎症引起了代谢上的变化，这就是导致肥胖的第一步。唯一的问题是，这仅仅是赵立平的直觉，他还缺乏证据。

于是，他重拾了科赫的假说，这种假说一步步地证明某种特定的病原体会引起某种特定的疾病。为了证明自己的直觉，他必须将可能产生干扰的肠杆菌属隔离开来，然后再看看它是否跟肥胖这种特殊的身体健康状况有所关联。在这个问题中，他是将肥胖当做由病原体引起的一种疾病来研究的。他对肥胖男子大量的排泄物样本进行了分析，将阴沟肠杆菌确定为内毒素的生产者。当他隔离了干扰物后，也就是满足了科赫假说的第二步后，他就要看看如果把阴沟肠杆菌注入另一种哺乳动物的体内会不会同样造成肥胖。他该选择什么样的哺乳动物呢？他又一次选择了马兹曼尼安实验中用于确定脆弱拟杆菌作用的无菌白鼠。但是在揭晓赵立平的实验是否成功之前，让我们先来仔细研究一下我们身体中的脂肪和简单碳水化合物（糖）之间的相互作用。

脂肪的双重角色

我们经常会混淆膳食脂肪和身体脂肪，其实脂肪比我们想象的要复杂得多。有些种类的脂肪对我们的身体有益，因而应该食用。但今天几乎没有人认为脂肪对我们的身体具有益处。事实上，我们的脂肪细胞就像一个补给仓库一样——临时储存能量，在日后需要时可以立刻派上用场。

过去当季节性的农作物歉收或者狩猎和采集的食物不足时，身体脂肪就会派上用场。在这样的情况下，身体脂肪的存储是我们得以生存下去的备用方案（Plan B）。但是在发达的现实社会中，几乎没有人经历过食物短缺，唾手可得的大量美食随时供我们享用。如今，我们把祖先留下来的备用方案用在了我们的腰部和臀部上。有趣的是，膳食脂肪并不一定会导致更多的身体脂肪。而过度摄入的葡萄糖、食糖却会导致产生更多的身体脂肪。如果食用过多的简单碳水化合物，它们会转变成脂肪，储存到备用方案的库存中。

为什么我们人体具有把简单碳水化合物转成脂肪的机制呢？首先，我们的身体会尽力把我们血液中的葡萄糖含量控制在一个稳定、适度的水平。这有两个目的——防止器官受损，并且为我们提供可靠的能量供给。而脂肪是储存和容纳多余热量的有效载体。1 克脂肪中储存了 9 卡路里的能量，而 1 克碳水化合物（或者蛋白质）只含 4 卡路里能量。如果采用脂肪这个形式，我们可以在每单位体重中储存更多能量。当我们需要动用这些能量储蓄时，脂肪会变回碳水化合物，尤其是葡萄糖，这正是我们人体大多数细胞的燃料。这就是我们体内脂肪的优点——一个可携带的、易获取的能量来源。我们还能对脂肪奢求什么呢？

实际上，我们对脂肪还真是有所求。比如说，备用方案不应该破坏我们的身体健康。

构成脂肪组织的细胞如同我们肝脏或者心脏的细胞一样，是特定类型的。从新陈代谢的角度来讲，脂肪组织非常活跃，在从调节血糖和荷尔蒙到免疫反应在内的每一项生理活动中都扮演了重要的角色。我们回忆一下，细胞因子是协助免疫细胞之间进行交流的信号分子。脂肪细胞也会生成细胞因子。有一些会和大脑互相作用，在我们产生饥饿感的时候迫使我们开始进食。另外一些会帮助调节血压，促进胰岛素的释放，并催促肝脏去释放或者抑制葡萄糖的贮藏。这些细胞因子与荷尔蒙如此相像，以至于我们可以将脂肪细胞类比为第二内分泌系统。

有趣的是，脂肪组织碰巧也会含有免疫细胞。事实证明，很多脂肪组织都是这样。肥胖的人多达 50% 的脂肪组织是由巨噬细胞组成的。而对于不肥胖的人来说，巨噬细胞只占了脂肪组织的 5%。并且与消瘦的人相比，肥胖的人脂肪组织中抑制炎症的 T 细胞更少，而致炎 T 细胞更多。

当内脏中的内毒素涌入脂肪组织的时候，那里的巨噬细胞和 T 细胞会把内毒素看作是抗原。然后大量的抗原和免疫细胞相遇，就会释放出大量的促炎细胞因子，这其中一个是白介素 6（IL-6）。这又让我们回到了赵立平的研究，他监测了自己体内和那名肥胖男子体内的这种细胞因子。一开始的时候，IL-6 的含量非常高，但是后来在实行 WTP 饮食之后，他们的 IL-6 水平就下降了。赵立平的研究证明，现代生活方式动摇了曾成功帮助人类生存至今的备用方案的根基，把它从一个对我们生存非常重要的财富变成了一个严重影响身体健康的负担。

手头的证据

让我们看看赵立平到底有没有成功验证科赫假说的第三步和第四步——确定阴沟肠杆菌不仅能促使老鼠的肥胖，对人也有同样的效果。他把无菌白鼠分成三组。第一组的白鼠食用富含脂肪的食物，但没有被注射阴沟肠杆菌，结果这些白鼠没有变肥胖。第二组白鼠也食用富含脂肪的食物，但是注射了阴沟肠杆菌。一周后，这组白鼠开始增重，并在不久后变肥胖了。赵立平用正常的食物喂养第三组白鼠，但也给它们注射了阴沟肠杆菌。然而，这组白鼠没有变肥胖。

于是赵立平比较了注射过阴沟肠杆菌的两组白鼠体内的内毒素水平。相比吃正常食物的老鼠，那些吃了富含脂肪食物的老鼠体内的内毒素含量要高很多。于是赵立平确信，这些结果验证了科赫假说的第三步：那些能导致肥胖的细菌的介入，会使食用高脂肪食物的老鼠肥胖。赵立平并未完成科赫假说的第四步，也就是把导致肥胖的细菌从肥胖的白鼠中提取出来。这其实并无必要。不像未曾得到无菌白鼠的科赫，赵立平知道无菌白鼠试验体中唯一的微生物就是给它注入的阴沟肠杆菌。克服了最后一个困难后，赵立平得出结论：肥胖来源于两个因素的结合，即高脂肪的饮食，以及由肠道细菌所产生的并在血液中循环的内毒素。

赵立平的结论与前后针对白鼠的实验结果全部一致。这也证明，高脂肪的饮食会导致高含量的内毒素，并且在一些情况下会比普通白鼠高出两三倍。然而，老鼠毕竟不是人，有一些存疑者立即质疑用啮齿类动物的实验结果去揭开人体的奥秘是否具有合理性，尤其在饮食上。①

第一位敲开赵立平实验室门的那名肥胖男性的结果非常惊人。在实行了赵立平建议的 WTP 饮食之后，他在 23 周之内瘦了 113 磅（约 51 公斤），平均下来每天减重半磅有余。虽然这个结果非常显著，但是赵立平知道，仅一个人作为对象的实验是缺少说服力的。于是他扩大了实验范围：他让 93 个肥胖的人遵循 WTP 饮食，并着手研究这些人的实验结果。

实验对象食用的全谷类食物中有薏米、荞麦和燕麦。中国传统药用食物包括了苦瓜，益生元食物包括了果胶和低聚糖（食用纤维的来源）。9 周之后，这 93 个实验对象跟赵立平和那名肥胖男子一样瘦了下来，他们的血压降低了，甘油三酯含量也下降了，而且他们的血糖也降到了正常水平。

赵立平并没有轻易地让实验对象终止试验。在最初的 9 周实验之后，他又继续跟踪了这些实验对象 14 周时间。所有的实验对象都被指导如何按照 WTP 饮食方案准备日常饮食。赵立平继续为他们提供苦瓜和益生元食物。在 14 周后，有一些人的内毒素含量又升高了，体重也反弹了一些，说明他们没有继续 WTP 饮食结构。

---

① 且不论老鼠和人之间显而易见的差别，有人可能对老鼠的摄食天性感到好奇。的确是这样的。比如，鼠是食草动物。老鼠的脂肪是来源于野生老鼠也会吃的种子，还是来源于动物脂肪呢？如果是从动物中获取，那么再比如牛，牛吃什么，是谷物还是草？这些问题留给其他人来探索。

尽管这样，在 23 周之后，与实验开始前相比，所有的实验对象都改善了新陈代谢指标。尤其是细胞对胰岛素的反应方式大大改善，这样就降低了他们患 2 型糖尿病的风险。

赵立平也追踪了几个反映炎症的生理指标（脂多糖结合蛋白、C 反应蛋白和促炎 IL-6 细胞因子）的变化。所有这些指标都在实验开始的 9 周和随后的 14 周后显著降低。实验对象全身系统性的炎症也大大减少。

饮食的变化不仅改变了身体外形，也改变了身体内部。实验对象体内那些制造内毒素的两个肠道细菌群（脱硫弧菌和肠杆菌）中细菌的数量也减少了。在此同时，另一个有助于抵抗肠漏症的菌群（双歧杆菌）中细菌的数量则增加了。于是赵立平得出结论，饮食的变化可以消除那些能产生内毒素的细菌的影响，所以也就不会造成肥胖。

赵立平发现 WTP 饮食会对胰岛素耐受性产生有益的影响，而荷兰的研究者们通过一个更直接的途径发现了这个现象。他们把较瘦人群肠道中的微生物群移植到肥胖者身上，然后观察这一变化是否会影响肥胖者的胰岛素耐受性。在 6 周后，肥胖者对于胰岛素的反应有了很大的改善，而且他们肠道中的微生物群仍然包含着很多来自较瘦人群的细菌种类。但是这些肥胖者并没有改变他们的饮食习惯，在 3 个月后他们肠道微生物群的种类恢复到了治疗前的状态。

圣路易斯华盛顿大学的研究者进行了一个类似于荷兰同行的实验，但结果产生了重要的变化。为了排除基因上的差异，他们筛选了四组同卵双胞胎，双胞胎中一个肥胖，另一个消瘦。来自每一对双胞胎的粪便样本被移植到了无菌白鼠体内。接收到消瘦者肠道微生物群的白鼠保持着消瘦，而接收到肥胖者肠道微生物群的白鼠变肥胖了。

这是一个很重要的发现。接种肠道微生物群不仅是可能的，而且可以产生更深刻的影响。更惊人的是，研究者同时发现，与消瘦相关的微生物群可以替代与肥胖相关的微生物群。因为知道老鼠会互相吃排泄物，因此研究者把肥胖的白鼠和消瘦的白鼠放在一起喂养。不久后，肥胖的白鼠变瘦了，这让研究者们得出结论，肥胖的白鼠体内已经被消瘦白鼠体内的微生物群占据了。①

这些发现证明，肠道微生物群在导致肥胖方面扮演着一个不容低估的角色。这不仅在于我们吃了多少，而且在于我们吃的是什么以及我们体内有什么样的微生物。为了更充分理解为什么会这样以及 WTP 饮食的治疗效果，我们有必要理解食物是如何通过消化道的，以及如何被分解成不同成分而被吸收的。这些生理过程都被证明会对一个人的健康产生重要影响，并且也会对体内微生物群的角色产生影响。

消化的连锁反应

房地产经纪人信奉的"地段，地段，还是地段"的理论也适用于消化道。无论赵立平本来就了解抑或他只是猜对了，WTP 饮

---

① 明确这一点很重要：肥胖鼠只有在既吃同一笼较瘦同类的排泄物，也吃低脂—高纤维饲料时才会变瘦。当肥胖鼠吃高脂—低纤维饲料时，促进瘦身的小型微生物群不能够成功定植，肥胖鼠仍然保持肥胖不变。

食的确是一种向结肠输送正确食物类型的理想食谱。也许梅奇尼科夫都会对"什么进入了结肠以及其中发生了什么"的重要性感到惊讶。

为了理解饮食、结肠和一个人整体健康状况之间的联系，我们不妨追踪一餐饭在人体中的消化代谢过程。但是首先要对一些术语做一下说明。我们把胃、小肠和结肠称作消化道。实际上结肠也被称作"大肠"，但在某种程度上这是一个误称。大肠并不仅仅是小肠的加大版，就像蛇不是加大版的蚯蚓一样。事实上，消化道的各个组成部分发挥着不一样的功能。如果把胃叫作溶解器，把小肠叫作吸收器，把结肠叫作转化器，那么这样会更便于理解。这些不一样的功能有助于解释为什么胃、小肠和结肠中的微生物群落彼此不一样，就如同河流和森林彼此不同。就像温度、湿度和日照等物理条件的变化会强烈影响人们从山峰到山谷远足时看到的各异的动植物群落一样，消化道的沿途也是如此。

想象一下你在（美国）独立日吃烧烤的情景。你漫不经心地来到烤肉架边，叉住几块猪排，放到自家制的泡菜旁边。你抓起一把玉米片和几片芹菜。烤蔬菜串看上去也很美味，于是你放了一串在自己的盘子里。独立日的大餐如果没有通心粉、色拉和派怎么行？

你把一块排骨放进嘴里，开始咀嚼。用叉子送进嘴里的泡菜与肉完美地混杂在一起。然后你嘎吱嘎吱地又吃了一口。通心粉色拉在你牙齿中间被咬碎，但是芹菜需要多咀嚼几下才能下咽。然后这些咀嚼后的食物都滑下消化道，到达了你的胃酸中。

于是胃酸开始溶解小块的食物。在 pH 的范围中，7 是中性，越低的数值表明酸性越强。胃液的酸性很强，其 pH 在 1 到 3 之间。

柠檬汁和白醋在 2 左右。如此强的酸性使得胃对于细菌来说成了一个不适合居留的地方。你可能难以置信，这样一个黑暗、潮湿、温热的地方居然是一个无菌之所。这是一个很极端的环境，专门用来分解食物和其他进入胃的东西。据我们所知，只有一种细菌（幽门螺旋杆菌）可以在胃中腐蚀性如此强的环境中繁殖生长。

在胃酸消化了排骨、泡菜、薯片、蔬菜、通心粉以及派之后，形成的糊状物就来到了小肠的顶端。来自肝脏的胆汁立刻注入其中，然后开始分解脂肪。胰液也开始注入小肠，加入消化大军中。你的独立日大餐进入了完全消化分解的流程中，被分解成了基本形态的分子——简单碳水化合物和复合碳水化合物（糖）、脂肪和蛋白质。一般来说，这些分子的大小和复杂程度决定了它们在消化道中的命运。相对较小的分子，主要是组成通心粉、馅饼皮、薯片这些精加工碳水化合物的单糖类，会相对较快地被吸收。更大、更复杂的分子需要花费更长的时间才能分解，并且在小肠的后段被吸收。

环形、酷似香肠的小肠为你体内的微生物群提供了一个和胃完全不一样的环境。其酸性大大下降，当所需要的营养成分充足时，细菌的数量会大大增加，甚至可达胃的一万多倍。但是小肠中的环境对其中的细菌而言仍然不够理想。小肠内的环境像是泛滥的河流。这应该很好理解，因为我们可以想象得到，大约六升多由唾液、胃液、胰液、胆汁、肠黏液组成的体液每天在体内流动。这还不包括你每天喝下的两升其他液体。这样湍急的涡流裹挟着食物分子和细菌，把它们带向消化道下端。持续的流动意味着食物在其中不能长久停留，如此一来，进入小肠的细菌也不可能安顿下来，为食物的消化做更多的贡献。

在到达小肠的中段至尾段之前，独立日大餐糊状物中的脂肪、蛋白质以及一些碳水化合物已经充分分解并被吸收，且通过小肠壁进入血流。注意，我们说的是碳水化合物中的一部分，而有很大一部分并没有被分解。复合碳水化合物和简单碳水化合物有着完全不一样的命运。

蔬菜串、芹菜、泡菜和水果派中的大多数复合碳水化合物会安全地通过胃酸的洗礼，它们甚至躲过了小肠上部消化酶的拦截，最终来到了你的结肠。大多数来自水果和蔬菜的复合碳水化合物是很难消化的，至少对你来说是这样的——这个星球上的其他人也是如此。医生把它们叫作纤维。

在植物学中，复合碳水化合物被称作多糖。这些分子就如同钢筋，让植物能够像高楼一样向空中高高地生长。一种叫纤维素的多糖物质在地球上的几乎每种植物的细胞壁中都能找到。纤维素让小麦的茎和树干有了充分的强度。这就是树木可以在微风中摇摆，即便在暴风中也能幸存下来的原因。凭借着这个星球上庞大的植物数量，纤维素成了地球上数量最多的生化化合物。在土壤中，细菌和真菌这两种分解者的大军一直忙于把纤维素分解成可再次利用的分子，而这一行为对于地球生物来说具有重要的意义。

纤维素分解对于反刍动物也同样重要。它们的消化道长有一个特殊的部位，该部位为进行植物多糖发酵的细菌提供了居所。有些时候这个部位长在胃的前面，比如说奶牛、山羊以及长颈鹿的瘤胃。而在其他情况下，则会长在胃的后面，比如白蚁类、马和大猩猩在胃的后面长有所谓后肠。人体的结肠作为一个发酵室，相比起瘤胃或者后肠来说稍微逊色了一点。但是对于消化我们杂食性饮食结构中那些复合碳水化合物来说，结肠已经是非常完美了。

顾名思义，简单碳水化合物就是由一些糖分子连接在一起形成的。如同短链中的连接，只需把一个糖分子加到另一个糖分子之后，如此简单。这个结构让分解变得简单又迅速，因而可以在短时间内产生大量的葡萄糖。相比之下，复合碳水化合物就是由成千上万个糖分子捆绑在一起形成的。但是生成一种复合碳水化合物的工作并没有就此结束。你需要把更多分子添加到主链的分支上去。这些分子可以是更多的糖分子、氨基酸（变成蛋白质之前的分子）、脂肪，以及它们的组合。你应该理解这一过程了。那些消化酶，至少是你体内产生的那些消化酶，在多糖分子中找到合适的位置，然后将其分解成单糖，是需要花时间的。碳水化合物越复杂，意味着需要的消化时间越多。在此情况下，更多的时间对你更有利。

让我们来看看躲过了消化起始阶段的复合碳水化合物。当来自小肠的糊状物落入结肠的时候，此时的环境就更像是沼泽地而非河流。复合碳水化合物和其他未被消化的食物分子在结肠中沉积下来，并且创造了一个对于细菌分解来说较为稳定的环境。相比起胃酸溶液或者小肠中 pH 介于 4 到 5 之间翻腾的激流，pH 约为中性 7 的结肠对于细菌来说简直就是天堂。

结肠可能算是消化道的终点，但是对于满载着我们必需的多糖分解酶的细菌来说，结肠只是起点。在我们体内密室的深处，微生物炼金术士们把我们的结肠化为炼金的熔锅，在里面发酵那些我们不能消化的复合碳水化合物。无论是体内还是体外，发酵是另一种可以分解有机质的方法。但是这一过程需要由合适的微生物完成。比如说，多形拟杆菌可以产生 260 多种分解复合碳水化合物的酶。相比之下，人体的基因编码却决定了我们自身只能产生很少的酶。我们只能制造大约 20 种分解复合碳水化合物的酶。

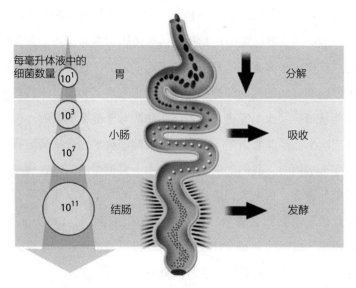

消化食物的连锁反应。简单碳水化合物与大部分的脂肪以及蛋白质一旦在胃中被分解，就会在小肠中被吸收。结肠中的细菌使得复合碳水化合物发酵。

从垃圾到黄金

结肠绝非一个收集和储藏那些我们无法消化之物的破垃圾桶。相反，在这个不起眼的地方，我们可以找到由发酵细菌产生的一些重要的化合物。这些发酵细菌属于拟杆菌门和硬壁菌门，这两种菌类构成了人体肠道菌群的主体。它们的代谢产物被称作短链脂肪酸，它们为我们提供了一个药物学上的宝库。我们可以把短链脂肪酸看作是循环利用的典范——细菌靠我们不能消化的食物繁殖生长，反过来我们也依靠它们产生的废物维持生命。

根据对于动物和人类的研究，三种短链脂肪酸——丁酸、醋酸、丙酸——具有一定的药物作用。短链脂肪酸对于我们新陈代谢和免疫反应中很多重要的环节都是不可或缺的。这些脂肪酸通过与免疫细胞和直肠细胞的细胞感应器结合来实现其功能。虽然研究者并不能从细胞层次上完全理解短链脂肪酸对于健康的影响，但是在宏观层次上已经非常清楚了。当把可发酵的碳水化合物装进我们体内的炼金熔锅时，我们的微生物炼金术士会把熔锅的内容物变成具有营养的黄金。后来人们发现，短链脂肪酸对于肠漏症也具有天然的治疗效果。它们会刺激结肠上排列的细胞相互结合得更加紧密，就跟矫正牙齿时的牙箍会让牙齿相互靠得更紧密一样。这样会阻止内毒素进入血流，避免造成全身性炎症。

在某个研究项目中，日本研究者发现，注入白鼠体内的双歧杆菌会产生醋酸盐，进而会加强肠壁的密实性。这种对肠壁的改善足以防止由大肠杆菌产生的一种有毒化合物（志贺毒素）从肠道渗漏出来，并使白鼠死亡。

这三种主要的短链脂肪酸的命运不大一样。大多数的丁酸盐会一直居住在结肠内。营养充足的细胞是健康的、运转良好的组织与器官的基础，结肠也不例外。结肠内壁上的细胞对于能量有很高的需求，并会大量摄入丁酸盐。丁酸盐供给了细胞所需营养能量的

70% 到 90%。一般来说，像这样直接吸收营养是不太寻常的。大多数细胞依赖于血液去运输它们所需的营养物质。丁酸盐也会促使结肠细胞分泌黏液和抗菌化合物，这些物质对于维持结肠壁的健康特别重要。丁酸盐还会固定在结肠细胞的一个特定受体上，这个受体对于消除和抑制导致结肠癌的细胞转化具有非常重要的作用。

至于醋酸盐和丙酸盐，它们会扩散到血流中，并且流到身体的其他部位——包括肝脏、肾脏、肌肉和大脑。就像丁酸盐一样，它们会为构成组织的细胞提供能量来源。特别是丙酸盐，会在人体中产生一种有趣的生理作用。它会让人们吃得更少。当丙酸盐进入脂肪细胞的细胞膜受体时，它们会释放一种叫作瘦素的荷尔蒙。当瘦素碰触大脑的时候，它会释放出"你已经饱了，停止进食"的信号。

总体来说，短链脂肪酸有助于优化和调节很多生理过程，这些生理过程会涉及我们的新陈代谢，以及糖与脂肪的利用。摄入太少的可发酵碳水化合物，或者肠道内能产生短链脂肪酸的细菌含量减少，会导致短链脂肪酸的数量减少，而这会产生很多问题，其中就包括增重和胰岛素耐受性上升。据研究者报告，与肥胖和 2 型糖尿病有关的代谢功能紊乱可以通过增加并维持高含量的短链脂肪酸而大大缓解或者消除。

短链脂肪酸也会对免疫功能产生影响。调节性 T 细胞是免疫系统中至关重要的组成部分，因此研究者过去认为，除了脆弱拟杆菌产生多糖 A 这一方式外，一定还会有其他方式产生这些细胞。考虑到结肠中有可能产生短链脂肪酸，于是研究者们研究了短链脂肪酸与肠道周围的免疫组织中调节性 T 细胞的产生之间是否存在关联性。

通过一系列对无菌白鼠的实验，研究者把短链脂肪酸的混合物加入白鼠的饮用水中，并且测量了与肠道相关免疫组织中调节性 T 细胞的含量。饮用了含短链脂肪酸的水的白鼠，其调节性 T 细胞数量比没有饮用该水的白鼠要多得多。丙酸盐与调节性 T 细胞的产生尤其存在密切的关系。

在另一个针对白鼠的研究项目中，美国佐治亚摄政大学的一个研究团队深入挖掘了其中的机理，发现了丁酸盐是如何与免疫细胞互相作用的。当丁酸盐存在于结肠中时，它会与环绕肠道的那些免疫组织中的树突状细胞和巨噬细胞相结合。树突状细胞和巨噬细胞反过来会促进调节性 T 细胞的生长。丁酸盐激活了树突状细胞，并且巨噬细胞也会刺激其他免疫细胞去释放抑制炎症的细胞因子。

需要再一次说明，这些都是在白鼠身上的实验，但是这些实验结果预示了人体免疫系统中微生物的代谢产物也有类似的作用。我们可以考虑一下，比如说丁酸盐灌肠剂对于那些罹患克罗恩病或者结肠炎之类慢性结肠炎的病人来说是治疗手段之一。这一机理可能与在老鼠身上得到的实验结果类似——丁酸盐会激活那种能生成调节性 T 细胞的基因，而调节性 T 细胞具有抑制炎症的作用。研究者正在基于"有些细菌能生成丁酸盐"这一思路积极地研发更多的治疗方法。

在结肠这个生态系统中，微生物炼金术是有工作顺序的。复合碳水化合物的细菌发酵在结肠上端最多，因为这是小肠中内容物最先到达的地方。制造丁酸盐的细菌存在于结肠上部，而制造醋酸盐和丙酸盐的细菌存在于结肠下部。丁酸盐制造者同时会产生作为副产品的二氧化碳，当其浓度足够高时，就成了细菌进行醋酸盐和丙酸盐生产的原材料。结肠内细菌群落的构成不仅基于你所吃的食物，而且也基于群落中其他细菌以你所吃的食物为原料而生产出来的产物。

细菌发酵的作用之一，尤其在结肠上部，就是短链脂肪酸的产生让周围环境的酸性变得更强。而这就会隔绝一些对 pH 敏感的病原体，要知道，这些病原体中的大多数都不能耐受酸性。

基于对人类排泄物的基因组分析，以及对人体结肠部位的窥视，科学家认为他们只是了解了很小一部分能产生短链脂肪酸的细菌。就算不是大多数，仍然有许多细菌不为人们所知。我们甚至对细菌之间的关系还一无所知。不过鉴于短链脂肪酸和内毒素的已知作用，或许我们不必明确地识别我们体内所有的潜在盟友来获得它们的信息。显然，如果我们能在体内培养一些发酵多糖物质的短链脂肪酸生产者，无论它们是什么，就像呼吸洁净的空气与饮用新鲜的水一样，它们对身体健康都是非常重要的。

第十二章
料理花园

健康饮食的关键就在于平衡和多样化，并且要把精加工的碳水化合物排除在外。改变饮食结构以养育肠道内的微生物，居然让我的健康状况得到了彻底的改观。

那么我们如何为结肠内的这些居民提供食物并照料它们呢？我们能不能通过饮食改变这些居民的构成，让益生菌替换有害的细菌？如果可以的话，会花多久时间呢？来自哈佛大学和杜克大学的研究者决定去寻找这些答案。他们召集了十名志愿者，把他们分为两组，为每组分配了不同的饮食。其中一组试验者，包括一名终身的素食主义者，以动物性食物（肉和芝士）为主；另一组以植物性食物（水果、蔬菜、豆类和谷物）为主。研究者采用了 DNA 分析法，去确定实验前、实验中和实验后每个人的排泄物中都有哪些细菌。

　　几天后，细菌以及细菌分解蛋白质所产生的代谢产物在食肉实验对象排泄物样本中的数量增加了，甚至那名终身素食主义者体内的微生物组也发生了改变。在那些素食试验者的排泄物样本中，发酵碳水化合物的细菌大量增加，短链脂肪酸也大大增加。这个实验不仅证明了饮食确实可以改变结肠内的微生物组，而且这一改变发生得非常快。

　　益生元是由细菌发酵而成的多糖的另一个名字，被安排到素食组的志愿者食用了大量的益生元。从某个角度来说，益生元就像园丁覆盖在苗床上的具有保护植根、肥沃土壤以及遏制杂草生长作用的保护层。但在我们身体中，它们会为体内那些微生物炼金士们提供食物。大量食用含益生元的食物，对我们很有益处。

　　对于营养学家来说，益生元就是纤维（fiber），他们一直对大部分美国人食用如此之少的纤维感到惋惜。[1]他们推荐给女性的食用量是一天 25 克，推荐给男性的食用量是一天 38 克。但是在美国极少有人，估计只有 3% 左右，能够接近这个标准。其余的人仅仅达到了推荐食用量的 1/3 到 1/2。[2]

　　令人奇怪的是，益生元的价值恰好在于食用纤维难以消化。有些多糖物质，例如纤维素（cellulose），在植物中起到结构支撑作用，并在植物的叶子中大量存在。其他多糖物质就相当于植物的能

_____

① "膳食纤维"（dietary fiber）是一个令人费解的术语，它有多种含义。它通常指植物膳食中无法消化的部分，包括了碳水化合物分子和非碳水化合物分子。我们的肠道菌群很容易发酵纤维中的碳水化合物。但不论是我们自身还是肠道菌群都无法产生分解纤维中非碳水化合物的酶。木质素，木材的一种成分，就是纤维中非碳水化合物的一个例子。木质素并非由糖组成，我们的肠道菌群无从对其加以发酵分解。这也难怪这个术语会有些令人费解，因为植物膳食中包含碳水化合物和非碳水化合物。当提到"纤维"时，我们通常指的是植物中的复合碳水化合物部分，我们的肠道菌群可以将其发酵以产生短链脂肪酸。但是，当你的医生或配偶建议你多食用"纤维"时，可能是另有所指。植物中的非碳水化合物部分可以帮助粪便成形，更重要的是，助其顺利排出。

② 像我们一样，你可能并不知道自己实际吃了多少纤维。这里不妨给大家提供参考：一个中等大小的苹果含约 4 克的纤维，而半杯黑豆含有 8 克左右。

量仓库，例如淀粉，在土豆和胡萝卜这类根茎类植物中很常见。苹果和梨的果皮中包含另一种多糖，叫作果胶。洋葱和大蒜是一种叫作菊粉的常见益生元的来源。这些多糖给肠道菌群提供了可以发酵的大量物质，从而使它们能够存活下去。此外，对于微生物来说，甚至有一些可发酵碳水化合物并非来源于植物。①

但是对于世界上大多数人而言，植物一直以来都是、今后也将继续是益生元的主要来源。人类食用的谷物是禾本科植物的种子，它们富含纤维素，也含有少量其他可发酵的碳水化合物。如果我们食用的是未经加工的谷物，它们会生成优质的益生元。但是谷物一旦被精加工，它们就会转化成单糖，并且在到达结肠前被吸收。

在饮食中添加更多的益生元可以维持体内有益肠道菌群的生存，甚至改善体内肠道菌群的构成。但是当体内的微生物组出了问题，你该怎么办？毕竟，抗生素最大的问题之一就是它们在杀死有害细菌的同时也会杀死有益细菌。

这正是益生菌发挥作用的地方。益生菌是一种具有活性的菌株或物种，它针对的是人体的特定部位，一旦进入其中，就会持续对人体产生益处。益生元为你体内已有的微生物提供食物，而益生菌则有助于重新引入一些你可能缺失的微生物。

———

① 可食用、可发酵的多糖并非植物界所独有。其他来源包括海藻、水藻和菌类，甚至一些动物组织。如果你的体内缺乏乳糖酶，那么只能由你的肠道菌群来发酵奶酪、牛奶和其他乳制品中的糖分（这会让你的肠道很难受）。但如果你有乳糖酶，你就可以自己分解这些奶制品，就不会有肠道菌群的事了。因为糖分保存在动物的肌肉组织中，所有动物也有小部分可发酵的碳水化合物。另外一个例子就是母乳，包含了丰富的可发酵糖分，可以滋养婴儿的肠道菌群并维持其正常运转。

远在梅奇尼科夫发现保加利亚人因喝酸奶而长寿之前，中东和亚洲的文化早已知道食用含有活性微生物的食物的益处。土耳其人在 16 世纪让法国人接触到了酸奶。与法兰西同名的法兰西斯一世（Francis Ⅰ）的盟友土耳其统治者苏莱曼大帝（Suleiman the Magnificent）派遣了一名医生把酸奶带到了法国宫廷，这些酸奶治愈了法兰西斯一世严重的腹泻。

对益生菌的研究涉及从头到脚相当多的疾病与健康问题，如情绪失常、肠道疾病、泌尿生殖道感染、肝病和一些癌症。2012 年进行的一项荟萃分析包含了 74 个研究项目和 84 个实验，涉及一万多人。这一分析显示，益生菌对于防止和治疗例如肠易激综合征和慢性腹泻等胃肠疾病非常有效。一个人现有的健康状况、体内菌群、服药情况以及出生时的分娩方式，都是益生菌疗法不断向前发展的过程中要研究的一些问题。我们要关注相关的实验设计，因为这会有助于我们从那些尚未被证实的种种理论中分辨出对我们真正有益的东西。

从其潜能来看，益生菌通常被认为有助于解决肠道问题，无论这个肠道问题是由服用抗生素引发的，还是在旅行途中被某种细菌感染的，或者是由一些慢性炎症引起的。但是当制定了 WTP 饮食结构的科学家赵立平在白鼠身上进行了更多的实验之后，他发现益生菌可以从根源上缓解其他慢性健康问题。

我们今天正在利用的大多数益生菌，或者仍处于实验阶段的益生菌，都来源于乳酸杆菌属和双歧杆菌属。这两类细菌在肥胖的人和肥胖的白鼠体内都特别少。为了探索益生菌的效果，赵立平找来了一些用高脂肪食物进行喂养的白鼠，并把这些白鼠分成了三个不同的组，让每一组食用不同的益生菌。在三组中，前两组食用了不同的乳酸杆菌属，第三组食用了一种双歧杆菌（动物双歧杆菌）。为了对比，新增了两组白鼠，没有给它们食用任何益生菌，并且给其中一组喂食高脂肪食物，另一组喂食普通的老鼠食物。得到的实验结果非常具有启发性。

首先，每一种益生菌的效果都不一样。动物双歧杆菌降低了脂肪组织所分泌的具有促炎作用的细胞因子的含量，而且可以比乳酸杆菌更有效地降低白鼠体内的内毒素水平。但是乳酸杆菌在另一方面胜过动物双歧杆菌一筹，它们可以提高醋酸盐的含量。而醋酸盐是三种对人体有益的短链脂肪酸中的一种，是作为发酵过程的副产品由细菌产生的。

另一个改变发生于用益生菌喂养的三组白鼠中。尽管所有白鼠都食用了相同的高脂肪食物，但是它们的脂肪细胞变小了，脂肪组织中的巨噬细胞也更少了，这些都说明炎症减轻了。白鼠的肥胖程度降低了很多，血糖指标发生了改善，肝脏中的脂肪堆积也显著减轻了。最后，赵立平发现白鼠的排泄物中大量存在各种益生菌，这证明它们经受住了肠道中的严酷考验。

在之前提到的实验中，实验对象食用了植物性食物或动物性食物，该实验也证明了细菌可以安全通过消化道。虽然当时研究者并没有特意将益生菌放入那些食用动物性食物的实验对象的饮食中，但是他们发现，在其排泄物样本中有几种乳酸杆菌的数量大大增加。它们是哪里来的呢？

事实证明，人类很早以前就利用细菌的培养物制作芝士和腌制肉类。此外，在排泄物中发现的两种真菌可以溯源到动物性食物中的奶酪和植物性食物中的蔬菜。最后，一种叫作"悬钩子属植物褪绿斑驳病"的植物病毒，甚至也可以顺利通过消化道。这种病毒在食用植物性食物的实验对象的排泄物中被找到，很有可能来源于菠菜。

这一结果引导我们回到梅奇尼科夫的顿悟，也就是把食物当作让益生菌进入身体的媒介。卷心菜是一种现在很常见的可发酵蔬菜。随意放一点乳酸菌在浸于水中的新鲜卷心菜上，撒上大量的盐，很快卷心菜上就会长满乳酸菌。只要有可以发酵的东西，少量的乳酸杆菌会在很短的时间内大量繁殖。在你吃下德国泡菜或者韩国泡菜的同时，一些乳酸杆菌就会加入结肠中其他的微生物大军中，但有些也可能会出现在体内其他地方。

当今很多研究专注于用益生菌去治疗阴道感染。研究表明，若干类型的乳酸杆菌对于驱逐病原体和恢复阴道健康非常有效。如同我们结肠这口发生着各种生化反应的大锅，糖类的发酵也是阴道健康的基础。阴道的细胞提供了可发酵的糖类以及其他营养物，乳酸杆菌可以依靠这些进行繁殖。听上去很熟悉吧？植物会利用富有糖分的分泌液把有益微生物吸引到根围。当乳酸杆菌发酵阴道中的糖类物质时，它们会释放一些乳酸，这一代谢物对于阴道的健康来说非常重要，就如同短链脂肪酸对结肠的健康来说十分重要一样。

阴道内微生物紊乱是女性寻求医生帮助的最常见理由之一。医生把这一症状称作细菌性阴道病。通常情况下，大约每三个女性中就有一个患有该病。有些女性会有症状，但是大多数都没有。总之，对于女性而言，很多其他的健康问题都源于细菌性阴道病，或者源于她们的配偶，例如早产、不孕症，以及越来越容易罹患的性传播疾病（包括艾滋病、某些疱疹病毒感染，甚至人乳头状瘤病毒）。因此，阴道中固有的大量乳酸杆菌对健康而言是非常重要的。

然而，如果今天有患细菌性阴道病的女性去看病的话，她通常会接受和50年前一样的治疗，即抗生素治疗。尽管抗生素对这种疾病的确具有一定疗效，但在消除初次感染之后通常还会复发。一项研究表明，两种静脉注射的抗生素4周后的治愈率在45%到85%之间。但在3个月之后，再次感染的概率上升到了40%，而过了6个月，有一半的女性会再次感染。

不仅是细菌性阴道病在短期内有较高的复发率，人们在使用抗生素之后也会突然罹患其他疾病，例如阴道真菌感染和尿路感染。研究者认为，针对这些继发性感染的治疗，比如用抗真菌药去治疗真菌感染，或者用更多的抗生素去治疗尿路感染，都无法让阴道微生物组回复到受感染前的状态。所以患者就会进入新一轮的阴道病发作，继而医生就会开出新一轮抗生素处方。这就是另一种所谓的"治疗"结果，既无法解决最初的问题，还产生了新的问题。

试图治疗女性细菌性阴道病，但却引起了继发感染，这种治疗的怪圈显然不是正确的治疗方法。因此从20世纪70年代开始，医院的研究人员采用了另一种治疗手段。为什么不去尝试恢复阴道内乳酸杆菌的数量呢？毕竟，这些细菌对于维护自己居所的健康和整洁有着非常有效的策略。乳酸杆菌附着在阴道内壁细胞上，能够将病原体从参与糖类代谢的行列中驱逐出去。而且乳酸也会像结肠中的短链脂肪酸一样，让阴道内环境的酸性变得更强，这是另一种使病原体退却的威慑力量。乳酸杆菌似乎也会与免疫系统进行交流，并且刺激一些适度的免疫反应，这种机制就如同肠道中的细菌会与肠道相关的免疫细胞进行交流一样。最后，乳酸杆菌会产生一些与抗生素效果类似的产物，例如过氧化氢和一些其他抗菌剂，这些产物会击溃那些希望在阴道内找到落脚点的病原体。

虽然并非所有的临床试验都遵循了科学的对照试验方法，但是试验结果都显示益生菌对于治疗细菌性阴道病是非常有效的。① 几个试验结果都证明，具有初期感染症状的女性在只接受益生菌治疗法的情况下，一个月之后治愈率可达 90% 左右，远远高于只接受抗生素疗法时约 50% 的治愈率。此外，益生菌的副作用很少，就算有的话，也远远不及抗生素的副作用那样麻烦。还有一些试验是将益生菌疗法和抗生素疗法相结合，所获得的疗效比单独使用抗生素更好。这也许是最好的一种治疗方法，可以把抗生素的快速灭菌能力与阴道内微生物组的快速恢复能力相结合，从源头上对病原体起到预防作用。

单纯依靠抗生素的话，人体容易患病，也就是说人体难以抵抗与细菌性阴道病相关的其他严重疾病，因此很多著名的学者公开悲叹益生菌疗法至今仍然被排除于妇科主流治疗方法之外。

一种在人体内引入微生物组新成员的非常规治疗方法表现出了惊人的治愈率。1958 年，丹佛退伍军人管理医院的医生发表了首例粪便菌群移植（fecal microbiota transplants, FMT）的结果。他们将含有来自健康捐赠者粪便的灌肠液注入四个患有危及生命的难治

---

① 在阴道中植入益生菌非常直接。可以直接在阴道中放入所需剂量的益生菌胶囊或者凝胶。或者通过肠道送入消化道的末端。从肛门经由会阴到达阴道只是一小段距离。研究者证明了这两种方法对于植入乳酸杆菌具有同等效果。

性腹泻病的患者体内后，四个患者都迅速恢复了健康。这一结果使得医生们认为应该对这一方法进行认真的临床评估。然而，几乎没有同行赞同这一想法。但是半个世纪以来，这一奇特的治疗方法却一直是那些对抗生素反应迟钝的病人最后的救命稻草。

有些时候抗生素会大批杀死肠道内有益的微生物，导致有害细菌数量激增，并且占领整个消化道。艰难梭状芽孢杆菌作为最具有危害性的细菌之一，会引起危及生命的严重腹泻。在过去几十年里，艰难梭状芽孢杆菌造成的感染剧增，在美国的医院中每年就有五十万到三百万的病例，病人为此支出的医疗费用已经超过了三十亿美元。艰难梭状芽孢杆菌感染的持续流行，迫使人们提出建议，对于那些出现了慢性腹泻或者严重腹泻的患者，医生应该怀疑是由服用抗生素所致。

当抗生素彻底消灭或者大量清除了肠道中的有益细菌，这就类似于在热带雨林中进行了人为的清理。那块被清理干净的空地根本不可能长久保持寸草不生的状态。

粪便菌群移植的基本概念在于把微生物生态作为医疗手段，在病人肠道的空地上播种有益菌，以防止艰难梭状芽孢杆菌生长。用移植的微生物群去替代艰难梭状芽孢杆菌的机理尚未完全搞清楚，但是这一治疗方法确实有效。对来源于数十份研究报告中几百名病人的数据进行总结后发现，这一方法对感染了艰难梭状芽孢杆菌且抗生素治疗毫无效果的患者的治愈率可达 90% 左右。

粪便菌群移植所获得的惊人成功就如同现今一些常规的治疗方法一样，而现今这些常规的治疗方法在过去几乎是不可想象的，例如小儿麻痹症的接种疫苗。粪便菌群移植的成功已远超每年流感疫苗的惨淡表现，流感疫苗在效果最好的一年的治愈率大约是 60%。

与此同时，粪便菌群移植领域的研究者和医生强调，必须要彻底检查粪便供给者的身体条件。常规传染病是主要的关注点，但其他一些健康问题，例如肥胖和 2 型糖尿病，也要特别关注。因为研究显示，这两种疾病与肠道菌群构成的关联性越来越大。

全面推广粪便菌群移植治疗方法最后的主要障碍（科学方面的障碍）在 2013 年被彻底扫清了。随机对照试验（医学研究的黄金准则）提供了令人信服的证据，证实了该方法确实有效。事实上，这个方法过于完美了，以至于当评估到 120 名移植患者中的第 43 名患者时，试验就提前结束了。接受了粪便菌群移植治疗的患者的治愈率高达 94%，这一结果远远超出了接受常规治疗的患者的治愈率（23% ～ 31%），因而监督试验的医疗安全委员会提前终止了这个试验，并且偏向于把粪便菌群移植作为新的常规治疗方法。

其他一些研究显示，在接受粪便菌群移植之后，患者肠道菌群发生了显著并且永久性的变化。对于大多数移植接受者来说，艰难梭状芽孢杆菌的数量大大减少，并且拟杆菌属细菌的数量在一些患者体内大大增加，而在患者体内这些有益细菌原来都非常缺乏。菌群移植接受者在治疗后其肠道菌群变得与粪便供者非常类似，这说明了被植入的细菌成功地在移植接受者的肠道中进行了繁殖生长。粪便菌群移植疗法的疗效十分显著，即便在治疗后的几个月里仍然如此，这一点确确实实地证明了微生物生态学对于医疗技术的发展具有重要的作用。

粪便菌群移植所显示的消除艰难梭状芽孢杆菌感染并改变肠道菌群的能力，促使人们去开展新的研究工作，探索采用这一疗法医治其他疾病的可能性，例如自身免疫疾病、肥胖、糖尿病和多发性硬化症。这一方法已经开始不断向前演变。现在出现了新的粪便菌群移植方法，例如可以将冷冻干燥的粪便装入口服胶囊，这些新的技术无疑将会提高这一疗法的普及率。①

谷物营养的流失

大量证据显示饮食结构会极大地影响健康，新的微生物组学更例证了为何如此。总而言之，不论好坏，你吃下去的食物养育了你体内的微生物组。在思考两者间的关联性时，将世界上主要粮食作物（谷物）的种子作为研究的出发点是一个非常好的选择，因为它们是人类的主食。我们非常幸运，谷物给我们提供了接近完美的营养。无论是小麦、大麦或是水稻都含有最基本的营养物质，即蛋白质、脂肪和碳水化合物，以及其他对健康至关重要的维生素和矿物质。它们也包含着很多植化素。那么，为什么谷物近来口碑那么差呢？很多问题来自谷物收割之后的加工方式。

正如我们所知，一些种类的脂肪比另一些要好，碳水化合物也是如此。我们已经了解到单一碳水化合物中的糖类可以在小肠中快速地被吸收，然而构成复合碳水化合物的糖类则要继续前往结肠这口发生种种变化的大锅。这一看似简单的不同点却导致了低纤维饮

---

① 比粪便移植有效性更受争议的是如何进行管理。食物和药品监督管理局倾向于认为，粪便移植是一种药物，需要经过多年测试和临床试验，而研究人员则呼吁将粪便移植当作一种个人问题来处理，这样可以在更广的医疗监管条件下更快地进行使用。让这一争论更加激烈的是对安全性和逐渐增长的家庭粪便移植的顾虑。

食的两大问题：结肠中制造短链脂肪酸的细菌并没有得到足够的食物，而同时过多的葡萄糖快速地进入了血液中。正是这种饮食结构导致了炎症并引发了 2 型糖尿病、肥胖症和其他疾病。但是，我们现在吃下去的食物怎么会破坏我们的健康呢？

这与植物种子的结构有关，我们不妨来看一粒小麦的结构。外面的种皮（麸皮）和内部的胚胎（胚芽）只占了整个种子质量的很小一部分。其中，麸皮约占总质量的 14%，而胚芽约占 3%。虽然它们质量很小，但是种子的这两部分富含营养物质。此外，一些坚硬的多糖物质也可以在麸皮中找到。种子中的大部分（即麸皮、胚芽之外的其余部分）叫作胚乳，它占了剩余 83% 的种子质量。胚乳中包含了大多数的单一碳水化合物，以及种子中的所有蛋白质（包括小麦中的两种蛋白质，它们在烤面包过程中变成了面筋）。实际上，胚乳就像植物的胎盘一样。一旦种子掉落在地面并且开始发芽，含有丰富碳水化合物的胚乳就会给种子提供营养物质，直至其生根发芽之后能够为自己提供营养物质。处于萌发初期的植物确实需要这种超量的能量供给，但对我们而言，这种超量的能量就不是一件好事了。

大自然让麸皮变得难以消化是有原因的。很多种子会进入鸟类或者哺乳动物的消化道进行旅行。对植物而言，这是一个很高明的策略，能够让其种子到处传播。非常坚韧的麸皮外壳保护着胚芽穿过动物的消化道，这样种子就会毫发无损地到达目的地，并准备发芽。

当人们说起谷物是"精加工"的时候，通常是指碾磨谷粒时麸皮和胚芽被剥除，而只有胚乳被留下。进一步碾磨小麦的胚乳后，你会得到精细的白面粉。对于你的小肠而言，这是一种很容易被吸收的糖类。而且相比全谷物，精加工后的谷物每单位中含有更多的面筋。这就意味着，一个人如果主要食用精加工谷物的话，会比食用全谷物的人在每单位谷物中摄入更多的面筋。

对谷物进行精加工的部分原因是脂肪容易变质发臭，而由精加工面粉制成的食物可以保存得更长久。而且面包师也都不喜欢面粉中有麸皮，因为它会影响到生面团的弹性，并且抑制发酵。把谷物中这些麻烦的东西去除掉就会解决这些问题。但是，这也会给我们的身体带来一系列新问题。当一粒谷物经过碾磨和加工，其完美的营养结构就会被瓦解。

所有的谷物都需要进行精加工。这正是全球各地杂货店中那些令人眼花缭乱的盒装或袋装食品的基础，在欧美世界尤其如此。在精加工的玉米粉上加一些油，然后撒上一些盐拌匀，墨西哥玉米片就制成了。对小麦粉进行同样的操作，饼干或者面包就制成了。

回顾 20 世纪碳水化合物的消费量，我们可以看到一些有趣的趋势。美国人在 1997 年摄入了和 1909 年数量差不多的碳水化合物，只是种类不同。在这期间，我们摄入的来自全谷类碳水化合物的比例从一半多降到了三分之一。从 1909 年到 1945 年左右，美国人在碳水化合物和纤维上的摄入量还是相对较高的。第二次世界大战后的几年出现了新的趋势，碳水化合物的摄入总量以及作为纤维而摄入的碳水化合物的比例都大大减少。但是从 20 世纪 60 年代开始，碳水化合物的摄入总量开始上升，而纤维摄入量还保持不变。到了 20 世纪 80 年代中期，碳水化合物的摄入总量急剧增加，回到了 1909 年的水平，不同之处只是在于纤维的摄入量减少，而同时单一碳水化合物（糖类）的摄入量大大增加。人们摄入的来自玉米糖浆的碳水化合物的比例从 20 世纪 60 年代早期的 2% ～ 3%，上升到了 20 世纪 80 年代中期的 20% 左右。换句话说，我们现在比起历史上任何时期，食用的纤维都要少，而食用的单糖都要多。

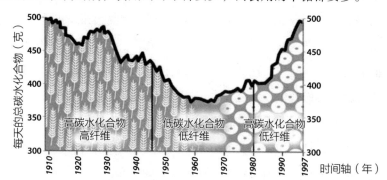

变化中的碳水化合物。美国 1909 年至 1997 年，每日摄入的碳水化合物总量和纤维相对摄入量的变化趋势。（数据来自 Gross et al., 2004）

　　摄入单一碳水化合物和复合碳水化合物后对人体产生的不同结果，可以解释为什么采用了赵立平推荐的 WTP 饮食结构的人们及其体内发生了巨大的变化，例如血糖得到了改善，炎症得到了缓解。小肠和结肠会以完全不同的方式处理全谷物和精加工谷物。在全谷物类的天然食品中，碳水化合物是与其他分子结合在一起的，此时消化酶会花费更多时间去寻找碳水化合物，并且分解它们。这种区别就如同打开一个用胶带缠绕了三圈的纸箱和打开一个带有易开拉带的盒子。与此同时，来自全谷类食物的糖类分子必须与蛋白质和脂肪分子争夺空间，以便自己能与小肠上的吸收细胞发生接触。这样就放缓了吸收糖类的过程。简言之，当全谷类依旧保持原状的时候，你的身体是以相当低的速度在吸收糖分。

　　对比之下，精加工谷物则会铺设一条输送葡萄糖的水管，我们的小肠会不折不扣地吸收这些葡萄糖，并把它们传递给血流。这样就会刺激胰腺分泌胰岛素，将葡萄糖从血液转入细胞中。但是，把细胞作为一个不断储藏糖分的库房是会导致其他问题的，例如器官损伤。因此，我们的身体解决了这个问题，也就是把过多的糖分转为脂肪，并把这些过多的糖分转移到仓库一样的脂肪细胞中。当我们需要能量的时候，比如在离早饭时间还很久的深夜，这些储存的脂肪就供我们使用。但是大量转换成脂肪的精加工碳水化合物超出了我们人体备用方案所需的能量供给。

西方饮食结构中肉食的摄入量也会造成健康问题。当我们摄入了大量的肉食，蛋白质就无法在到达小肠下端前被完全分解。如果你吃下过多的肉食，不堪重负的小肠会把部分消化了的动物蛋白质输送到结肠。

当结肠中的细菌遇到这些完全没有被消化或者仅部分被消化的蛋白质的时候，另一种魔法在人体内开始发挥魔力。结肠微生物群通常更倾向于发酵多糖物质，但是在结肠后端三分之一区域中，多糖的供给量非常少，所以细菌会进行腐化作用（puterfaction）。这是一个用于描述细菌分解蛋白质过程的术语，这一术语本身就暗示着这一作用所产生的代谢物是令人讨厌的。

腐化作用带来的问题源于动物蛋白质的组成元素，即一定数量的氮和少量的硫。氨、亚硝胺类和硫化氢可能对一个普通人来说并不意味着什么，但它们却是细菌进行腐化作用后生成的含氮和硫的化合物。这些有毒的化合物会对结肠壁细胞进行攻击。它们会干扰身体对丁酸盐的摄取，导致结肠细胞被剥夺了让结肠在最佳状态下进行工作的能量。细胞之间的间隙开始变宽，从而会引发肠漏症。

营养不良的细胞开始在本职工作上显得力不从心，并且废物在细胞内堆积，这些状况也会影响其他正常的细胞功能。杯状细胞减少了黏液分泌量，导致结肠内侧更容易受到病原体的侵入和遭受物理性损伤。这可不是一个小问题。结肠是一个繁忙之所，在人的一生中，结肠内壁细胞不断地进行繁殖。如果细胞不能定期被替换，其结果就像一幢没得到很好维护的房子一样。很多个小问题不断累积，就会成为一个大问题，最终房子就会坍塌。

尤其是那些细菌所产生的、由未被消化的蛋白质转化而来的含氮化合物，它们对结肠内壁的细胞会起到类似螺丝扳手那样的扭转功能。这些化合物会抢占到一些特定基因的 DNA 片段，扭转基因的特性。所以当被扭转的某一基因为一种特定的酶进行遗传解码时，这种酶很可能无法被正确地产生出来，相应地也就无法实现其本应有的功能。或者出现其他的情况：如果这个被螺丝扳手扭转过的基因的任务是触发其他基因活动，这个基因很可能无法完成这一任务。

这里最关键的问题是，每餐都要吃肉的西方饮食方式把太多只有部分被消化的蛋白质送到了一个错误的地方。虽然个中缘由人们还没有完全了解，但是来自红肉的未消化蛋白质似乎会产生最有害的一些副产品。偶然或者低水平地暴露在含氮和硫的化合物中没有什么大不了的。但是，长期让结肠细胞浸泡于腐化作用的副产品中，几年内就会对身体造成伤害。这也许可以解释为什么人们会在晚年患上结肠癌，而且绝大多数结肠癌发生在蛋白质发生腐化作用的结肠下段。

其他会造成健康问题的副产品也会在结肠中产生。摄入太多的脂肪会刺激肝脏生成胆汁，并输送到小肠中。我们的确需要胆汁。它可以像清洁剂一样，把脂肪分解成更小的分子，以便被身体吸收。几乎所有在小肠中使用过的胆汁都会在脂肪被充分分解之后重新回到肝脏中。这里的关键词是"几乎所有"。大约有 5% 的胆汁会继续沿着肠道向下移动，然后到达结肠。所以，摄入更多脂肪的人会分泌更多的胆汁去分解脂肪，这也意味着他们的结肠中会有更多的胆汁。你猜想一下，谁会截留这些胆汁并使其发生转化呢？

正是我们结肠的微生物群。它们会把胆汁转变成一种叫作"次级胆汁酸"的毒性显著的化合物。如同腐化作用的副产品一样，次级胆汁酸对于结肠内壁的细胞而言也是具有一定毒性的。它们会破坏 DNA，从而引起细胞的异常生长。只要这些异常的细胞突然生长出来，就具有转变为肿瘤的可能性。

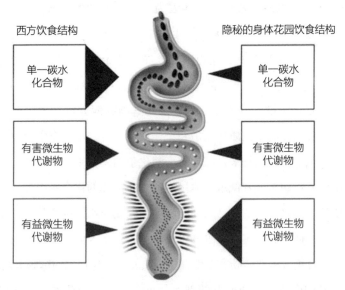

你的饮食结构非常重要： 不同的饮食结构会对肠道微生物群产生不同的影响。图中箭头的大小表示沿着消化道变化的饮食中营养物质或者微生物化合物的相对数量。富含复合碳水化合物的饮食结构会产生最多的有益微生物代谢物。

　　有趣的是，一些颇具地方特色的饮食习惯，比如因纽特人富含蛋白质的饮食和地中海的克里特岛上居民的富含脂肪的饮食，看上去不太健康。这一悖论的答案在于这些饮食结构的其他方面。因纽特人食用的大量深海鱼和驯鹿都是具有消炎作用的 omega-3 脂肪酸[①]的来源。所以，尽管因纽特人的饮食中确实缺乏植物性食物，但是他们的主要饮食还是富含很多消炎的化合物的，这些化合物可以替代那些由细菌生成的消炎短链脂肪酸。同理，对于克里特人来说，他们以橄榄油的形式摄入大量的脂肪，每年每人大约有30升。[②]那么是什么在对抗由于消化大量脂肪而产生的次级胆汁酸呢？最有可能的就是在橄榄中发现的大量植化素，还有克里特人大量食用的被叫作 horta 的野菜。如果把更多植物性食物添加到富含橄榄油和 horta 的饮食中，克里特人的肠道菌群就会大量产生短链脂肪酸，来抵抗次级胆汁酸的危害。

体内的杂食者

　　旧石器时代饮食的追随者提醒我们，人类长久以来一直食用肉类。他们强调，肉类是很多营养物质的极佳来源，特别是如果我们

[①] omega-3，为一组多元不饱和脂肪酸，常见于南极磷虾、深海鱼类和某些植物中，对人体健康十分有益。在化学结构上，omega-3 是一条由碳、氢原子相互连结而成的长链（18 个碳原子以上），其间带有 3 ～ 6 个不饱和键（即双键）。因其第一个不饱和键位于甲基一端的第 3 个碳原子上，故名 omega-3 。——译注
[②] 美国人橄榄油的年均消费量不到一升。你橱柜里的橄榄油瓶子通常是半升装的。像克里特人那样吃，你需要每周食用一瓶橄榄油。

食用的动物在饲养过程中没有使用任何抗生素，而且是按照这些动物自然的进食方式进行饲养的话。一般的素食者和严格的素食者也在告诫我们，那些以素食为主的人们更少患心血管疾病和 2 型糖尿病。他们也指出，植物有着动物所没有的东西，即它们大量储备着具有抗癌作用的植化素。

换句话来说，肉食主义和素食主义这两种对抗性的饮食观点其实都包含着一些真理，所以我们可以换位思考。如果考虑一下我们结肠中的微生物群是如何消化我们吃下去的肉类、脂肪以及蔬菜的，那么把两种饮食结构结合起来应该是更加明智之举。

下面就是两者结合起来发挥作用的机理。想象一下未消化的肉食在腐化过程中所产生的副产品，以及浸润结肠内壁细胞的次级胆汁酸。这导致 DNA 发生突变，一些异常细胞开始繁殖。肿瘤也开始生长。此时肿瘤细胞占了上风，它完全无视杀伤性 T 细胞让其自毁的警示。但是紧接下去，大量丁酸盐汹涌而至，结肠细胞活跃起来，并且与免疫系统进行了更有效的交流。增援来的杀伤性 T 细胞源源不断地到达这里，并且会干掉那些异常细胞。大量来自植物性食物的未被消化的复合碳水化合物也会进入结肠，驱逐次级胆汁酸，并且把它们的痕迹彻底擦洗干净。这样就减少了致癌物质与结肠内壁的接触。正常细胞的生长和结肠黏液的分泌再次开始。健康在结肠这口大锅中得以维持下来，整个身体安然无恙。

这一幕从健康和生态学层面来讲都是相当巧妙的。结肠这个纤维素发酵器可以解决因蛋白质腐化而引发的健康问题。并且在这个过程中，结肠大锅中的每一个成员都得到了自己所需要的食物，要么是复合碳水化合物，要么是未被消化的蛋白质废弃物和残余的胆汁酸。只要纤维素发酵器中那些有害的副产品还在肆虐，结肠就会像药品箱一样发挥作用——正如同梅奇尼科夫所想象的一样——而不会成为有毒的垃圾场。

我们是这个星球上最杂食的生物，食谱中既有大量种植的农作物和驯养的牲畜，也有很容易到手的野生食物。从鲸油、猪肠、毛虫、腐鱼、生鱼以及海藻，到更日常一些的食物，例如肉类、奶制品、水果、坚果和蔬菜，人类几乎无所不食。然而，很多饮食建议和饮食专家却刻意回避我们固有的杂食性。我们总是被规劝只吃杂食食谱中很小的一部分，而且这一小部分一直是在变化的！有关我们应该吃些什么的理念像钟摆一样摇摆不定，有时偏向吃更多的肉食，有时偏向吃更多的蔬菜；首先是建议我们远离脂肪，然后又建议食用特定种类的脂肪；以前建议吃全谷物，现在又要求我们远离所有的谷类。

怪不得这么多人要么生病，要么总是觉得浑身无力，或者两者兼有。或许我们应该关注的是为生存于我们体内的那些杂食微生物提供什么样的食物。这就像是小姑娘海蒂端来的盘子。原理很简单。找一个普通大小的盘子，以蔬菜、豆类、叶菜、水果和碾磨过的全谷物作为一餐饭的主要部分。想吃的话也可以加一点肉食。还可以添加一点健康的脂肪，将其放在一旁，或者洒在植物性食物上面。甜点和甜食比较特殊，不妨将它们留到特殊的时候再吃。

很好理解，肠道功能障碍、患有糖尿病或者对某些食物过敏的人们在饮食上应该得到特殊的对待。但是对于大多数人来说，健康饮食的关键就在于平衡和多样化，并且要把精加工的碳水化合物排除在外。

我们知道，这样的饮食结构是不适合打包出售的。这里的重点是鉴于我们体内微生物组的存在，我们应该如何考虑每天的饮食，而不是规定选择余地很小的食物种类，或者简单计算食物的卡路里。这并不是追求时髦，也不是为了耸人听闻。但是这意味着在别人给你提供的饮食建议中，你应该知道什么是最好的。想想你体内微生物组这口炼金的大锅中正在发生的种种神奇的变化。你希望你的纤维发酵器提炼出更多营养的黄金，而不是蛋白质腐化器和胆汁酸调节器变化出的毒物。为了让体内那些纤维爱好者处于优势，应该每天用发酵饲料盛满体内这口大锅，这样它们就可以源源不断地为你提供有益的东西。总而言之，当我们认真考虑吃什么的时候，一种正确的理念就是：我们应该想想我们是在为谁而饮食，它们用我们吃下去的东西做什么。

当安妮决定改变我们的饮食结构的时候，我并没有感到出乎意料。毕竟，她有一张王牌。癌症增强了她的建议的说服力，让我更认真地考虑我以前的饮食结构。我过去以为我吃得很好，至少大部分时间是这样的。过去当我有机会狼吞虎咽地吃下汉堡、比萨和墨西哥玉米片的时候，我认为我也吃下了一份适量的色拉和其他蔬菜。但是现在我意识到过去的日常饮食中包含了过多的单一碳水化合物，例如太多的面包、饼干、啤酒和红酒。

我们所种下的第一块菜地，引领我们走上了改变自己饮食结构的道路。一开始我们并没有考虑过癌症、胆固醇偏高以及其他类似的东西。但是亲手种植的蔬菜过剩了，于是我们开始把更多的蔬菜作为主食。也正是因为我们吃下了更多来自菜园的食物，我们吃的肉类、芝士和面包相应就变少了，并且几乎不再吃食品柜中的任何罐装食物。

过了一段时间，由于改变了饮食结构，并且决定每天往返 2.5 英里步行上下班，我的健康状况戏剧性地发生了巨大的改善。之前，我患有高血压、高胆固醇、胃酸反流和慢性肠道疾病。我一直服用降胆固醇药和治疗胃酸反流的紫色小药片。我的医生甚至也向我提出要开始服用降血压药。在我开始了新的日常饮食模式一年之后，我的血压和胆固醇水平都降到了正常范围之内。胃酸反流消失了，经常发作的腹泻也消失了。体重下降了不少，大约 25 磅（约 11 公斤）。我再也没有服用过任何药。我一直惊讶不已的是，改变饮食结构以养育肠道内的微生物，居然让我的健康状况得到了彻底的改观。

第十三章
迎接来自远古的朋友

微生物与植物之间在进化中所产生的适应，以及微生物与我们人体之间在进化中所产生的适应是如此复杂，会让我们感到震惊。在这两种情形下，根系和肠道中看不见的前沿上那些"土壤"的好坏直接关系到植物和人体的健康，无论我们是否污染它、忽视它，抑或滋养它。

在安妮手术前，我们新制订的饮食计划得到全面的实施，她被鼓励去种植很多抗癌的十字花科植物，尤其是羽衣甘蓝。这些长有粗大秆茎、叶片像扇子一样的植物在西雅图凉爽的天气中疯狂地生长。但是这个羽衣甘蓝究竟含有多少营养呢？我们决定去研究一下。

时值 7 月初，我们查了天气预报，选出了一周中最凉快的一天。在那天稍晚一些的时候，我们从冰箱中取出广口保温瓶，从红甘蓝上切下了 12 片叶片，小心翼翼地把这些叶片放入保温瓶中，然后迅速去往离家最近的联邦快递，通过连夜运送的方式把它们寄往位于俄勒冈州波特兰的食物实验室。

几天之后我们得到了结果，并把这些结果与美国农业部国家营养数据库中的数据进行了对比——这个数据库列出了食物中标准的营养水平数据。尽管存在受热和运输带来的营养损失，但是结果显示我们这些绿色植物的营养水平更高。主要营养物质浓度（磷和钾）的含量和参考值很接近，但是我们的羽衣甘蓝却含有两倍的钙和锌含量，还有四倍的叶酸（维生素 B9）含量。

为什么我们自己种的羽衣甘蓝比商店里买到的那些品种的平均营养价值要高呢？我们并没有施加任何肥料，只是添加了一些有机质堆肥。这么做能起到那么大的作用吗？事实上，我们并不是第一个对此感到不解的。有机农业的早期开拓者也拥有同样的问题，但是他们无法解释土壤健康是如何影响食品质量的。

众所周知，科学家们是怀疑一切的群体。如果你不能解释一些事物的运作原理，你就不可能赢得支持者。大多数人依旧会相信他们被灌输的传统观点。一个很好的例子就是 20 世纪二三十年代地球物理学者们对于德国气象学家阿尔弗雷德·魏格纳（Alfred Wegener）观点的反应。魏格纳当时提出了大陆在漂移这样惊世骇俗的观点。地球物理学家们完全蔑视这个观点，因为魏格纳不能解释大陆移动的原因。没有合理解释的疯狂观点是不能吸引科学界的普遍关注的。

几十年后，在新技术的帮助下，地质学家们积累了很多支持魏格纳理论的证据，并且慢慢揭示了一个合理的理论——板块构造论。一旦科学家理解了大洋盆地如何分裂以及大陆板块如何碰撞的理论之后，所有线索都联系在了一起。在魏格纳死后几十年，他的大陆漂移学说解释了很多谜题，例如山脉是如何上升的，为什么非洲和南美洲看上去就像是拼图游戏中相邻的拼块。今天，那些揭示了微生物以及它们如何影响植物、土壤和我们自身健康的发现正在产生另一个观念上的巨大变化。

大自然的预言家

回到 20 世纪 30 年代，阿尔伯特·霍华德爵士倡导说：微生物不仅可以提高土壤肥力，而且还可以促进人类健康。但是他并不能解释其原理，所以主流的科学家认为他的想法充其量只是推测性的。但是霍德华以及一些有着相似想法的人们所提出的一些早期的观点都显示出了相当好的预见性。现在的基因序列分析能够告诉我们微生物群落的组成以及它们在土壤中和我们体内的各种活性。

在霍华德看来，肥沃的土壤中养育的农作物和牲畜能为我们提供更丰富全面的营养。在退化土壤中用化学肥料培育而成的农作物和牲畜会不可避免地缺乏一些重要的营养元素，因为植物与其微生物伙伴之间的紧密关联被割裂了。虽然他并不确定这样的农业生产实践是如何影响人体健康的，但是他确信这种影响确实存在，而且土壤在这种影响中具有非常重要的作用。

让霍华德不断产生疑问的是一些奇怪的病例。例如，一个 23 岁的爱尔兰人在第二次世界大战前夜来到了英国。他在刚刚到达的时候还是健康的，但是在食用了两个月英国的食物之后就出现了黄疸。在他的新家中，这个年轻的男子基本上就只吃用白面包和肉制成的三明治，偶尔也吃一点鸡蛋。在爱尔兰他还会吃一些新鲜的食物，包括土豆、牛奶、蔬菜、鱼类、鸡蛋，偶尔吃一点肉。霍华德得出结论：饮食结构上的剧烈变化会让一个健康的男子突然患病。

饮食结构对人类健康会产生重要影响的另一个颇具说服力的例子来自伦敦附近的一所男校。这个学校既有走读生也有住校生，学校的职员种植了很多供学生食用的蔬菜。在学校把栽培方式从化学肥料变为印多尔式的有机堆肥后，霍华德对产生的变化进行了跟踪。不久后，长期困扰学校的传染性的感冒、麻疹和猩红热病例大大减少，仅剩下走读生带来的个别病例。霍华德由此总结说，肥沃土壤中栽培的新鲜食物可以促进人类的健康。

这并非个别现象。1940 年 6 月 8 日发表在《自然》杂志上的一篇论文，报道了新西兰男校蒙特·艾伯特文法学校（Mount Albert Grammar School）进行的类似实验。这个学校的学生不再食用来自施加化学肥料的土壤所生产的食物，转而食用有机食品。这种变化使得困扰男生的慢性鼻塞不再发作，感冒和流感的发生率也大大降低。《纽约时报》在叙述这项研究的段落中提到，在 1938 年麻疹爆发的时候，该校学生的身体状况也比其他人要好很多。

这样的案例使得霍华德确信，维持人体健康的关键在于将有机质归还给土地，在于追随自然的兴衰更替。虽然他确信是土壤中的细菌和菌根真菌在为植物提供关键的营养，但他没有想到的是，植物产生了分泌液，并将其与细菌进行交换，才得到了所需的营养物质。由于没有一个明确的机理，大多数科学家都认为他的那些想法只是妄想。

但霍华德确实也有一些支持者，其中最主要的是英国一位颇有影响力的农学家伊芙·鲍尔弗夫人（Lady Eve Balfour）。在第二次世界大战前后，鲍尔弗夫人研究了土壤中微生物以及它们对农作物的质量和产量的影响。在她的农场和其他人的农场中，她注意到，如果把动物粪便堆肥施加到土壤中，会培养出很多有益的土壤生物，相应地也有助于培育和维持肥沃的土壤。她和霍华德得到了一样的结论，即有机质和土壤中的微生物为土壤的肥力奠定了基础，这种肥力正是植物、动物和人类健康的根本。

作为在 20 世纪 40 年代统治有机农业界的女王，鲍尔弗夫人把自己的观察和来自医学界的观察以及霍华德的工作进行了结合，她认为健康的土壤正是那条将植物、牲畜和人类三者的健康串联在一起的主线。生机勃勃的土壤微生物群落会帮助土壤产出有益于健康的食物，并且能让食用这些健康食物的人们变得健康。

鲍尔弗夫人在 1943 年出版了具有深远影响的书籍《活的土壤》（*The Living Soil*），该书阐释了人们应该认真地对待和管理土壤，它如同是我们生命中不可或缺的一部分。鲍尔弗夫人把她的主张推广到了土壤科学之外，进入了农业和公共健康领域。她提倡了现今仍然具有远见的观念，也就是将英国的农业和健康管理机构进行合并，这样就会保证为英国公众提供新鲜、营养的食物。她也憧憬有一天土壤科学家能够和医生在医院里共同工作。

鲍尔弗夫人和霍华德对于土壤健康和人类健康之间存在着重要联系的真知灼见在第二次世界大战之后逐渐淡出了人们的视野。实业家们忙于产品转型，改坦克生产为拖拉机生产，改军火生产为肥料生产，改毒气生产为杀虫剂和除草剂生产。随着廉价农用化学品和装备的普及，人们对土壤健康在维护土壤肥力中所起的作用不再感兴趣。

但即便连国防工业也转型为新兴的农用化学工业，于是科学家们对以工业方式生产出来的食品中营养价值的日益降低表达了担忧。密苏里大学的一位农学家威廉·阿尔布雷克特（William Albrecht）正是其中一位强烈质疑现状的学者，他对人们依赖这些高卡路里但低营养的食物提出警告。他预测，在农业生产不断工业化的环境下，土壤的健康程度将会降低，人类的健康也将随之受到影响。

阿尔布雷克特利用他作为美国土壤学会会长的地位，向公众表态说土壤是一个国家最重要的资源。就如同霍华德一样，他相信有机质会滋养微生物种群，而这些微生物种群在整个生命世界中有着其他生物无法取代的地位。这些微生物可以将营养物质分解成更简单的形式，然后再用来滋养新生命。健康的微生物对于确保土壤有机质中的矿物源营养物质（mineral-derived nutrients）进入农作物中具有至关重要的作用。大自然养育富含有机质和微生物的土壤的奥秘就是，将营养物质留在生物圈中。

阿尔布雷克特认为，将有机质不断地施加到土壤中是切实可行的，而并非不切实际的激进想法。大家都知道，在富含有机质的土壤中农作物会生长得更好。玉米产区的农民在含有两倍土壤有机质的土壤中其收成也翻倍了。确实，土壤中的有机质含量提供了一个虽然粗略但是可靠的土壤价值的指标。

阿尔布雷克特也以充分的证据指出，将有机质返还给土壤对于维持土壤肥力非常关键。在密苏里中部的一个研究项目中，研究者将从未耕种过的大草原中的有机质含量与附近连续耕种六十多年但从来没有添加过有机质的玉米地和麦地中的有机质含量做了比较。虽然发生过很轻微的侵蚀，但是耕种过的土地中的有机质与未耕种过的草原相比少了 1/3 还多。同样地，这项横跨 13 年的研究显示，持续性的耕作会减少土壤中约 1/3 的氮含量。这个研究和其他研究也让阿尔布雷克特得出了一个具有警示性的结论：如果不对土壤中有机质的含量进行某种程度的维持，或者不给土壤施加有机质，土壤的肥力会大大降低。

当时几乎没有人像阿尔布雷克特一样担忧这个问题。土壤中有机质的衰减发生得很缓慢，而美国的农场照样在生产大量的经济作物。所以为什么要担忧呢？而且农民们知道，施加肥料会立即让肥力退化的土地中的农产品产量大增。阿尔布雷克特认为，这种状况对农民来说是一种错误的激励，似乎即便土地日渐流失维持土壤肥力的有机质，农民仍然能够正常耕种，而且由于那些大量廉价化肥的魔力，他们仍然可以获得高产。至少这样的情况能维持一段时间。

阿尔布雷克特极其倔强，继续着他的改革运动。他相信霍华德的长远眼光，提倡恢复土壤中的有机质。他注意到，在为植物提供营养物质方面，有机质的效果要比黏土高五倍多，于是他倡导将农作物的根茬和有机废物返回耕地。让有机质循环并回到土地中是健康农产品持续高产的关键。

如同霍华德和鲍尔弗夫人一样，阿尔布雷克特也认为，由细菌和真菌引发的农作物病害会在贫瘠土壤里的农作物中兴风作浪。他倡导了一项依然被忽视但显然很明智的建议：如果农民长期致力于恢复土壤中的有机质，也就是重新恢复土壤的肥力，就给予他们税收抵免。他也反复倡导：美国人的健康依赖于土壤的健康。

阿尔布雷克特认为，化肥不能成为健康土壤的替代品，与土壤相关的营养缺乏是产生很多人类健康问题的根源。他的这些观点与当时农业界正在努力进行食物生产工业化以及在肥力退化土地上促进产量提高的做法背道而驰。来自科学界的同行和具有共同利益的农业综合企业对阿尔布雷克特进行了抨击，说他已经偏离了土壤科学的界限，担忧动物与人类的健康问题应该是兽医和医生的职责。

因为不能解释土壤与人体健康之间为何存在关联，所以学术界大多排斥这种人类健康和土壤健康息息相关的观点。

阿尔布雷克特将第二次世界大战时期七万名美国海军水手的牙科病例与各地区土壤肥力的差异性进行了相关性研究，这使得他一下子闯入了一场争论之中。当时，大多数人都是吃本地土生土长的食物，所以将水手的牙齿状况与产出食物的土壤的肥力进行比较也是无可厚非的。阿尔布雷克特发现，在美国中西部大草原肥沃的土壤上成长起来的水手比起那些在东南部肥力退化土壤上成长起来的水手，蛀牙和缺齿的人数要少很多。阿尔布雷克特也注意到，那些土壤缺钙地区的征召入伍不合格率更高。

他尤其担心那些施用过三种最常见肥料（氮、磷、钾肥）的农作物。在农作物生长过程中，它们通常会吸收一些自然界的矿物质，比如铜、镁和锌。阿尔布雷克特认为，只补充氮、磷、钾而不补充微量矿物质，会导致耕种出来的食物的营养物质变少。换句话说，大量的化学肥料会导致产出大量缺乏矿物质的农作物。无论是对植物还是人体，缺乏必需矿物质都意味着营养失调，这跟能量不足是一样的。

20世纪40年代后期，阿尔布雷克特呼吁全国主动采取措施去恢复美国土地已经"羸弱不堪"的健康状况和肥力。此时他对自己所有的观点进行了系统性总结。对那些被有利可图的农用化学品的潮流深深吸引的农学家来说，他的观点并不受欢迎。阿尔布雷克特后来犯了一个重大错误使得情况雪上加霜。他明确主张，存在一个适用于所有土壤的钙浓度与镁浓度的特定比例。他认为，对植物的健康生长而言，这个比例非常理想。这个吸引人的简单方法可以保证，如果按照这个比例准确调节钙和镁，作物就会茁壮成长。他的这个方法不仅最后被证明是错误的，而且因为没有太多考虑土壤 pH 对于植物的影响，让他自己陷入了更深的误区。结果证明，土壤是多变的，而且 pH 的影响很重要。虽然他提出的这个比例在一些环境条件中是正确的，但是即使是他的追随者也发现，他提出的神奇比例也不是在所有种类的土壤、作物和气候中都起作用。阿尔布雷克特的反对者抓住他的这个过失，用来攻击他的其他观点。

阿尔布雷克特并没有灰心丧气，继续做长期不懈的斗争。他尤其关注土壤的健康水平是如何影响动物饲料和粮食作物中蛋白质和碳水化合物的含量。他从富含有利于人体的蛋白质和矿物质的"健康食品"中，将那些只富含碳水化合物、但缺乏完善蛋白质和全部矿质营养素的"热量食品"甄别了出来。阿尔布雷克特宣称，"健康食品"源自健康的土壤。他认为长期食用"热量食品"会让人增重，并且敏锐地预测到了现代肥胖症的流行。阿尔布雷克特也预言，人们将需要半个世纪的时间去查明土壤健康和人体健康之间的联系。

看似微乎其微，实则举足轻重

长期以来，这些有机农业早期先行者的观点一直被忽视，直到今天才被证明是非常有先见之明的。今天的科学家揭开了有机质从存于岩石和土壤到被植物吸收的这一过程中，微生物群落影响营养元素循环的种种方式。现在我们也了解到，某种植物会与土壤中的某些微生物发生作用，从而影响植化素的产生。而这些植化素对植物有保护作用，并维持其健康，同时也会维持食用它们的人类和动物的健康。这些正是霍华德、鲍尔弗夫人和阿尔布雷克特开展众多研究所探寻的机理，这些机理可以解释，既然微生物会引导营养物质进入植物，因此那些改变微生物数量的耕作方式会影响我们的健康。

农作物和牲畜中营养物质的水平，尤其是那些矿物质，长久以来一直是人们的兴趣点，因为营养物质的缺乏会导致人体的健康问题。但是营养学家和地质学家在谈及矿物质的时候所指并不相同。地质学家会认为，矿物质是岩石形成的晶体，就像石英一样。营养学家将矿物质看作是来源于岩石矿物的个别元素，或者是微量营养元素。这里我们采用的是营养学家的定义。

微量营养元素，例如铜、镁、铁和锌，是产生植物中的植化素、酶和蛋白质的重要元素，对于植物本身以及食用植物者的健康来说非常重要。微量营养素失调就像是一种隐性的饥荒，与热量失调相比影响了更多的人。据估计，矿物质不足困扰了约三分之一到一半的人类，无论在发达国家还是在发展中国家都造成了重大的健康问题。

研究者已经将矿物质缺乏与人的各种生理和心理健康问题联系在了一起。铜对于血红蛋白的正常运作和正常骨骼的形成来说非常重要。镁至少是三百多种酶的反应所必需的元素，其摄入量不足与小儿多动症、双相障碍症①、抑郁症和精神分裂症有密切的关联。一项近期的研究显示，白鼠饮食中的镁一旦去除掉，会很快引起肠

---

① 双相障碍症（bipolar disorder），又名躁郁症，躁狂抑郁性精神病。——译注

道菌群的变化，并引发全身性炎症以及小肠炎症。铁元素不足会引起贫血症，并降低人的学习或者工作能力。锌对于两百多种酶的反应来说是必要的，它对于正常发育、组织修复和伤口治愈来说都非常关键。锌缺乏会增加人患传染病的风险。举这些例子只是想让大家窥一斑而知全豹，明白微量营养素的作用与重要性。

你可能只需要很少量的微量营养素，但是获取足够多的种类对于健康是非常关键的。只是到了最近，我们才发明了瓶装的药丸和药粉以让人们获取足够多的微量营养素。在我们人类进化历程中的大多数时候，我们都只是依赖食物去摄取微量营养素。我们对于食物中营养成分的最长的一次研究是从 1927 年开始的。伦敦国王学院医院的一名医生，罗伯特·麦坎斯（Robert McCance）启动了一项针对食物和蔬菜中碳水化合物含量的研究，以期为糖尿病患者提供膳食指南。一名叫作埃尔希·威多森（Elsie Widdowson）的研究生指出，在他的分析中，水果中糖的含量有错误。这名研究生敏锐的眼光让他们在接下来的 60 年中成了研究营养和健康之化学机理的研究伙伴。1940 年，他们发表了一篇论文《食物中的化学成分》（*The Chemical Composition of Food*），这是针对日常食物所开展的一系列综合性研究中的第一个成果。他们的成果成了营养师的黄金准则，并且针对英国本土生长的食物中的矿物质成分提供了史上最完整的数据。这一成果定期更新，沿用至今。

六十多年后，一位拥有地质学学位、富有采矿经验的好奇的营养学家将麦坎斯和威多森在 1940 年发表的数据与 1991 年、2002 年分别发表的数据进行了比对。这位名叫大卫·托马斯（David Thomas）的营养学家希望能够评估一下在蔬菜、水果、肉类、奶酪和其他乳制品中微量营养素含量的长期发展趋势。事实证明，这是一个有趣的研究。

在他的比较中，托马斯发现，除了磷以外，每种食物中矿物质的成分都有显著的下降。在 1978 年到 1991 年之间，锌在水果和蔬菜中的含量分别下降了大约 27% 和 59%。对于所有种类的食物，铜的含量在 1940 年到 1991 年间平均下降了 20% 到 97% 不等。镁的含量下降了多达 26%。铁的含量下降了 24% 到 83%。工业贸易协会很快将导致这些差异的原因归结为分析方法的不同。但是托马斯指出，现在的分析方法正是基于对原有分析方法的描述，并且1940 年实验室中采取的手工分析方法与现代的自动分析方法一样精确，只是会花费更多时间而已。而且托马斯还发现，根据采集数据，1940 年蔬菜烹煮时间将近 1991 年的两倍，所以早期样本中的营养价值反而丢失得更多。

托马斯特别担心的是，英国人的两大主要食物土豆和胡萝卜中矿物质含量发生了惊人的下降。从 1940 年到 1991 年，英国的马铃薯中镁的含量减少了大约 1/3，铁和铜的含量减少了将近一半。胡萝卜中也减少了 3/4 镁和铜的含量，还有将近一半的铁含量。两种其他的农产品，菠菜和番茄，减少了 90% 的铜的含量。

虽然备受争议，但是托马斯的研究也并非独一无二。采用不同研究手段的其他一些研究者的成果也显示，食物中的微量营养素发生了历史性的下降。其中一个研究项目对存档的堪萨斯州小麦样本进行了分析，显示出铁和锌含量从 1873 年到 1995 年大大地下降了。一项 2004 年的研究针对 43 种农作物，对比了 1999 年测出的营养水平与 1950 年美国农业部营养基准含量，结果发现蛋白质、钙、铁、磷、维生素 B_2 和 C 的含量的中位数大大下降。接下来在一项 2009 年的研究中，也有充分证据证实，在过去的 50 年到 70 年中，水果和蔬菜中的矿物质含量也下降了 5% 到 40%。

农学家经常把过去半个世纪微量营养素含量的下降归因于土壤中这些元素的消耗效应或者"稀释效应"。前者通常发生在农作物吸收的土壤营养物质还没有补充回农田的情况下。土壤中新营养元素的补充来源于岩石缓慢的风化分解。如果与补充新的营养元素相比，植物吸收营养元素的速度更快的话，那么随着时间的推移，土壤就会缺乏这些营养元素。后者指的是与原有的品种相比，一些农作物的新品种有着更大或更多可食用部分的情况，比如谷物会生长更多种子，西兰花长有更大的头状花序。这样，当高产作物中的矿物质分布于更多的生物质（biomass）中时，其含量就会被稀释。这种情况就像把一汤勺的花生酱涂抹在一片面包上，而不是一片饼干上。如果涂抹在饼干上，花生酱将会更厚一些。研究者指出，有证据显示，土壤中微量营养元素的消耗与稀释，只会导致农作物中矿物质含量的下降。整个下降过程都是紧随着农业生产中密集的施肥而发生的。

此外，在农作物成为食品之前，食物加工也使得更多的矿物质流失。碾磨和加工会将人类主要粮食作物中大约一半的铁和锌去除掉，当然了，也会去除掉一些富有营养价值的蛋白质和脂肪。总之，农业生产方式的变化以及由于碾磨和加工产生的营养流失共同造成了食物中营养成分的减少，这正是阿尔布雷克特所指的那些高能量但低营养的食物。但是现在有证据显示，未加工食品中矿物质营养的减少源于另一个因素。

具有双重性的耕作传统

传统的农业直接或间接地改变了微生物群落，而正是微生物群落承担着将微量营养素从土壤搬运到植物中的任务，或者会影响这一搬运过程。人体中最常见的营养缺乏是铁和锌的不足，尽管这两种成分在大部分土壤中的含量足够高了，足以供给那些生长中需要高矿物质含量的农作物。很多情况下，铁、锌以及其他一些微量营养素很容易和氧之类的其他元素发生化合，从而形成比较不易溶解的化合物。虽然这些微量营养素就在植物附近，但是由于一直被锁定在化合物中，因而不能被植物利用。实际上，有一些微生物有助于把这些营养素释放出来。这就提出了现代农业中被忽视的一个问题。如果我们把土壤中那些微量营养素的微生物搬运工驱逐出去，使得根围附近那些微量营养素白白地丢弃在那里，结果会怎么样呢？

主流农业中没有人担心过这个问题。实际上早在 20 世纪 50 年代，农用化学品的广泛使用就大大地增加了农作物产量，也制服了很多危害农作物的病原体。因为有着如此神奇的效果，因而农用化学品的使用量大大增加，这很类似于同一时期医学界大量使用抗生素。谁还会对有着如此立竿见影效果的农用化学品心生抱怨呢？

然而生物体的生长是追求高效率的，这体现在植物和动物对于能量的消耗上，因为保有能量和获取能量对其生长来说是至关重要的。在施用了化肥之后，植物并不需要消耗太多能量去获取营养，因而就不会生长出发达的根系，也不会产生太多的分泌液。于是就导致了根围附近只有很少的菌根真菌和有益菌。如此一来，营养物质交换、矿物质吸收以及植化素的产生都会减少，而这些对植物健康和防御病原体来说十分关键。

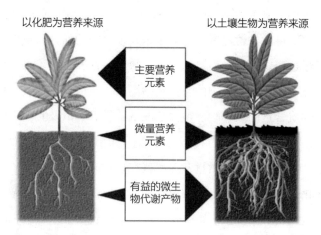

以化肥为营养来源　　　　　　　以土壤生物为营养来源

主要营养元素

微量营养元素

有益的微生物代谢产物

植物的营养来源举足轻重。有机质含量高的土壤会滋养更加多样和丰富的土壤生物群落。这些生物群落会提供更多的对植物有益的微量营养元素和更加丰富的对植物有益的化合物。

我们知道，菌根可以增强植物对微量营养元素的吸收。一项研究发现，菌根真菌可以传送给植物多达 80% 的磷、25% 的锌和 60% 的铜。2004 年，在澳大利亚东南部针对小麦生长进行了有机种植方式和传统种植方式的比较，发现传统种植方式增加了农作物产量和磷的浓度，但是减少了植物对锌的摄取。

为什么会这样呢？原因就在于，传统种植方式大大减少了菌根真菌在根部的聚集。这些真菌失去了它们与植物根部发生关系的理由，植物也就不再享受真菌传送微量营养元素的服务。这个就是以传统方法种植的小麦与隔壁农田有机小麦相比发生了锌缺乏的原因。更少的根部分泌液也就意味着更少的锌摄取，这就是霍华德所猜测的但无法证明的机理。然后，就像我们所预想的一样，1988年在印度农田的一项研究发现，添加有机质增加了锌的流动性和植物对锌的吸收。

过去半个世纪中所发生的农业耕作方式的改变是产生这一结果的原因吗？这一结果就是减少了在土壤中搜寻并传送微量营养素的细菌和菌根真菌的数量，以至于影响了植物对矿物质的吸收。这样的观点一直备受争议，因为这些营养素传送的效果似乎具有很强的多变性，取决于土壤种类、农作物种类、特定的耕种方式以及过去耕种方式对现在的影响等。尽管如此，由于科学家们一直在努力探究发生在根际的物质交换现象，因而即便根本没有这样的交换现象也并不会令人吃惊。

值得注意的是，我们实际的耕作方式也会对这一过程产生影响。传统耕作方式会影响土壤微生物群落的组成。免耕种植是放弃了使用适合于条播的开沟犁，将前一季农作物的枯枝落叶留在原地，从而减少了土地侵蚀，增加了土壤有机质。这一耕种方式会减少对土壤中生物的物理影响，同时也会增加有益菌根真菌的数量。这个可能就是采用免耕方式种植出来的土豆与传统犁耕土地上种植出来的土豆相比，更少受病原真菌影响的原因。

就算免耕方式有着如此大的优势，但是大量使用肥料、杀虫剂、除草剂依然会产生问题。这是因为，它们会干涉土壤中的生物圈。这些化学品会改变细菌群落和菌根真菌群落的组成，并且影响根际的共生关系，进而影响微量营养素的流动。实际上，无论我们怎么做（除了消灭它们），土壤中总会有微生物存在。而真正的问题在于，哪一种微生物会起到主导作用，是那些对我们有利的，还是对我们有害的？

最新的研究证实，有机农业会增加根际有益微生物的生物量（microbial biomass）。巴西的一项农场研究发现，将针叶樱桃（更熟知的名称是巴巴多斯樱桃或者西印度樱桃）的种植从传统方式转换为有机方式之后，在两年的时间内微生物的生物量从100%增加到了300%。同样，一项在北卡罗来纳进行的两年实地试验，比较了传统方式耕种和有机方式耕种对番茄的影响。结果发现，把轧棉废料①堆肥后施加于有机耕种的地里，相比起施用商业合成肥料的土壤，会使得土壤中微生物的生物量和植物可利用的氮的含量增加一倍以上。此外，蒿秆覆盖让土壤中微生物的生物量增加了43%，植物可利用的氮的含量也增加了30%。另外一项从传统耕种方式到有机耕种方式的转换研究是在北卡罗来纳的一片试验田上进行的，针对的是混合作物的轮作，该研究也得出了微生物的生物量会大大增加的结论。在研究的头两年，农作物的产量发生了下降。然而到了第三年，有机耕种方式的产量追赶上并且超过了传统耕种方式的产量。

这一现象是如何发生的呢？这是由于土壤中大量的生物会增加植物可利用的氮的储存量。你可以考虑一下以土壤中细菌为食的线虫的例子，看它是如何分泌出富含氮的废物并返回到土壤中的。正是在这一个过程中，线虫把细菌生物质转变成了可被植物利用的氮，即有机肥。现在看来，霍华德爵士的观点似乎一直是正确的。

----

① 轧棉废料是棉花加工过程中的剩余材料，主要成分是糠、种子和其他残余的植物成分。

1978年在瑞士开始的一项长期农业实验的研究结果显示，采用有机耕种方式和农家肥料不仅仅增加了微生物的生物量，而且增加了土壤中碳和氮的含量。在施用有机肥的土地中，由于捕食性蜘蛛的数量增长了两倍，因而导致蚜虫的数量只有平常的一半。换句话说，土壤中细菌数量增加所产生的影响从地下的生态系统一直波及了地上的捕食者，它们甚至可以作为病虫害防治的生态手段。

伊利诺伊大学的科学家最近也指出，高强度的氮肥会刺激微生物快速降解土壤中的有机质，因而耗尽营养素的储存。通过对来自世界上时间最长的玉米试验田数据进行分析，他们发现，土壤有机质中碳和氮的含量大大地减少了，尽管在实验过程中把大量的有机质（作物根茬）留在了耕地上，并且施加了大量的氮肥。他们的这个发现出人意料，因为长久以来人们都认为，添加合成氮有助于维持土壤有机质的含量。人们过去认为，在同一片土地上种植更多的农作物会提供更多的有机质，因为农作物收割之后会留下更多的作物根茬。而他们得到的结论却是，施加氮肥反而会加快土壤中有机质的分解。这一点推翻了传统的观念。

几十年来，几乎没有人考虑过氮肥对微生物有着类固醇一样的作用，尽管在农业中将高强度地施用肥料进行制度化之前，早已有一些令人不安的实验已经完成了。1928年，塞尔曼·瓦科斯曼，我们在前文提到过的由土壤科学家转变成的抗生素猎手，他在研究中记录了一项数据：添加无机的氮、磷和钾，会使微生物分解土壤有机质的速度提高三倍以上。11年后的1939年，威廉·阿尔布雷克特测量了施用了50年化肥的试验田中的有机质含量。他也发现，施用无机肥料会减少土壤有机质。但当时没有人在意这些，因为肥料会大大提高农作物产量。

霍华德对人们日益增加的对农用化学品的依赖所产生的担忧现在看来是有理由的。一旦土壤有机质被降解,肥料对于维持产量就非常关键。然而,肥料只是问题中的一部分。杀虫剂和除草剂已经以我们不知道的方式改变了土壤中的微生物。然而,有一些研究指向了西方饮食结构中一些基本问题所产生的影响,比如过度食用精炼的碳水化合物,以及过度使用农用化学品。而过度使用农用化学品使得对我们有害的那些部分得到了维系,而对我们有益的那些部分却被忽视。

并不令人吃惊的是,农用化学品的制造商们也在尽力挑战那些指出生物灭杀剂具有负面影响的研究。这些生物灭杀剂包括除草剂、杀菌剂、杀真菌剂以及杀虫剂,它们分别针对生物演化树的每一个主要分支,因而在是否具有负面效应的问题上引发了许多质疑。这里不妨以草甘膦除草剂为例。早期的研究发现,草甘膦对于人体只有很低的直接毒性,并且分解得也很快。但是,近期的几份研究报告显示,草甘膦可能并非那么无害。研究报告的作者们认为,负面效果可能源于它们打扰了微生物群,而不是说它们具有急性毒性。这些研究中的实验显示,草甘膦会影响根际微生物群,导致植物减少对磷、锌和镁等营养成分的吸收。研究者们也发现,草甘膦会改变家禽和奶牛的肠道生物群,导致肠道中的有益菌受到破坏,而病原体得以繁殖。2014 年在《食物化学》(*Food Chemistry*)期刊上发表的一篇论文报告了市场上销售的大豆中显著含有草甘膦,而这无疑将会引起针对这种世界上销量最好的除草剂的更大质疑。

微肥料 ①

人们长期争论，用有机种植方式和传统种植方式所获得的食物在营养成分上到底有何差异。然而，当你换一个提问方式，这个问题就会呈现出一个清晰的面貌。这个问题就是：如果把那些已知会给植物传送微量营养素的土壤微生物放回土壤中，将会发生什么呢？答案就是，矿物质的吸收会增加，并且有时会增加很多。把某些特定的细菌和菌根接种到土壤和植物的根部，会对植物产生很明显的益处，如同植物病原体会带来明显的病害一样。我们现在已经了解到根系分泌物会影响根际微生物群落的组成，而且正在开始探究微生物的代谢产物是如何刺激植物去产生含有抗细菌和抗真菌效果的植化素。这就为利用根际微生物群去抵抗病原体打开了一扇门，从而可以利用这一技术去促进植物的健康。植物的微生物伙伴确实具有极大的然而很大程度上被忽视的潜力，它们能减少杀虫剂和肥料的使用或者取代它们，同时还有助于维持集约化的农业生产。从这方面来看，微生物技术在农业中的应用完全可以媲美于益生菌和益生元在医学中所具有的令人期待的发展前景。

对植物进行细菌接种就像我们食用益生菌一样，因为两者都是引入活的微生物，并且对宿主带来益处。实验室研究和现场试验已经表明，用正确的菌株接种到根部周围的微生物组中，会促进植物的生长，加强植物的营养吸收，有助于控制病原体，并且促

---

① 这里的微肥料（micromanure）是指与微生物相关的两种肥料：生物肥料与生物食用肥。具体见本书内容。——译注

进根部表面积的增加和枝条长度的增长。我们甚至采用了一个首字母缩略词去指代那些促进植物生长的细菌：PGPR（Plant［植物］-Growth［生长］-Promoting［促进］-Rhizobacteria［根际细菌］）。那些可以提供更多营养成分并促进植物吸收的生物资源被叫作生物肥料①。对于植物微生物组如何以多种方式影响植物健康这个问题，人们的了解越来越深入，这显然有助于农作物质量和产量的提高。

将有益细菌接种到植物上有助于保护植物免受病原真菌和细菌的侵害。某一研究实例中，将共生细菌接种到茄子上降低了70%的由病原细菌所引发的枯萎病的发生率。对甘蔗和大米的研究也显示，用有益细菌进行接种会增加植物防御病害相关的基因表达。换句话说，用适当的细菌进行接种会帮助植物调整防御系统，以击退病原细菌，这一过程颇像共生的肠道细菌帮助免疫系统做好准备，防御病原体。

这其中的机理在于，根表面的化学信号对于植物进行防御非常关键。由于植物是固定生长在一个地方，因此它们无法移动去躲避害虫和病原体。当植物没有处于持续受到威胁的状态时，持续性地分泌抗菌化合物对植物来说有些浪费。但如果植物能够分泌出某些化合物吸引来一些微生物盟友，这样应该是更加合理的。当受到攻

---

① 生物肥料（biofertilizers）又称微生物肥料、菌肥等，是指以微生物的生命活动为核心，使农作物获得特定的肥料效应的一类肥料制品。微生物资源丰富，种类和功能繁多，可以开发成具有不同功能、不同用途的肥料。微生物菌株可以经过人工选育并不断纯化、复壮以提高其活力，特别是随着生物技术的进一步发展，通过基因工程方法获得所需的菌株已成为可能。——译注

击时，植物就可以发出信号让细菌产生一些化合物，用来对付那些讨厌的害虫或者病原体。

　　很多农夫已经开始将培育好的特定根瘤菌株应用于自己的农业生产中——或者是覆盖于种子之上，或者是播撒在农田之中，使农作物能摄取更多的营养，促进农作物产量的提高。过去几十年的研究已经证明，在农业生产中引入不同种类的有益细菌可以大大促进农作物的生长和产量，这些农作物包括三大谷物（即小麦、玉米和大米），其他农产品（包括大麦、油菜、高粱、土豆、花生），各种蔬菜（生菜、番茄、辣椒、豌豆和豆类），以及果木（苹果和柑橘类）。在这些研究中，对于小麦的现场实验显示，其产量从10%增加到了43%。研究人员也针对温室和耕地中的玉米进行了实验，结果显示，将一些具有溶磷能力的细菌以及具有促进植物生长特性的其他细菌接种到种子上，相比起没有接种过的植物，产量增加了64%到85%。2009年一项对于玉米的研究显示，促进植物生长的细菌可以减少一半的磷肥使用量而不影响其产量。在另一项研究中，相比仅施加磷矿粉，接种过芽孢杆菌的小麦甚至可以增产39%。生物肥料提供了为数不多的快速增产的措施。

　　细菌菌剂的大规模商业化虽然由于人们对根际生态的了解有限而受到了制约，但人们很清楚，这些细菌菌剂可以通过增加植物对磷的吸收而促进农作物生长，而磷吸收的不足实际上阻碍了全球将近一半耕地上农作物的生长。对于农作物来说，磷是世界上数量最少的主要营养元素，而且也是阻碍农作物生长的第二大营养成分（第一是氮）。世界上大多数磷是储藏在一些含磷岩石中以及一些稀有矿物中。在土壤中，磷很容易和钙、铁以及铝发生化学反应，形成不可溶解的化合物，因而很难被植物吸收。但是有一些细菌可以将锁定在化合物中的磷释放出来，把磷转变成植物可以吸收的溶解状态。

微生物也可以帮助植物从另一种来源即有机质中获取磷。植物和动物遗骸中的磷通常会占土壤中磷含量的一半，有时多达95%。分解土壤中有机质的微生物会释放出磷以及来源于其他矿物的元素，使其重新进入生物循环。因此，对于根际为什么会生存着比土壤中多得多的溶磷细菌这一点我们就不会感到奇怪了。溶磷细菌会向着植物分泌液聚集，带给植物营养成分，同时换取糖分。

科学家采用磷的放射性同位素作为示踪物，证实了溶磷细菌也会和菌根真菌成为合作伙伴。细菌会持续分解含磷的化合物，把可溶解的磷释放到土壤中，然后真菌把这些可溶解的磷传送给植物。在这种情况下，菌根真菌就扮演着中间人的角色。这个是阿尔伯特·霍华德爵士凭直觉想到的微生物发挥作用的另一种途径，也就是说，人们可以调制出微生物的"鸡尾酒"，在一些特定的土壤中促进特定种类的农作物生长。这种方法替代了在上一个世纪中人们的惯常做法，即把足够多的磷倾倒入土壤中来确保其中一部分磷被农作物吸收。或许我们可以利用微生物去把土壤中本来就存在的、但由于被化合物锁定而无法被植物吸收的磷释放出来。

据估计，全球植物可利用的土壤中磷储量将在2050年之前被用完。当今的世界，持续增加农作物产量已经不太可能，而人口却在持续增加。采用微生物菌剂去释放出磷并且促进作物的生长，也许对喂养明天的饥饿世界来说是非常关键的。比如说古巴，在苏联解体之后，其化石燃料的供给被大大地缩减，于是开始了商业化的生物肥料生产。人们经历过的教训会大大地影响将来的决策。据估算，全世界农用耕地中积累起来的磷储量可以维持一个世纪农作物的生产，前提是如果植物可以利用这些磷的话。

微生物甚至可以帮助我们从人类的废弃物中获取磷。由于世界上磷的总量有限，并且人口越来越多，因此废弃物中的这部分磷是我们将来必需的来源。不动杆菌属的某些细菌如同真空吸尘器，会向体内吸入相当多的磷，以至于这些磷的总量达到了它们自身质量的 80%。环境工程师通过以下方式可以大量培养这种固磷菌：让原污水[①]先后通过两个水槽，第一个是厌氧环境，第二个是需氧环境。这种过程被称作强化生物除磷工艺，可以从原污水中有效地浓缩污水中的磷，并去除掉。同样，硝酸盐也可以在污水处理过程中被微生物清除掉，这个过程叫作微生物脱氮。如果我们给微生物创造合适的工作条件，它们就会清除并且循环利用我们的废弃物，产出化肥。这是一种工业化的共生，能实现人类与环境的双赢。

与其利用基因工程技术让植物去适应那些存在着未知副作用的新型农用化学品，还不如想办法在植物和维护植物健康的微生物之间建立有益的关系，从而提高农业产量。生物肥料通常被保守地认为可以取代 1/4 到 1/3 的常规肥料。

除了充分利用微生物已经产生的价值，在一些新的领域发挥它们的潜能也许会为我们创造出前景可期的其他技术。比如说现在人们对建立非豆科作物（例如小麦和玉米）与固氮细菌间的共生关系

---

① 原污水（raw sewage）：未经处理的污水。——译注

以减少对氮肥的需求产生了浓厚的兴趣。可以想象，传统的化肥企业对这一类技术并不会非常开心。不过这样一个突破点能否促成可持续农业倡导者与推崇基因工程的提倡者之间握手言和？

当然，恢复土壤肥力的最简单的方法是采用益生元策略，去培育有益微生物。在农业的语境中，微生物的食物被称作生物食用肥（biotic fertilizer）；注意这里不要与生物肥料（biofertilizer）混淆，生物肥料是指类似于益生菌并且活着的微生物。自然界依赖于像有机质、堆肥以及枯枝败叶覆盖层这些益生元去产生肥沃的土壤。但是简单地把有机质返回到农田（不妨想象一下用枯枝败叶进行农田覆盖的情形）应用于大规模农业生产并非易事。这就是在土壤中利用某种益生元为什么会如此吸引人的原因。这些生物食用肥与有机质的作用一样，也就是说它们会养育土壤中的生物，只不过速度快得多。这一方法的倡导者宣称，土壤的肥力在几年内就会大幅度提升。

农业中采用生物食用肥这一方法会产生另一个非常有趣的结果，它可以促进存活于土壤中的某些种类的蓝藻（蓝绿色藻类）的生长。这些蓝藻的特别之处在哪里呢？它们可以进行光合作用，并且固定住空气中的氮。它们的固氮效果如何呢？在化学肥料出现之前的几个世纪，自然界大量存在的蓝藻帮助整个亚洲的稻田保持了一定的肥力。

培育蓝藻会产生生态的连锁反应。最初蓝藻的繁盛会增加土壤的生态活性，并且在增加土壤肥力的速度方面，相比任由自然界"自立更生"，蓝藻要快得多。蓝藻和其他微生物死去之后会快速被分解，从而增加土壤中的碳、氮以及植物可利用的营养物质。这其中的原因在于，蓝藻会促进次一级微生物的生长，由此提供充足的有机质去维持这个过程的运作，直到再次获得生物食用肥。

举一个例子，现在有一种生态产品在华盛顿州是可以买得到的。这种产品的制造商从一些主要的饲养场收集鸡粪，然后用特定的堆肥方法去杀死鸡粪中的病原体，并且可以将先前喂食给鸡的抗生素和药物分解掉。这种堆肥得到的产物就转化成了高浓度的肥料，混在土中可以促进蓝藻的生长。施加了这种生物食用肥的农民反映，他们的农作物对真菌和害虫更有抵抗力，并且对矿物质的摄取量也增加了。虽然生物食用肥主要是在有机农场中使用，但是目前在常规的商业农场中也越来越多地被使用。

在人们越来越希望减少氮肥需求的背景下，给土壤施加有益细菌和生物食用肥的方法为我们提供了一种新的策略。就像我们花园中不断变黑的土壤一样，在反复施加生物食用肥的土壤中有机质会增加，在某些情况下，一年会增加 1% 以上。这个方法的倡导者提醒说，生物食用肥需要根据土壤中特定的蓝藻种类以及当地特定的环境条件（比如温带或热带，潮湿或干燥）进行调整。

尽管采用微生物生态学的方法能够促进土壤与农作物的健康，并且提高产量，这一方法看上去颇有前景，但是人们对于土壤肥力的生物学基础理论的认识还面临着一些巨大的障碍。毕竟，现代农业生产是基于一个半世纪以来以化学为核心的理论和实践发展而来的。而且在实践层面上，我们对于微生物生态学的理解也还处于初级阶段。然而这个局面正在发生快速的变化。对生物肥料日益增多的商业需求反映出有些产品在成本上与传统肥料相比也是有竞争力的，并且就算不能进一步增加产量，但产量也基本相当。毫无疑问，在未来，化学肥料对商业化的农业生产仍然是不可或缺的。但是为了我们的后代，我们应该减少对化学肥料的过度使用，并致力于重新恢复土壤中的有机质。这才是久经考验的保证土壤永远肥沃的自然基石。

隐秘的边界

生活在植物根系内部或者周围的微生物对于植物的防御系统是非常重要的，就像我们的微生物组对我们的免疫系统很重要一样。人类也会形成跟植物一样的防御策略。我们和植物一样都会提供一些营养物质，从而将一些微生物吸引到一些特定区域——这个区域对于植物来说就是根际，对于我们来说就是结肠。这些区域就像生物集市一样，微生物可以交易到营养物质，然后与植物和人类结成盟友。

在写作这本书的时候，我们无意中发现其中一项研究描述了肠道细菌会享用结肠细胞黏膜表层上的分泌液。结肠中的分泌液？分泌液难道不是专属植物界的范畴吗？于是我们恍然大悟：根系就是肠道，肠道就是根系！

可能并非巧合的是，肠道和土壤中的大多数细菌在谱系上都属于腐生菌（saprophyte 这一术语意为"腐物寄生菌"，它来源于希腊语，*sapro* 指的是腐烂的东西，*phyte* 指的是植物）。在肠道和土壤中都存在着专门负责分解死掉植物的细菌。

如果你可以彻查植物的根系，包括根围以及根系的全部，你就会发现这里就像消化道。在很多方面，这两个地方就像是平行宇宙。那些把土壤、根和根际结合起来的生物学机理和过程，也存在于结肠黏膜表层和相关免疫组织之间。结肠就像是人体中的根际，存在有大量特地"招募"来的微生物。就如同消化道细胞会与肠道微生物互相作用一样，根部的细胞也会与土壤微生物打交道。人类世界和植物世界有着同样的主题，那就是：与微生物进行多种多样的交流与交换。

但肠道与根系之间的关联性其实要深入得多。我们牙齿的工作类似于土壤中的食碎屑者，咬碎并且咀嚼有机质，让它们变得更小，这样就可以让其他器官继续其分解过程。胃酸就像土壤中的真菌酸一样，把食物分解成可以吸收的分子。小肠吸收营养物质的过程就像是植物根系吸收溶解于水中的营养。小肠的内表面覆盖着细小的、线状的凸起，称为微绒毛，可以使小肠的表面积增加好几倍。这样就会大大增加营养的吸收，就如同土壤中的根毛一样。在结肠这个大锅中，就像在根际一样，微生物制造了其宿主所必需的最重要的代谢物和化合物。

在小肠壁和结肠壁中发现的杯状细胞会产生厚厚的一层黏液，保护其他细胞，并确保肠道内容物向前蠕动。科学家一度认为，这就是结肠产生黏液的唯一理由。但随后他们发现，细菌会在黏液中生存，并且会食用黏液。这就像植物在根部细胞表面所产生的富含碳水化合物的分泌液可以喂养生存于根际的微生物一样。在你体内"土壤"中生存的大量细菌会享用黏液，以及一些未被消化的植物残渣和死掉的结肠细胞。反过来，它们的代谢物会滋养你的结肠，并且它们的存在也有助于抵挡病原体。[①] 我们的微生物伙伴会利用来源于我们饮食中的原料去制造大量有益和防御性化合物，这一方式与根际微生物群落和植物根系之间的互动方式非常相似。

土壤中分解有机质的生物为植物提供了持续的营养物质供给。这一过程与结肠内细菌把复合碳水化合物转换为持续供给有益化合物（比如短链脂肪酸）的过程类似。在这两种情形下，富含植物有机质的供给为人类或植物的健康提供了重要的营养成分。从另一方面来说，简单碳水化合物和单一矿物质肥料会快速促进植物生长，但是不会提供全面的营养成分，而全面的营养成分才是植物的健康或者食用这些植物的人类的健康的基石。

植物的根会插入土壤去寻找食物，而我们通过饮食把外部环境直接带入我们的体内。这样做风险其实是很大的，如果考虑到外部环境中的所有因素都有可能（也确实）危害到人类的话。

我们的肠道就像植物的根一样，必须对我们吃喝下的各种东西进行过滤，从中甄别出对我们有益的食物。肠道与其内容物之间的边界，根和土壤之间的边界，正是所有营养物质必须跨越的看不见的前沿。而微生物是往来于这些边界两侧的中间人，这个星球上最小的交易者。化学物质是往来于这些边界两侧的货物，而生物使这些关乎生命之根本的贸易保持活跃。

如果你能够仔细看看你结肠的横截面，你会发现细菌的细胞和

---

① 如果你没有摄入足够多的可酵解碳水化合物，那么肠道中的某些细菌会与你"反目成仇"，过度消耗肠道上的黏膜层，而这可能导致严重的问题。

你自身的细胞肩并肩地挨着，让你找不到哪里是头、哪里是尾。如果你愿意的话可以想象一下，那些有益细菌就像藏在你结肠的隐窝里。这个画面就跟植物很像，因为菌根真菌也是这样进入植物根部，并且挤在植物细胞之间的。微生物与植物之间在进化中所产生的适应，以及微生物与我们人体之间在进化中所产生的适应是如此复杂，会让我们感到震惊。在这两种情形下，根系和肠道中看不见的前沿上那些"土壤"的好坏直接关系到植物和人体的健康，无论我们是否污染它、忽视它，抑或滋养它。

分别生存于植物根系和人类肠道中的微生物所具有的功能的相似性告诉我们，这种关联性既是非常基本的，又是很普遍的。对于二者来说，微生物群落会从两个不可或缺的方面帮助宿主，即获取食物和防御敌人。反过来，它们获取了它们所期望的最佳栖息地，这里很安全，并且有稳定的食物来源，是一个可以繁殖后代、享受美好生活的理想之所。

无论对植物还是我们自己而言，进化都促使微生物与宿主形成互助互惠的伙伴关系。这个不像是巧合。自从人类诞生，我们就活在共生关系中。有一些栖息于我们肠道内部"土壤"中的微生物同样也生活于土壤中，它们有助于抑制植物病害。这个简单的然而直至最近才得到理解的事实对于如何开始为当前的农业与医学提供新的实践手段来说是至关重要的基础，而这一新的实践手段就是迎接那些来自远古的朋友。

第十四章
培育健康

　　我们每个人可能都是独特的，但我们绝不是独一无二的。自然这棵参天大树，以其鲜活的根系深深扎入我们脚下的大地以及我们的身体之中。自然并不存在于某个遥远的地方。她比我们想象的要近，其实她就在你我身体的内部。

一旦发现微生物在土壤健康和人类健康中所扮演的重要角色如此相似，我们看待世界的视角一定会不一样。虽然我们现在对我们脚下隐秘的自然界还只是一知半解，但我们明白，这正是每天在花园中所见到的生命与美的根源。当了解到每一个人都是一个由数万亿生命组成的部落之后，我们看待我们自身的视角也会与以往有所不同。

当意识到原来我们身边寻常所见的动物、植物和风景只不过是大自然的冰山一角时，我们现在理解了微生物这一神奇种群是如何使土壤变得肥沃、使食物富含营养的。我们曾经以为大部分微生物是有害的，它们是我们免疫系统的敌人，应该使用抗生素将其消灭。然而，微生物群落是我们新陈代谢中不可或缺的一环。而今我们则认识到，"种豆得豆，种瓜得瓜"，我们用什么喂养我们内在与外在的土壤，我们最后就收获什么。这种新的认识拓宽了我们的视野，让我们开始关注在土壤和人体内培养有益微生物能在农业和医学方面带来何种非凡的价值。

　　一个多世纪以来，人们一直把这些看不见的邻居视为一种威胁。我们过去把土壤中的生命基本都作为农业生产的祸害，并且戴着微生物病原学说的有色眼镜，把微生物天然地视作死亡和疾病的原因。基于这样的观念，作为解决问题的方案，使用农用化学品杀灭害虫，使用抗生素杀死病原体完全嵌入了我们的农业与医学实践。由于我们是有目的地杀死这些有害的微生物，因此没有考虑到此举会给其他无辜的微生物造成连带危害，尽管此时我们已经开始注意到这些方法会对自身健康带来不利影响。

　　在农田喷洒广谱杀虫剂可以在短期内杀灭农业害虫，但是长期来看这些害虫会报复性地反扑。这类似于我们在过去几十年中滥用抗生素的情形。这导致一些具有抗生素耐药性的细菌种类产生，并且其数量不断增加，我们现在却还无法防御。我们沉溺于持久力有限的解决方案，而非根本地解决问题。给花园、农场和病人施加广谱抗生素不应该再是园丁、农民和医生解决问题的实际手段。

　　这意味着什么呢？土壤的肥力和我们的免疫系统这两样对我们来说非常关键的东西，并非像我们过去所认为的那样运作。若根际有益微生物群落发育不全，农作物会减少生成那些具有防御病害功能且为我们提供必要营养的植化素。与我们的健康特别相关的是，原来，我们竭力要杀死的微生物中的大部分正是我们所需要的。人体内微生物组被扰乱，特别当它发生在生长发育的早期阶段时，逐渐被发现正是一些现代病的诱因。这并不意味着我们不应该与害虫和病原体做斗争，而是说那些我们过分依赖的方法会让我们付出一些并非一目了然的代价。

回顾所经历的过往，生机勃勃的花园和杂草丛生的荒地之间的反差告诉了我们应该选择去往何处。大自然不喜欢不毛之地，因而她会以自己的方式用各种生物填充这些不毛之地。如果你与她合作，就可以塑造一个地方。我们用心地耕作我们脚下的小块土地，采摘色彩缤纷的鲜花，种植大树来陶冶心灵，收获蔬菜以供食用。我们花园中那些给我们带来心灵的舒适、滋养我们身体的美丽植物，其真正的来源正是我们脚下的土地，这样的发现曾经让我们惊讶不已。而花园所蕴含的其他种种奥秘也让我们惊叹于大自然的鬼斧神工。我们脚下的土地与我们的消化道有着功能很相近的表面。想象一下我们像园丁一样悉心呵护自己的肠道，照料身体最深处的密室里的那些你想要和需要的生命。

就如同堆肥、木屑、护根覆盖层滋养土壤一般，食物也会滋养肠道中与我们共生的那些居民。富有生机活力的土壤会在土层上部产生一系列的连锁反应，维护花园或农场的健康与恢复力。身体内部的土壤也会滋养另一个花园，即我们的身体。如果用心养护那些对我们有利的微生物，它们就会帮助我们抵御病原体同类，同时维持免疫系统为我们正常运作，而不是与我们为敌。

照料我们体内的微生物组花园（the garden of our microbiome）并不意味着放弃现代医药。但是现实一点来看，我们确实需要一点时间来调整我们的医疗技术手段，使得它们能够和我们体内的微生物组协同工作。同时，我们需要确保一开始就拥有健康的微生物组，然后通过富含益生元的饮食结构去维持其健康。如果我们体内的微生物组遭受了创伤，无论是由服用抗生素所引起的，或是疾病引起的，甚至可能是结肠镜检查引起的，我们就应该仔细考虑，如何尽到"肠道园丁"的职责，以便能够重新培育我们已经失去的微生物，并帮助它们在肠道中站稳脚跟。

最后，我们可以归结出一些简单的建议：让你的敌人忍饥挨饿，让你的朋友饱食终日。不要误杀那些帮助你抵御敌人的盟友。

虽然还不能看清身体中微生物生态系统的全貌，但是我们已经获得的知识足以让我们改变一些医疗手段。最明显的一个例子就是，现在我们为孩子们、自己以及牲畜开抗生素处方时变得更加慎重了。同样地，我们已经减少了对自己家以及身体的过度杀菌行为。恢复肠道微生物生态系统看上去是一个难以完成的任务，因为我们还正在研究有哪些物种生活其中以及它们是如何相互影响的。尽管如此，我们还是从已知的自然生态系统中吸取到了至关重要的教训。众所周知，将退化的生态系统重新恢复起来非常困难，而且花费不菲。防微杜渐，通常都是最优的长期策略。

范·列文虎克用他那微妙的显微镜观测到了重大发现，然而他当时并不知道他的发现所蕴含的重要意义。在接下去的几个世纪中，开创者们的精神照亮了微生物界神奇又黑暗的那一面。在此过程中，他们击败了很多对人类危害最大的病原体。正当我们一度将微生物视作是我们看不见的敌人的时候，20世纪初期那些前瞻者却瞥见了在我们周围和体内的微生物对人类的益处。到20世纪接近尾声之时，科学家揭开了覆盖在微生物上的神秘面纱，为我们揭示了更具活力、令人惊叹的微生物家族。如今，我们开始研究我们与微生物之间这种相互依存的关系将如何重新定义我们是什么，以及我们是由什么构成的。

过去半个世纪中，应用微生物学取得了一些惊人的进展，但是大部分都集中于可培育的病原体方面。我们在控制传染病方面的成功束缚了我们的思维和实践，这就像一盏灯笼界定了光的区域。只关注这个被照亮的区域，使得我们无法考虑这个区域外有什么。也就是说，我们忽视了那些很难培育的微生物群落之间有着什么样的生态互动，以及它们在我们的身体健康中扮演着什么样的角色。现在基因测序技术让我们能够照亮那些阴影区域，能够清楚地看到更广阔的微生物世界，了解微生物能做什么。

我们现在发现，人体之内的微生物以及植物表面的微生物总是聚居在一些非常重要且非常类似的区域——边界（frontiers）。从植物根际到人类结肠的黏膜表层，微生物总是在界面（interfaces）大量聚集。自从第一批叠层岩在古代的海边形成开始，它们就一直这样生存着。生存在这样的"边陲"（borderlands），微生物可以靠近稳定的营养来源。在进化过程中，一些微生物委身于动物和植物，聚居于根部表面和肠壁上，帮助宿主排除有害物质，吸收重要的营养物质，交换生物信息，并把一些重要的代谢产物传递给宿主。正是借助这些生态活动，这些最小的生物帮助了植物、动物以及我们所有的祖先跨越数百万年，生存至今。

我们曾经惊讶地发现，自己赖以生存的环境系统不仅是基于相互竞争发展而来，同时也是基于相互合作发展而来。共生关系并不像我们教科书所描述的那样属于异常现象。在合作共生中所孕育出的多样性创造出了可以经受时间考验的动态系统。虽然科学家可能永远不会知道这些复杂的共生关系运作背后所有的机理，但是新的研究成果一直显示，在农学和医学中我们可以充分利用微生物共生现象的巨大潜能为人类服务。

　　我们相信，在微生物科学领域发生的革命性进步会持续改变我们对这隐藏的另一半世界的理解，它们既存在于我们的身体和庭院里，也存在于街区、城市、农场以及森林中。我们逐渐了解到，我们和所有的植物、动物一样，都是与各自的微生物组共同演化至今的。这些认知帮助我们形成了一些有关自然界以及人类在自然界所处位置的崭新见解，这些观点与我们以往学到的知识截然不同。当我们翻开大学生物教科书，会发现这些教科书从来没有涉及微生物方面。过去二十多年，植物与人体微生物组方面的研究进展颠覆并重塑了大部分处于职业生涯中期的科学家、医生以及农夫在大学教育中所学到的对生物的理解。现在来看，与传染病类似，当今自身免疫疾病和慢性病的盛行也有可能有着微生物方面的根源。

　　人与人的微生物组有很大不同，即便同一个人，每天的微生物组构成也会不一样。基因和环境因素肯定是关系到微生物如何影响自身免疫疾病和慢性病的重要因素。因为这样的复杂性，微生物研究者们适时地警告说，要防止过度夸大这一领域他们那些令人兴奋的新发现。但由于这些逐渐为人所知的相关性研究成果确实太令人震惊，人们也很容易过分宣扬这些新发现。

　　实际上，科学家也在调查与共生现象相反的生态失调现象，因为这是造成很多疾病的主要原因之一。这些疾病包括：肠漏症、炎症性肠病、肥胖、某些癌症、哮喘、过敏、自闭症、心血管疾病、1 型和 2 型糖尿病、抑郁症以及多发性硬化症。生态失调和疾病之间存在着的关联性以及日渐清晰的因果关系会引导我们将在什么领域取得突破，目前还没有人清楚。但显然，微生物领域的探索将开启一扇大门，去寻找治疗和治愈很多现代疾病的潜在方法，其中就包括如何改变我们使用农用化学品的习惯。

想象一下，某一天在肠道检查时，微生物将成为一项健康指标，就如同体温和血压一样。同样，根据不同地域和气候条件下、不同土壤类型中种植的不同农作物来调整土壤中的微生物，这可能会成为可持续农业的基本原则。我们目前尚未实现以上两个目标，因为还需大量地开展类似的调研并解释调研结果。

虽然开发新的技术手段尚需时日，但正在开展的微生物组研究已经对农业和医学产生了重要的影响。要想亲自见证这一方面新的典型案例，并不需要你成为微生物学、免疫学或者植物学领域的研究者——你不妨去培育脚下土壤中和肠道内部的微生物盟友。

和那些来自远古的微生物朋友协同工作，就意味着要以长远的眼光去指导那些需要短期效果的医疗与农业实践。这一点在理论上很简单，但是要付诸实施却颇为困难。放弃传统信念非常困难，特别是放弃那些被父母、广告商以及社会强化灌输给我们的信念。从儿时起，我们就被告诫不要在脏的地方玩，并且注意五秒钟定律①。基本上什么样的抗菌物品都买得到。我们很容易看到陈旧的微生物理论如何彻底地渗透到我们的生活中。我们被鼓励用抗菌制品把手与身体包裹起来，并且用各种各样的消毒产品给周围的环境消毒。抗菌化合物被添加到各种塑料制品、鞋垫、衣服、玩具、电视遥控器、键盘以及方向盘上。但这并不意味着我们应该放弃合理的卫生习惯，毕竟赛麦尔维斯医生在很久以前就证明了洗手是非常

---

① 五秒钟定律：人们通常认为，食物掉到地上，五秒钟内捡起来，它就不会沾到太多的细菌。事实上，这是一种错误的认识。——译注

明智的消毒措施。

　　毫无疑问，我们已经非常成功地控制住了很多病原体，但是我们现在认识到这些立足于微生物理论的实践方法会危害甚至毁灭那些生存于农田或者体内的有益微生物。像细菌这样的生物，它们交换基因物质就像握手一样便捷，能够以非常迅猛的速度繁殖，而且可以吃掉任何东西，因此它们可以从空白状态迅速泛滥成灾。某些情况下杀死细菌非常重要，有时候甚至非常必要。但是这一实际情形并不能改变不加选择地使用杀菌剂会扰乱甚至杀死有益微生物群落的现实。

　　我们越来越清楚生态失调会损害人体和耕地的健康，因此微生物学家们正在探究传统技术以及传统饮食中蕴含着的久经考验的科学原理。几十年来，主流的科学界并不理会这些传统技术，认为它们是愚昧和迷信所结出的无知果实。尽管对一些传统技术（例如臭名昭著的用于治疗天花的"红色疗法"）来说，这种评价还算客观公平，但全盘否定也是不对的。

　　我们正在研究为什么某些改善植物和人类健康的传统方法有效，也就是说，这些方法滋养了在土壤和人体各自的共生关系中具有核心作用的有益微生物群。这正是土壤中的生物是否有足够多的有机食物的原因，这也是为什么我们应该吃能让结肠这个"炼金术大锅"保持生机勃勃的碳水化合物的原因。看本书开篇的内容时大家可能还会觉得奇怪，到现在恐怕就能明白，用心呵护我们体内的"土壤"意味着维持健康，远离疾病。

　　那些危害有益微生物的愚蠢方法一直纠缠着我们，这些方法不但没有解决原来的问题，而且还产生了新的问题。这就是错误策略的典型特点。消耗尽土壤中的有机质，令土壤中的有益生物忍饥挨饿，只会导致土地的贫瘠。同样，蔬菜匮乏但抗生素过量的食物结构也威胁到了我们人体内的"土壤"。很久以来，我们一直努力尝试采用化学营养物和农药去替代原生态的东西。

卷土重来的农业害虫、日益退化的土壤肥力、危机四伏的抗生素耐药性、让我们身体每况愈下的慢性病，看似这些现象相互间没有什么关联，但最后你会发现，原来这些现象都源于被破坏的微生物生态。当我们对那些神奇新药的杀菌力大为赞叹的时候，殊不知，几乎与此同时细菌已经开始产生耐药性了。我们越想要毒杀细菌，它们的抵抗力就会越强。这是由于它们繁殖速度非常快，并且能够把那些让它们逃过一劫的基因遗传下去。我们可能会一时赢得这场战争，但不会总是以这种方式赢得战争。我们需要一种全新的策略。

这一维持人类、植物以及动物健康的新策略，其出发点在于承认我们长久以来一直生活在微生物的环抱之中，微生物精细地调节着我们彼此间的关系，帮助我们体内的环境正常运转。在人类漫长的历史中，95% 以上的时间我们都是与自然界融为一体的。捕猎并且收集野生食物，在未知的荒原上跋涉，这些活动让我们体内和体外都覆盖着微生物。长期地与微生物接触，训练并调节了我们的免疫系统。然而对于地球来说也就是一眨眼的工夫，我们砍伐了森林，污染了田野，铺装了公路，消耗殆尽了用以保护我们的微生物组的自然资源。在一个进化节点上，我们又一次开始重新协调与微生物的关系，而这种关系其实已经磨合过千世万代了。

的确，当今农业技术和医疗技术是极其出色的。我们可以在植物体内进行基因拼接，实现快速的性状演化，还可以在广袤的农场中使用遥控拖拉机进行耕作。我们给眼球做激光手术，以便无须佩戴眼镜；我们还实现了人体间的器官移植。但是在微生物方面，我们现在只是刚开始着手厘清与微生物生态系统居民之间的关系。如同又一次回到了林奈那个时代，我们想弄明白谁在那里生活，以及该怎么称呼它们。

毫无疑问，这样做的成效一定会让我们大吃一惊。就在我们要写完这本书的同时，一项新的研究成果显示，人工甜味剂会改变人类和白鼠代谢葡萄糖的方式，进而造成生态失调。从某些方面来看，在所谓的无糖汽水中使用人工增甜剂似乎会起到糖的作用。跟大多数人一样，我们起初都觉得零卡路里的人工甜味剂对于那些关注体重的人来说非常有效。但是很明显，体内的微生物对待它们就像是对待真正的糖一样，而这让我们怀疑人工甜味剂是不是通向 2 型糖尿病和肥胖症的一扇暗门。

"跟着你的直觉走"（going with your gut）这样的语句也被赋予了新的内涵：听从你肠道的安排来行事。[1] 又有谁曾经想到，梅奇尼科夫所谓的"结肠垃圾"中的居民可以制造 5 羟色胺，这是一种可以调整我们情绪的神经递质[2]。肠道菌群不仅会与神经系统发生交流，而且情绪状态也会影响肠道菌群及其代谢物。

当自然隐秘的另一半以如此出其不意的方式展现给我们的时候，我们也许并不应该感到太惊讶。生态学界的标志性人物，奥尔

---

① 在英语中，"直觉"与"肠道"是同一个单词——gut。——译注

② 神经递质（neurotransmitter），在突触传递中担当"信使"的特定化学物质，能在神经细胞间或向肌肉传递信息。——译注

多·利奥波德（Aldo Leopold）目睹了当人们决定杀光狼群后美国西北部植被所遭遇的绝境。鹿数量暴增并吃光了整个森林，使得土地裸露，于是鹿也就没有了充足的食物。喜欢狩猎的大农场经营者以及野生动物的经销商几乎不会想到杀死食肉动物会造成土壤侵蚀、鹿群饿死的情况。

这对于我们处理微生物的方式意味着什么呢？这意味着我们需要找到一些新的途径去保护我们自己、我们的作物、我们的牲畜远离病害虫和微生物病原体，与此同时还要滋养我们的微生物同盟。我们需要把生态学家的理念、园丁的养护方法以及医生的实用技术融合起来。与自然界隐秘的另一半进行协同工作，也为我们指明了一些意料之外但立竿见影的出路，可以引导我们圆满地解决一系列看似毫无联系的环境与健康问题。

几十年前，如果宣称土壤中的植物和微生物维系着一种物物交换机制，这种机制可以帮助植物防御病害，并且能让我们收获有益于健康、营养丰富的植物性食物，听起来一定不可思议。更让人难以置信的是，细菌居然会与我们的免疫系统进行交流，协助免疫系统恰当地产生炎症，以驱除病原体，并聚集有益的共生体。这些惊人的新发现为我们认识和治疗很多看似无关的病症带来了重要的启示。在医疗方面，如同农作物生产一样，我们喂养我们的土壤（内部与外部土壤）的方式为我们的健康开出了一副经过漫长地质年代淬炼的药方。

睁大眼睛，经过冲沟侵蚀的旷野、混凝土护坡的溪流以及遍布树桩的山丘时，我们能明白我们的双手如何让充满生机的自然界变得如此贫瘠。但是，我们却难以知晓自己的一举一动如何改变了微生物的境遇，直到把有关微生物的众多片段相互关联起来，才能看清楚微生物在我们体内和周遭所产生的种种痕迹。改变我们对于微生物的成见只不过是改变如何正确看待微生物的第一步。毕竟，看见仅仅是一种能力，而看懂才是一门技术。

仅仅讨论如何保存和保护你所看不到的东西都非常困难，更不用说采取行动了。但是如果我们真打算这样做的话，就需要看到这个世界的本来面目，想象我们希望这个世界变成什么样，然后不惜一切代价去达到目的；而不是重新回到凭空臆想自然运转规律的老路上，无视自然的运转规律，恣意妄为。我们现在就应该承认，正是在微生物群落的无形影响下，才有了我们今天的世界。正是微生物使得大自然的雄伟蓝图徐徐展开，人类以自我为中心的生活徐徐展开。

大多数微生物物种、它们彼此间的关系以及它们与我们之间的关系，在科学上依然还是难解之谜。微生物就像自然界的软件——这是一个带有生物代码的活体有机操作系统，也是一个在漫长岁月中编制而成的基因指令菜单。微生物生活在幕后，维持着生态系统的基本运作，它们刻画了我们祖先最初的那些岁月，并一直让这个世界运行至今。

就像大多数软件一样，我们看不见也并不在意这些微生物代码，直至其崩溃，跳出出错信息，或者曾经正常运作的系统开始崩溃。然而我们都清楚，如果没有源代码，想修改软件错误将是非常困难的。我们现在刚刚开始去理解那些在漫长演化过程中形成的微生物生态学语言以及微生物的编码方式。因而，我们也许应该重新考虑一下去除掉那些尚无法理解的生物代码所产生的不利后果。在没有目标蓝图也没有备份计划的情况下，对一些关键系统的新特性进行贝塔测试 [①] 通常都是有风险的。

那么，在哪些领域里这种有关微生物的革命性新观点不为我们所接受呢？坦率地说，现代农业和医学领域（这两个领域是对人类健康和福祉非常关键的应用科学）的许多关键技术正在向错误的方向发展。我们需要研究如何与微生物群落和谐相处，而不是与其为敌，因为它们是植物和人类健康的基石。

对农业生产来说，我们需要按照土壤固有的模样去善待它，因为它们是所有生命的基础。想要收获必先给予，而维持土壤肥力的方法就是用有机质去滋养土壤。一样的原理也适用于我们体内的土壤。我们吃下去的食物滋养并影响了微生物的代谢；而这反过来也会从内到外、或好或坏地影响我们的健康。当然，改变饮食结构并不会治愈任何急性病，但对于防止慢性病、促进整体健康而言，这也许是唯一一件我们可以做到且最有效的事情。

许多领域里的科学家和医生们几十年来厉兵秣马，期待研究中的诸多发现能引发新技术和新疗法的突破。事实上，有些领域里所取得的研究成果已经非常清晰明了，我们现在已经可以开始行动。这些成果意味着，我们应该为我们体内的微生物群落进行饮食，它们是我们免疫系统健康的根源。当肠道菌群得到了充分的复合碳水化合物补充之后，我们就会收获健康。

---

① 贝塔测试（Beta Testing）：一种验收测试，即软件产品完成了功能测试和系统测试之后，在产品发布之前所进行的软件测试活动。它是技术测试的最后一个阶段。——译注

　　我们买这套房子的时候，一个有几十年历史的厨房将两个小房间分隔开。我们本来想重新装修一下厨房，想着可能会改善我们的生活质量，后来确实也实现了这个目标。但是我们最终发现，将庭院改造成为花园这一举动才真正改变了我们生活。观察一个你自以为很了解的地方慢慢发生改变，有助于让你关注真正处在你面前的事物。随着时间的流逝，我们都认识到，室外的、隐藏在我们脚下的那个隐秘世界对我们的幸福与健康至关重要，正如室内环境对我们的重要性一样。

　　打造一个花园教会了我们从未想象过的种种。首先，打造花园永远不会有竣工的那一天。土壤需要长期的养护与滋养，这样我们才能从中收获我们所需要的东西。对于我们的花园来说，当初一切都是从零开始，因而必须让土壤中的种种生命恢复到本来模样。这是一项苦差事，时常令人沮丧，但就像与大自然共舞一样，你绝不会感到枯燥乏味。在花园中，我们终于看到了一个可能存在的世界的缩影——我们去滋养土壤，反过来土壤也滋养我们自己。不仅仅滋养我们的身体，也滋养我们的心灵。

　　最初我们并没有体会到这一切。毕竟我们只是想去翻新一下我们的庭院，而并非想翻新我们对自然的理解。但重新恢复土壤肥力、养护花园的过程却向我们揭示了生命和健康的微生物根源。这一理解地球原委的新思路重新定义并复苏了我们和自然之间的关系，告诉我们应该如何去修复土地，如何去拯救我们自身。

　　在此过程中，我们从愤世嫉俗的生态悲观主义者，转变成了谨慎的生态乐观主义者。这并不需要我们加入什么宗教派别，抑或是开始一个寻找心灵的全球朝圣之旅。我们只是打开后门，迈步出去，就开始了探寻周遭的种种奇迹。新生命一点点、一年年地出现在我们眼前。一旦睁开心灵之眼，我们会看得更远，看到现代科学与远古真实相遇合的隐秘前沿。

大多数人仅仅将自然看作是由植物和动物组成的，它们足够大，用肉眼就可以看清。我们也一直固守着这样的想法。观察一棵树的时候，可以看到树枝向上延伸，可以看到蓝天映衬下树叶的形状与颜色。但是在我们的心灵之眼中，我们却可以看到更多以往隐秘不见的东西。我们每个人可能都是独特的，但我们绝不是独一无二的。自然这棵参天大树，以其鲜活的根系深深扎入我们脚下的大地以及我们的身体之中。自然并不存在于某个遥远的地方。她比我们想象的要近，其实她就在你我身体的内部。

词汇表

16S 核糖体核糖核酸（16S rRNA）：核糖体是合成蛋白质的细胞器，16S rRNA 是各种生命体的核糖体组成部分。

获得性免疫（adaptive immunity）：几乎所有脊椎动物都具有的终生免疫类型。一旦接触特定的微生物，获得性免疫细胞（B 细胞和 T 细胞）可以产生记忆，并在下次接触时识别出来。

氨基酸（amino acid）：组成蛋白质的有机分子。世界上有 300 多种氨基酸，其中生物细胞中用来合成蛋白质的共 20 种，它们被称为标准氨基酸或蛋白氨基酸。

铵基盐（ammonium，NH_4^+）：一种能被植物吸收的可溶解的氮质；另一种为硝酸盐（NO_3^-）。

厌氧的（anaerobic）：指发生于无氧环境中的化学反应（如发酵），或者生存于无氧环境中的生物（如古菌）。

抗生素（antibiotic）：抗微生物成分的统称，但一般指能杀死细菌的药物。

抗体（antibody）：B 细胞产生的一种蛋白质，可以识别并结合抗原，从而标记由该抗原组成的微生物（或者自身免疫反应中的人体细胞），让其他免疫细胞予以摧毁。B 细胞可以针对多种多样的抗原产生抗体。

抗原（antigen）：通常是微生物的一种分子成分，可以帮助激活获得性免疫细胞（B 细胞和 T 细胞），使其发育成熟。

古菌（archaea）：单细胞生物，其主要结构可区别于细菌。

自身免疫（autoimmunity）：攻击有机体自身细胞的一种免疫反应。

B 细胞（B cell）：获得性免疫系统中的一种细胞，可以产生特异的抗体。

细菌培养（bacterial culture）：生长于实验室中的细菌菌落。

共生体（commensal）：在生态系统中，一种生物生存于宿主中，但不产生危害。在微生物组中，当其他因素发生变化，比如环境变化或者菌群生态变化时，某些共生体可致病。

复合碳水化合物（complex carbohydrates）：植物性食物中富含的长链糖分子。

细胞因子（cytokine）：*cyto* 指的是"细胞"，*kinos* 指的是"移动"。细胞因子是免疫系统中具有众多功能的信号分子，主要分为致炎作用和抗炎作用两类。

树突状细胞（dendritic cell）：一种天然免疫细胞，可以递呈抗原给 T 细胞。树突状细胞主要存在于接触外界环境的组织中，如皮肤、肠道和呼吸道，可以在致炎或者抗炎作用中起作用。

失调（dysbiosis）：有机体和微生物菌群之间的平衡破坏，通常与疾病相关。

内毒素（endotoxin）：某类细菌表面的毒性物质的总称，可被天然免疫细胞识别。在循环系统中，过多的内毒素可导致慢性炎症。

酶（enzyme）：一种充当催化剂的蛋白质，可以加速反应。土壤和人类肠道中的细菌可以产生一系列的酶，从而分解各种有机质。

真核生物（eukaryotes）：指原生生物、植物、真菌、动物等有机体，其细胞核含有遗传物质。

发酵（fermentation）：一种无氧代谢途径，可以将食物转化为可使用的能量。糖的发酵可产生酸或者乙醇等副产物。在地球上存在富氧大气层以前，很多早期生命体，如古菌，都是发酵体。

纤维（fiber）：植物性食物中不能被人体消化的部分。纤维由复合糖水化合物和非糖水化合物（如木质素）组成。大肠中的细菌可酵解纤维中的复合糖水化合物，但是非糖水化合物部分未经消化即排出体外。

肠道相关淋巴组织（gut-associated lymphoid tissue，GALT）：消化道中的免疫组织和细胞。人体免疫系统的大部分是GALT。

基因组（genome）：有机体（如微生物、人体或者植物）的所有遗传物质的总和。

微生物病原学说（germ theory）：19世纪微生物学家罗伯特·科赫提出的微生物病原学说，指的是特定的微生物引起特定的疾病。

无菌小鼠（germ-free mice）：体内没有微生物菌群的小鼠。

冰川沉积物（glacial till）：冰川运动时，冰川体包裹或推移着碎屑一同前进。当冰川部分消融后，消失冰体中的碎屑就地沉积，成为冰川沉积物。冰川沉积物具有无分选性，通常由黏土、砂砾、碎石和巨石等硬邦邦地混合组成。

海鸟粪（guano）：鸟类或者蝙蝠的排泄物，富含氮和磷，可以作为优质肥料。19世纪时人类对南美洲沿海岛屿海鸟粪沉积物的挖掘造成了海鸟粪商业供给的耗竭。

基因水平转移（horizontal gene transfer）：有机体之间无性形式的基因转移。

宿主（host）：作为其他有机体之家园的有机体。大的有机体通常作为宿主，小的有机体可以是完全有益的共生体，或者是寄生物。

腐殖质（humus）：土壤中富含碳的黑色有机质，由腐烂的动、植物形成，不能被进一步降解。

菌丝（hyphae）：真菌的根状部分，可以不受限制地生长于地下。总称为菌丝体（mycelium）。

炎症（inflammation）：来源于拉丁语"点燃"（ignite），是对于损伤、病原体或者其他因素的免疫反应。炎症可刺激免疫细胞活性，改变血流，释放细胞因子。炎症可以是急性或者慢性的，有益或者有害的。

天然免疫（innate immunity）：脊柱动物和无脊柱动物都具有的一种免疫反应。特定的免疫细胞不需要既往的接触，即可以识别大多数微生物，并作出免疫反应。树突状细胞和巨噬细胞是典型的天然免疫细胞。

白介素（interleukin）：细胞因子（免疫细胞释放的信号分子）的某种类型。白介素6和白介素7是致炎的细胞因子，而白介素10可抑制炎症。

淋巴结（lymph node）：淋巴管上专门化的免疫组织，大小从毫米至厘米不等。淋巴结可存在于全身各处，是 B 细胞、T 细胞及其他免疫细胞聚集、交换信号以及激活免疫力的部位。

大量营养元素（macronutrients）：动植物体内组织和器官大量需要的元素和矿物质，包括碳和氮。

巨噬细胞（macrophage）：来源于希腊语"巨噬者"（big eater），是天然免疫细胞的一种类型，可以递呈抗原，并吞噬病原体和细胞残骸。

代谢物（metabolite）：有机体代谢的副产物。许多微生物的代谢物是宿主正常生长、发育以及维持长期健康的关键成分。

微生物组（microbiome）：宿主中所有微生物基因的总和。也指宿主中特定的微生物群。

微量营养元素（micronutrients）：营养学中动植物体内所需要的一些元素，少量但关键。微量营养素可以影响酶的活性。镁和锌是典型的微量营养素。

矿化作用（mineralization）：微生物将土壤和有机质中不可溶解的物质转化为植物可吸收、利用的可溶解物质。

菌根真菌（mycorrhizal fungi）：与植物共生的真菌。这些真菌从土壤和岩石中获得养分，并通过菌丝运输至植物根部，与其交换光合作用所产生的碳水化合物。

NPK：氮、磷和钾的简称，常被称为"植物三大营养元素"（big three plant nutrients）。它们在植物生命过程中具有极其重要的作用，如：氮是蛋白质、核酸、磷脂的主要成分，而这三者又是原生质、细胞核和生物膜的重要组成部分；酶以及许多辅酶和辅基的构成也都有氮参与；氮还是某些植物激素如生长素和细胞分裂素、维生素等的成分，它们对生命活动起重要的调节作用；此外，氮是叶绿素的成分，与光合作用有密切关系。磷是核酸、核蛋白和磷脂的主要成分，它与蛋白质合成、细胞分裂、细胞生长有密切关系。钾能促进蛋白质的合成，钾与糖类的合成有关，钾也能促进糖类运输到贮藏器官中。氮、磷、钾是植物需求量很大，且土壤易缺乏的元素，故称它们为"肥料三要素"。农业上的施肥主要为了满足植物对三要素的需要。

线虫（nematode）：显微镜下不同种类的蠕虫样生物，通常比一粒沙子还小。线虫可以吞食原生生物和细菌，产生富含氮的肥料。

硝酸盐（nitrate，NO_3^-）：氮的一种可溶解形式，可被植物吸收。另一种形式为铵基盐（ammonium，NH_4^+）。

亚硝酸盐（nitrite，NO_2^-）：氮的一种形式，不可被植物吸收。土壤中的某些细菌可将亚硝酸盐转化为硝酸盐。

磷酸盐（phosphate，PO_4^{3-}）：磷的一种可溶解形式，可被植物吸收。

光合作用（photosynthesis）：植物将二氧化碳和水转化为复合碳水化合物（糖类）的一种过程。光合作用的主要场所是叶绿体，这种细胞器来自曾经自由生活的细菌。

植化素（phytochemicals）：植物产生的某些成分，具有与疫病防御和健康相关的广泛功能，并且可与微生物交流。

多糖（polysaccharides）：参见复合碳水化合物。

原核生物（prokaryotes）：一种没有细胞核的单细胞有机体。

细菌和古菌都是原核生物。

原生生物（protists）：某些较大、多样化的真核微生物组组成了原生生物界。藻类、变形虫和黏菌是典型的原生生物。许多原生生物曾经被称为原生动物（protozoa）。

简单碳水化合物（simple carbohydrates）：短链糖分子，比如葡萄糖、蔗糖和乳果糖（水果中常见）。相对于长链糖分子，它们较易被小肠吸收。

共生起源（symbiogenesis）：特指新物种起源于共生的两种或多种物种的融合。有许多证据显示，不同种自由生活的微生物可以融合，形成另一种多细胞生物。

共生（symbiosis）：两个或多个不同种有机体互惠互利的关系。

T 细胞（T cell）：获得性免疫系统中的一种细胞，可以被携带在树突状细胞上的抗原激活。T 细胞包括：杀伤性 T 细胞，可以杀死肿瘤或者被感染的细胞；调节性 T 细胞（Treg），可以减轻炎症；Th17 细胞，可以加重炎症。

疫苗（vaccine）：致病性微生物的一种无害形式，可以激活调节性免疫系统，从而使其对以后的感染产生免疫。疫苗通常是减活或灭活的微生物，或者微生物的特殊表面蛋白。

参考文献

前　言

Maynard, C. L.; Elson, C. O.; Hatton, R. D.; and Weaver, C. T. 2012. Reciprocal interactions of the intestinal microbiota and immune system, *Nature*, v. 489, pp. 231–241.

第二章　微观世界

Ben-Barak, I. 2009. *ἀe Invisible Kingdom: From the Tips of Our Fingers, to the Tops of Our Trash, Inside the Curious World of Microbes*. New York: Basic Books, 204 pp.

Bonneville, S., et al. 2009. Plant-driven fungal weathering: Early stages of mineral alteration at the nanometer scale. *Geology*, v. 37, pp. 615–618.

Brodie, E. L., et al. 2007. Urban aerosols harbor diverse and dynamic bacterial populations. *Proceedings of the National Academy of Sciences*, v. 104, pp. 299–304.

Burrows, S. M.; Elbert, W.; Lawrence, M. G.; and Pöschl, U. 2009. Bacteria in the global atmosphere. Part 1: Review and synthesis of literature data for different ecosystems. *Atmospheric Chemistry and Physics*, v. 9, pp. 9263–9280.

Christner, B. C., et al. 2014. A microbial ecosystem beneath the West Antarctic ice sheet. *Nature*, v. 512, pp. 310–313.

Fahlgren, C.; Hagström, A.; Nilsson, D.; and Zweifel, U. L. 2010. Annual variations in the diversity, viability, and origin of airborne bacteria. *Applied and Environmental Microbiology*, v. 76, pp. 3015–3025.

Fierer, N., et al. 2012. Cross-biome metagenomic analyses of soil microbial communities and their functional attributes. *Proceedings of the National Academy of Sciences*, v. 109, pp. 21,390–21,395.

Gazzè, S. A., et al. 2012. Nanoscale channels on ectomycorrhizal-colonized chlorite: Evidence for plant-driven fungal dissolution. *Journal of Geophysical Research: Biogeosciences*, v. 117, p. G00N09, doi:10.1029/2013JG002016.

Holloway, J. M., and Dahlgren, R. A. 2002. Nitrogen in rock: Occurrences and biogeochemical implications. *Global Biogeochemical Cycles*, v. 16, p. 1118, doi:10.1029/2002GB001862.

Ingraham, J. L. 2010. *March of the Microbes: Sighting the Unseen*. Cambridge and London: Belknap Press of Harvard University Press, 326 pp.

Khelaifia, S., and Drancourt, M. 2012. Susceptibility of archaea to antimicrobial agents: Applications to clinical microbiology. *Clinical Microbiology and Infection*, v. 18, pp. 841–848.

Kolter, R., and Maloy, S., eds. 2012. *Microbes and Evolution: ἀe World ἀat Darwin Never Saw*. Washington, D.C.: ASM Press, 299 pp.

Lanter, B. B.; Sauer, K.; and Davies, D. G. 2014. Bacteria present in carotid arterial plaques are found as biofilm deposits which may contribute to enhanced risk of plaque rupture. *mBio*, v. 3; pp. e01206–14.

Lepot, K.; Benzerara, K.; Brown, G. E.; and Philippot, P. 2008. Microbially influenced formation of 2,724-million-year-old stromatolites. *Nature Geoscience*, v. 1, pp. 118–121.

Lyons, T. W.; Reinhard, C. T.; and Planavsky, N. J. 2014. The rise of oxygen in Earth's early ocean and atmosphere. *Nature*, v. 506, pp. 307–315.

Mattes, T. E., et al. 2013. Sulfur oxidizers dominate carbon fixation at a biogeochemical hot spot in the dark ocean. *ISME Journal*, v. 7, pp. 2349–2360.

McCarthy, M. D., et al. 2011. Chemosynthetic origin of ^{14}C-depleted dissolved organic matter in a ridge-flank hydrothermal system. *Nature Geoscience*, v. 4, pp. 32–36.

Orsi, W. D.; Edgcomb, V. P.; Christman, G. D.; and Biddle, J. F. 2013. Gene expression in the deep biosphere. *Nature*, v. 499, pp. 205–208.

Overballe-Petersen, S., et al. 2013. Bacterial natural transformation by highly fragmented and damaged DNA. *Proceedings of the National Academy of Sciences*, v. 110, pp. 19,860–19,865.

Planavsky, N. J., et al. 2014. Low Mid-Proterozoic atmospheric oxygen levels and the delayed rise of animals. *Science*, v. 346, pp. 635–638.

Reyes, L., et al. 2013. Periodontal bacterial invasion and infection: Contribution to atherosclerotic pathology. *Journal of Periodontology*, v. 84 (4 Suppl.), pp. S30–S50.

Sattler, B.; Puxbaum, H.; and Psenner, R. 2001. Bacterial growth in supercooled cloud droplets. *Geophysical Research Letters*, v. 28, pp. 239–242.

Schönknecht, G., et al. 2013. Gene transfer from bacteria and archaea-facilitated evolution of an extremophilic eukaryote. *Science*, v. 339, pp. 1207–1210.

Smith, D. J. 2011. Microbial survival in the stratosphere and implications for global dispersal. *Aerobiologia*, v. 27, pp. 319–332.

Smith, D. J., et al. 2013. Intercontinental dispersal of bacteria and archaea in transpacific winds. *Applied and Environmental Microbiology*, v. 79, pp. 1134–1139.

Wacey, D., et al. 2011. Microfossils of sulphur-metabolizing cells in 3.4-billion-year-old rocks of Western Australia. *Nature Geoscience*, v. 4, pp. 698–702.

Walter, M. R.; Buick, R.; and Dunlop, J. S. R. Stromatolites 3,400–3,500M yr old from the North Pole area, Western Australia. *Nature*, v. 284, pp. 443–445.

Wecht, K. J., et al. 2014. Mapping of North American methane emissions with high spatial resolution by inversion of SCIAMACHY satellite data. *Journal of Geophysical Research: Atmospheres*, v. 119, pp. 7741–7756.

Whitman, W. B.; Coleman, D. C.; and Wiebe, W. J. 1998. Prokaryotes: The unseen majority. *Proceedings of the National Academy of Sciences*, v. 95, pp. 6578–6583.

第三章　窥视生命

De Kruif, P. 1926. *Microbe Hunters*. New York: Harcourt, Brace & Co., 363 pp.

Dobel, C., 1958. *Antony van Leeuwenhoek and His "Little Animals" Being Some Account of the Father of Protozoology & Bacteriology and His Multifarious Discoveries in & ese Disciplines*. New York: Russell & Russell, 435 pp.

Ford, B. J. 1991. *& e Leeuwenhoek Legacy*. Bristol and London: Biopress and Farrand Press, 185 pp.

Gilbert, J. A.; van der Lelie, D.; and Zarraonaindia, I. 2014. Microbial *terroir* for wine grapes. *Proceedings of the National Academy of Sciences*, v. 111, pp. 5–6.

Gold, L. 2013. The kingdoms of Carl Woese. *Proceedings of the National Academy of Sciences*, v. 110, pp. 3206–3207.

Gould, S. J. 2002. *& e Structure of Evolutionary & eory*. Cambridge and London: Belknap Press of Harvard University Press, 1433 pp.

Ingraham, J. L. 2010. *March of the Microbes: Sighting the Unseen*. Cambridge and London: Harvard University Press, 326 pp.

Kolter, R., and Maloy, S., eds. 2012. *Microbes and Evolution: à e World à at Darwin Never Saw*. Washington, D.C.: ASM Press, 299 pp.

Mojzsis, S. J., et al. 1996. Evidence for life on Earth before 3,800 million years ago. *Nature*, v. 384, pp. 55–59.

Nair, P. 2012. Woese and Fox: Life, rearranged. *Proceedings of the National Academy of Sciences*, v. 109, pp. 1019–1021.

Pace, N. R.; Sapp, J.; and Goldenfeld, N. 2012. Phyology and beyond: Scientific, historical, and conceptual significance of the first tree of life. *Proceedings of the National Academy of Sciences*, v. 109, pp. 1011–1018.

Spang, A., et al. 2015. Complex archaea that bridge the gap between prokaryotes and eukaryotes. *Nature*, v. 521, pp. 173–179.

Woese, C. R. 2004. A new biology for a new century. *Microbiology and Molecular Biology Reviews*, v. 68, pp. 173–186.

Woese, C. R., and Fox, G. E. 1977. Phylogenetic structure of the prokaryotic domain: The primary kingdoms. *Proceedings of the National Academy of Sciences*, v. 74, pp. 5088–5090.

Woese, C. R.; Kandler, O.; and Wheelis, M. L. 1990. Towards a natural system of organisms: Proposal for the domains Archaea, Bacteria, and Eucarya. *Proceedings of the National Academy of Sciences*, v. 87, pp. 4576–4579.

第四章　互惠互利

Archibald, J. 2014. *One Plus One Equals One: Symbiosis and the Evolution of Complex Life*. Oxford: Oxford University Press, 205 pp.

Brock, D. A.; Douglas, T. E.; Queller, D. C.; and Strassmann, J. E. 2011. Primitive agriculture in a social amoeba. *Nature*, v. 469, pp. 393–396.

Chapela, I. H.; Rehner, S. A.; Schulta, T. R.; and Meuller, U. G. 1994. Evolutionary history of the symbiosis between fungus-growing ants and their fungi. *Science*, v. 266, pp. 1691–1694.

Dolan, M. F., and Margulis., L. 2011. *Hans Ris 1914–2002, A Biographical Memoir*. Washington, D.C.: National Academy of Sciences, 16 p.

Domazet-Loso, T., and Tautz, D. 2008. An ancient evolutionary origin of genes associated with human genetic diseases. *Molecular Biology and Evolution*, v. 25, pp. 2699–2707.

Farrell, B. D., et al. 2001. The evolution of agriculture in beetles (Curculionidae: Scolytinae and Platypodinae). *Evolution*, v. 55, pp. 2011–2027.

Hom, E. F. Y., and Murray, A. W. 2014. Niche engineering demonstrates a latent capacity for fungal-algal mutualism. *Science*, v. 345, pp. 94–98.

Kozo-Polyansky, B. M. 2010 (1924). *Symbiogenesis: A New Principle of Evolution*. Trans. Fet, V. Ed. Fet, V., and Margulis, L. Cambridge and London: Harvard University Press, 198 pp.

Margulis (Sagan), L. 1967. On the origin of mitosing cells. *Journal of à eoretical Biology*, v. 14, pp. 225–274.

Margulis, L., 1998. *Symbiotic Planet*. New York: Basic Books, 147 pp.

Margulis, L., and Sagan, D. 1986. *Microcosmos: Four Billion Years of Evolution from Our Microbial Ancestors*. New York: Summit Books, 301 pp.

Mueller, U. G., et al. 2001. The origin of the attine ant-fungus mutualism. *Quarterly Review of Biology*, v. 76, pp. 169–197.

O'Connor, R. M., et al. 2014. Gill bacteria enable a novel digestive strategy in a woodfeeding mollusk. *Proceedings of the National Academy of Sciences*, v. 111, pp. E5096–E5104.

Pennisi, E. 2014. Modern symbionts inside cells mimic organelle evolution. *Science*, v. 346, pp. 532–533.

Scott, J. J., et al. 2008. Bacterial protection of beetle-fungus mutualism. *Science*, v. 322, p. 63.

Shih, P. M., and Matzke, N. J. 2013. Primary endosymbiosis events date to later Proterozoic with cross-calibrated dating of duplicated ATPase proteins. *Proceedings of the National Academy of Sciences*, v. 110, pp. 12,355–12,360.

Yoon, C. K. 2009. *Naming Nature: à e Clash Between Instinct and Science*. New York and London: W. W. Norton, 341pp.

第五章　关于土壤的论战

Behie, S. W.; Zilisco, P. M.; and Bidochka, M. J. 2012. Endophytic insect-parasitic fungi translocate nitrogen directly from insects to plants. *Science*, v. 336, pp. 1576–1577.

Heckman, J. 2006. A history of organic farming: Transitions from Sir Albert Howard's *War in the Soil* to USDA National Organic Program. *Renewable Agriculture and Food Systems*, v. 21, pp. 143–150.

Hershey, D. 2003. Misconceptions about Helmont's willow experiment. *Plant Science Bulletin*, v. 49, pp. 78–84.

Howard, A., 1940 (1945), *An Agricultural Testament*. London, New York, and Toronto: Oxford University Press, 253 p.

Howard, A. 1946. *à e War in the Soil*. Emmaus, Pa.: Rodale Press, 96 pp.

Johnston, A. E., and Mattingly, G. E. G. 1976. Experiments on the continuous growth of arable crops at Rothamsted and Woburn experimental stations: Effects of treatments on crop yields and soil analyses and recent modifications in purpose and design. *Annals of Agronomy*, v. 27, pp. 927–956.

Kassinger, R. 2014. *A Garden of Marvels: How We Discovered à at Flowers Have Sex, Leaves Eat Air, and Other Secrets of Plants*. New York: William Morrow, 416 pp.

Montgomery, D. R. 2007. *Dirt: à e Erosion of Civilizations*. Berkeley: University of California Press, 285 pp.

Mortford, S.; Houlton, B. Z.; and Dahlgren, R. A. 2011. Increased forest nitrogen and carbon storage from nitrogen-rich bedrock. *Nature*, v. 477, pp. 78–81.

Pagel, W. 1982. *Joan Baptista Van Helmont: Reformer of Science and Medicine*. Cambridge: Cambridge University Press, 232 pp.

Shenstone, W. A. 1895. *Justus von Liebig: His Life and Work (1803–1873)*. London, Paris, and Melbourne: Cassell & Co., 219 pp.

第六章　地下同盟

Akiyama, K.; Matsuzaki, K.; Hayashi, H. 2005. Plant sesquiterpenes induce hyphal branching in arbuscular mycorrhizal fungi. *Nature*, v. 435, pp. 824–827.

Bais, H. P., et al. 2006. The role of root exudates in rhizosphere interactions with plants and other organisms. *Annual Review of Plant Biology*, v. 57, pp. 233–266.

Behrensmeyer, A. K., et al. 1992. *Terrestrial Ecosystems à rough Time: Evolutionary Paleoecology of Terrestrial Plants and Animals*. Chicago and London: University of Chicago Press, 568 pp.

Berendsen, R. L.; Pieterse, C. M. J.; and Bakker, P. A. H. M. 2012. The rhizosphere microbiome and plant health. *Trends in Plant Science*, v. 17, pp. 478–486.

Berg, G., and Smalla, K. 2009. Plant species and soil type cooperatively shape the structure and function of microbial communities in the rhizosphere. *FEMS Microbiology Ecology*, v. 68, pp. 1–13.

Bonkowski, M.; Villenave, C.; and Griffiths, B. 2009. Rhizosphere fauna: The functional and structural diversity of intimate interactions of soil fauna with plant roots. *Plant and Soil*, v. 321, pp. 213–233.

Boyce, C. K., et al. 2007. Devonian landscape heterogeneity recorded by a giant fungus. *Geology*, v. 35, pp. 399–402.

Brigham, L. A.; Michaels, P. J.; and Flores, H. E. 1999. Cell-specific production and antimicrobial activity of napthoquinones in roots of *Lithospermum erythrorhizon*. *Plant Physiology*, v. 119, pp. 417–428.

Broeckling, C. D., et al. 2008. Root exudates regulate soil fungal community composition and diversity. *Applied Environmental Microbiology*, v. 74, pp. 738–744.

Bulgarelli, D., et al. 2013. Structure and functions of the bacterial microbiota of plants. *Annual Review of Plant Biology*, v. 64, pp. 807–838.

Cesco, S., et al. 2010. Release of plant-borne flavonoids into the rhizosphere and their role in plant nutrition. *Plant and Soil*, v. 329, pp. 1–25.

Christensen, M. 1989. A view of fungal ecology. *Mycologia*, v. 81, pp. 1–19.

Clark, F. E. 1949. Soil microorganisms and plant roots. *Advances in Agronomy*, v. 1, pp. 241–288.

Dakora, F. D., and Phillips, D. A. 2002. Root exudates as mediators of mineral acquisition in low-nutrient environments. *Plant and Soil*, v. 245, pp. 35–47.

Dennis, P. G.; Miller, A. J.; and Hirsch, P. R. 2010. Are root exudates more important than other sources of rhizodeposits in structuring rhizosphere bacterial communities? *FEMS Microbiology Ecology*, v. 72, pp. 313–327.

Doty, S. L., et al. 2009. Diazotrophic endophytes of native black cottonwood and willow. *Symbiosis*, v. 47, pp. 23–33.

Dyall, S. D.; Brown, M. T.; and Johnson, P. J. 2004. Ancient invasions: From endosymbionts to organelles. *Science*, v. 304, pp. 253–257.

Farrar, J.; Hawes, M.; Jones, D.; and Lindow, S. 2003. How roots control the flux of carbon to the rhizosphere. *Ecology*, v. 84, pp. 827–837.

Foster, R. C. 1986. The ultrastructure of the rhizoplane and rhizosphere. *Annual Review of Phytopathology*, v. 24, pp. 211–234.

Gaiero, J. R., et al. 2013. Inside the root microbiome: Bacterial root endophytes and plant growth promotion. *American Journal of Botany*, v. 100, pp. 1,738–1,750.

Garcia-Garrido, J. M., and Ocampo, J. A. 2002. Regulation of the plant defense response in arbuscular mycorrihzal symbiosis. *Journal of Experimental Botany*, v. 53, pp. 1377–1386.

Haichar, F. Z., et al. 2008. Plant host habitat and root exudates shape soil bacterial community structure. *ISME Journal*, v. 2, pp. 1221–1230.

Hardoim, P. R.; van Overbeek, L. S.; and van Elsas, J. D. 2008. Properties of bacterial endophytes and their proposed role in plant growth. *Trends in Microbiology*, v. 16, pp. 463–471.

Hartann, A.; Rothballer, M.; and Schmid, M. 2008. Lorenz Hiltner, a pioneer in rhizosphere microbial ecology and soil bacteriology research. *Plant and Soil*, v. 312, pp. 7–14.

Hassan, S., and Mathesius, U. 2012. The role of flavonoids in root-rhizosphere signaling: Opportunities and challenges for improving plant-microbe interactions. *Journal of Experimental Botany*, v. 63, pp. 3429–3444.

Heckman, D. S., et al. 2001. Molecular evidence for the early colonization of land by fungi and plants. *Science*, v. 293, pp. 1129–1133.

Hinsinger, P. 1998. How do plant roots acquire mineral nutrients?: Chemical processes involved in the rhizosphere. *Advances in Agronomy*, v. 64, pp. 225–265.

Hochuli, P. A., and Feist-Burkhardt, S. 2013. Angiosperm-like possen and *Afropollis* from the Middle Triassic (Anisian) of the Germanic Basin (Northern Switzerland). *Frontiers in Plant Science*, v. 4, p. 344, doi:10.3389/fpls.2013.00344.

Horodyski, R. J., and Knauth, L. P. 1994. Life on land in the Precambrian. *Science*, v. 263, pp. 494–498.

Ingraham, J. L. 2010. *March of the Microbes: Sighting the Unseen*. Cambridge and London: Harvard University Press, 326 pp.

Jimenez-Salgado, T., et al. 1997. *Coffea Arabica* L., a new host plant for *Acetobacter diazotrophicus*, and isolation of other nitrogen-fixing Acetobacteria. *Applied and Environmental Microbiology*, v. 63, pp. 3676–3683.

Johnson, J. F.; Allan, D. L.; Vance, C. P.; and Weiblen, G. 1996. Root carbon dioxide fixation by phosphorus-deficient *Lupinus albus*—contribution to organic acid exudation by proteoid roots. *Plant Physiology*, v. 111, pp. 19–30.

Jones, D. L., and Darrah, P. R. 1995. Influx and efflux of organic-acids across the soil-root interface of *Zea mays* L. and its implications in rhizosphere C flow. *Plant and Soil*, v. 173, pp. 103–109.

López-Guerrero, M. G., et al. 2013. Buffet hypothesis for microbial nutrition at the rhizosphere. *Frontiers in Plant Science*, v. 4, pp. 1–4.

Maillet, F., et al. 2011. Fungal lipochitooligosaccharide symbiotic signals in arbuscular mycorrhiza. *Nature*, v. 469, pp. 58–64.

Makoi, J. H. Jr., and Ndakidemia, P. A. 2007. Biological, ecological, and agronomic significance of plant phenolic compounds in rhizosphere of the symbiotic legumes. *African Journal of Biotechnology*, v. 6, pp. 1358–1368.

Martin, F., et al. 2001. Developmental cross talking in the ectomycorrhizal symbiosis: Signals and communication genes. *New Phytologist*, v. 151, pp. 145–154.

Marx, J. 2004. The roots of plant-microbe collaborations. *Science*, v. 304, pp. 234–236.

Masaoka, Y., et al. 1993. Dissolution of ferric phosphates by alfalfa (*Medicago sativa* L.) root exudates. *Plant and Soil*, v. 155, pp. 75–78.

Miltner, A.; Bomback, P.; Schmidt-Brücken, B; and Kästner, M. 2012. SOM genesis: Microbial biomass as a significant source. *Biochemistry*, v. 111, pp. 41–55.

Newman, E. I. 1985. The rhizosphere: carbon sources and microbial populations. In *Ecological Interactions in Soil*. Ed. A. H. Fitter. Oxford: Blackwell Scientific Publications, pp. 107–121.

Perin, L., et al. 2006. Diazotrophic *Burkholderia* species associated with field-grown maize and sugarcane. *Applied and Environmental Microbiology*, v. 72, pp. 3103–3110.

Pühler, A., et al. 2004. What can bacterial genome research teach us about bacteria-plant interactions? *Current Opinion in Plant Biology*, v. 7, pp. 137–147.

Retallack, G. J. 1985. Fossil soils as grounds for interpreting the advent of large plants and animals on land. *Philosophical Transactions of the Royal Society of London*, v. B 309, pp. 108–142.

Retallack, G. J., and Feakes, C. R. 1987. Trace fossil evidence for Late Ordovician animals on land. *Science*, v. 235, pp. 61–63.

Rillig M. C., and Mummey, D. L. 2006. Mycorrhizas and soil structure. *New Phytologist*, v. 171, pp. 41–53.

Rodriguez, H., and Fraga, R. 1999. Phosphate solubilizing bacteria and their role in plant growth promotion. *Biotechnology Advances*, v. 17, pp. 319–339.

Rudrappa, T.; Biedrzycki, M. L.; and Bais, H. P. 2008. Causes and consequences of plant-associated biofilms. *FEMS Microbiology Ecology*, v. 64, pp. 153–166.

Rudrappa, T.; Czymmek, K.; Paré, P. W.; and Bais, H. P. 2008. Root-secreted malic acid recruits beneficial soil bacteria. *Plant Physiology*, v. 148, pp. 1547–1556.

Schurig, C., et al. 2013. Microbial cell-envelope fragments and the formation of soil organic matter: A case study from a glacier forefield. *Biogeochemistry*, v. 113, pp. 595–612.

Turner, T. R.; James, E. K.; and Poole, P. S. 2013. The plant microbiome. *Genome Biology*, v. 14, p. 209.

Vacheron, J., et al. 2013. Plant growth-promoting rhizobacteria and root system functioning. *Frontiers in Plant Science*, v. 4, doi:10.3389/fpls.2013.00356.

第七章　近在咫尺

Akagi, K., e t a l. 2014. Genome-wide analysis o f H PV i ntegration i n h uman c ancers reveals recurrent, focal genomic instability. *Genome Research*, v. 24, pp. 185–199.

American Academy of Microbiology. 2014. *Human Microbiome FAQ*. Washington, D.C.: American Society for Microbiology, 16 pp.

Bakhtiar, S . M ., e t a l. 2013. I mplications o f t he h uman m icrobiome i n i nflammatory bowel diseases. *FEMS Microbiology Letters*, v. 342, pp. 10–17.

Balter, M. 2012. Taking stock of the human microbiome and disease. *Science*, v. 336, pp. 1246–1247.

Bianconi, E., et al. 2013. An estimation of the number of cells in the human body. *Annals of Human Biology*, v. 40, pp. 463–471.

Chaturvedi, A. K., et al. 2011. Human Papillomavirus and rising oropharyngeal cancer incidence in the United States. *Journal of Clinical Oncology*, v. 29, pp. 4294–4301.

Chaturvedi, A. K., et al. 2013. Worldwide trends in incidence rates for oral cavity and oropharyngeal cancers. *Journal of Clinical Oncology*, v. 31, pp. 4550–4559.

Costello, E. K., et al. 2012. The application of ecological theory toward an understanding of the human microbiome. *Science*, v. 336, pp. 1255–1262.

Ezkurdia, I., e t a l. 2014. M ultiple e vidence s trands suggest t hat t here may be a s few as 19,000 h uman p rotein-coding g enes. *Human M olecular G enetics*, v. 2 3, pp. 5 866–5878.

Gordon, J. I. 2012. Honor thy gut symbionts redux. *Science*, v. 336, pp. 1251–1253.

Haiser, H. J., and Turnbaugh, P. J. 2012. Is it time for a metagenomic basis of therapeutics? *Science*, v. 336, pp. 1253–1255.

Hooper, L . V.; L ittman, D . R .; and M acpherson A . J . 2012. I nteractions b etween t he microbiota and the immune system. *Science*, v. 336, pp. 1268–1273.

International H uman G enome S equencing C onsortium. 2 004. F inishing t he e uchromatic sequence of the human genome. *Nature*, v. 431, pp. 931–945.

Lozupone, C. A., et al. 2012. Diversity, stability, and resilence of the human gut microbiota. *Nature*, v. 489, pp. 220–230.

Maynard, C. L.; Elson, C. O.; Hatton, R. D.; and Weaver, C. T. 2012. Reciprocal interactions of the intestinal microbiota and immune system. *Nature*, v. 489, pp. 231–241.

Mesri, E. A., Feitelson, M. A., Munger, K. 2014. Human viral oncogenesis: A cancer hallmarks analysis. *Cell Host & Microbe*, v. 15, pp. 266–282.

Qin, J., et al. 2010. A human gut microbial gene catalogue established by metagenomic sequencing. *Nature*, v. 464, pp. 59–65.

Ramqvist, T., and Dalianis, T. 2010. Oropharyngeal cancer epidemic and human papillomavirus. *Emerging Infectious Diseases*, v. 16, pp. 1671–1677.

Relman, D. A. 2012. Learning about who we are. *Nature*, v. 486, pp. 194–195.

Servan-Schreiber, D. 2009. *Anticancer: A New Way of Life*. New York: Viking, 272 pp.

The Human Microbiome Project Consortium. 2012. A framework for human microbiome research. *Nature*, v. 486, pp. 215–221.

The Human Microbiome Project Consortium. 2012. Structure, function, and diversity of the healthy human microbiome. *Nature*, v. 486, pp. 207–214.

Tremaroli, V., and Bäckhed, F. 2012. Functional interactions between the gut microbiota and host metabolism. *Nature*, v. 489, pp. 242–249.

Vidal, A. C., et al. 2014. HPV genotypes and cervical intraepithelial neoplasia in a multi-ethnic cohort in the southeastern United States. *Journal of Vaccines and Vaccination*, v. 5, p. 224, doi:10.4172/2157-7560.1000224.

第八章　内在的大自然

Atarashi, K., et al. 2011. Induction of colonic regulatory T cells by indigenous *Clostridium* species. *Science*, v. 331, pp. 337–341.

Atarashi, K., et al, 2013. T_{reg} induction by a rationally selected mixture of Clostridia strains from the human microbiota. *Nature*, v. 500, pp. 232–236.

Blaser, M. J. 2006. Who are we? Indigenous microbes and the ecology of human diseases. *EMBO Reports*, v. 7, pp. 956–960.

Blaser, M. J. 2014. *Missing Microbes: How the Overuse of Antibiotics Is Fueling Our Modern Plagues*. New York: Henry Holt & Co., 273 pp.

Cho, I., and Blaser, M. J. 2012. The human microbiome: At the interface of health and disease. *Nature Reviews Genetics*, v. 13, pp. 260–270.

Clark, W. 2008. *In Defense of Self*. New York: Oxford University Press, 265 pp.

Coley, W. B. 1893. The treatment of malignant tumors by repeated inoculations of erysipelas: With a report of ten original cases. *American Journal of the Medical Sciences*, v. 105, pp. 487–511.

Conly, J. M., and Stein, K. 1992. The production of menaquinones (vitamin K2) by intestinal bacteria and their role in maintaining coagulation homeostasis. *Progress in Food & Nutrition Science*, v. 16, pp. 307–343.

Dunn, R. R. 2011. *The Wild Life of Our Bodies: Predators, Parasites, and Partners that Shape Who We Are Today*. New York: HarperCollins, 290 pp.

Ericsson, A. C.; Hagan, C. E.; Davis, D. J.; and Franklin, C. L. 2014. Segmented filamentous bacteria: Commensal microbes with potential effects on research. *Comparative Medicine*, v. 64, pp. 90–98.

Gaboriau-Routhiau, V., et al. 2009. The key role of segmented filamentous bacteria in the coordinated maturation of gut helper T cell responses. *Immunity*, v. 31, pp. 677–689.

Gilbert, S. R.; Sapp, J.; and Tauber, A. I. 2012. A symbiotic view of life: We have never been individuals. *Quarterly Review of Biology*, v. 87, pp. 325–341.

Goodman, A. L., and Gordon, J. I. 2010. Our unindicted coconspirators: Human metabolism from a microbial perspective. *Cell Metabolism*, v. 12, pp. 111–116.

Hold, G. L. 2014. Western lifestyle: A "master" manipulator of the intestinal microbiota? *Gut*, v. 63, pp. 5–6.

Ivanov, I. I., and Honda, K. 2012. Intestinal commensal microbes as immune modulators. *Cell Host & Microbe*, v. 12, pp. 496–508.

Ivanov, I., et al. 2009. Induction of intestinal Th17 cells by segmented filamentous bacteria. *Cell*, v. 139, pp. 485–498.

Jonsson, H. 2013. Segmented filamentous bacteria in human ileostomy samples after high-fiber intake. *FEMS Microbiology Letters*, v. 342, pp. 24–29.

Konkel, L. 2013. The environment within: Exploring the role of the gut microbiome in health and disease. *Environmental Health Perspectives*, v. 121, pp. A276–A281.

Lathrop, S. K., et al. 2011. Peripheral education of the immune system by colonic commensal microbiota. *Nature*, v. 478, pp. 250–254.

LeBlanc, J. G., et al. 2013. Bacteria as vitamin suppliers to their host: A gut microbiota perspective. *Current Opinion in Biotechnology*, v. 24, pp. 160–168.

Lee, S. M., et al. 2013. Bacterial colonization factors control specificity and stability of the gut microbiota. *Nature*, v. 501, pp. 426–429.

Lee, Y. K., and Mazmanian, S. K. 2010. Has the microbiota played a critical role in the evolution of the adaptive immune system? *Science*, v. 330, pp. 1768–1773.

Levine, D. B. 2008. The hospital for the ruptured and crippled: William Bradley Coley, Third Surgeon-in-Chief 1925–1933. *HSS Journal*, v. 4, pp. 1–9.

Lieberman, D. E. 2013. *à e Story of the Human Body: Evolution, Health, and Disease*. New York: Pantheon Books, 460 pp.

Maynard, C. L.; Elson, C. O.; Hatton, R. D.; and Weaver, C. T. 2012. Reciprocal interactions of the intestinal microbiota and immune system. *Nature*, v. 489, pp. 231–241.

Mazmanian, S. K., and Kasper, D. L. 2006. The love-hate relationship between bacterial polysaccharides and the host immune system. *Nature Reviews Immunology*, v. 6, pp. 849–858.

Mazmanian, S. K.; Liu, C. H.; Tzianabos, A. O.; and Kasper, D. L. 2005. An immuno-modulatory molecule of symbiotic bacteria directs maturation of the host immune system. *Cell*, v. 122, pp. 107–118.

Mazmanian, S. K.; Round, J. L.; and Kasper, D. L. 2008. A microbial symbiosis factor prevents intestinal inflammatory disease. *Nature*, v. 453, pp. 620–625.

McFall-Ngai, M. 2007. Care for the community. *Nature*, v. 445, p. 153.

McFall-Ngai, M. 2008. Are biologists in "future shock"?: Symbiosis integrates biology across domains. *Nature Reviews Microbiology*, v. 6, pp. 789–792.

McFall-Ngai, M., et al. 2013. Animals in a bacterial world: A new imperative for the life sciences. *Proceedings of the National Academy of Sciences*, v. 110, pp. 3229–3236.

Medzhitov, R. 2007. Recognition of microorganisms and activation of the immune response. *Nature*, v. 449, pp. 819–826.

Nicholson, J. K., et al. 2012. Host-gut microbiota metabolic interactions. *Science*, v. 336, pp. 1262–1267.

Rook, G. A. W., and Brunet, L. R. 2002. Give us this day our daily germs. *Biologist*, v. 49, pp. 145–149.

Round, J. L., and Mazmanian, S. K. 2010. Inducible Foxp3$^+$ regulatory T-cell development by a commensal bacterium of the intestinal microbiota. *Proceedings of the National Academy of Sciences*, v. 107, pp. 12,204–12,209.

Round, J. L.; O'Connell, R. M.; and Mazmanian, S. K. 2010. Coodination of tolerogenic immune responses by the commensal microbiota. *Journal of Autoimmunity*, v. 34, pp. J220–J225.

Sachs, J. S. 2007. *Good Germs, Bad Germs: Health and Survival in a Bacterial World*. New York: Hill & Wang, 290 pp.

Smith, H. F., et al. 2009. Comparative anatomy and phylogenetic distribution of the mammalian cecal appendix. *Journal of Evolutionary Biology*, v. 22, pp. 1984–1999.

Steinman, R. M., and Cohn, Z. A. 1973. Identification of a novel cell type in peripheral lymphoid organs of mice. I. Morphology, quantification, tissue distribution. *Journal of Experimental Medicine*, v. 137, pp. 1142–1162.

Tauber, A. I. 1994. *à e Immune Self: à eory or Metaphor?* Cambridge: Cambridge University Press, 345 pp.

Taylor, L. H.; Latham, S. M.; and Woolhouse, M. E. J. 2001. Risk factors for human disease emergence. *Philosophical Transactions of the Royal Society of London B*, v. 356, pp. 983–989.

Troy, E. B., and Kasper, D. L. 2010. Beneficial effects of *Bacteroides fragilis* polysaccharides on the immune system. *Frontiers in Bioscience*, v. 15, pp. 25–34.

Velasquez-Manoff, M. 2012. *An Epidemic of Absence: A New Way of Understanding Allergies and Autoimmune Diseases*. New York: Scribner, 385 pp.

Wu, H.-J., et al. 2010. Gut-residing segmented filamentous bacteria drive autoimmune arthritis via T helper 17 cells. *Immunity*, v. 32, pp. 815–827.

Yin, Y., et al. 2013. Comparative analysis of the distribution of segmented filamentous bacteria in humans, mice, and chickens. *ISME Journal*, v. 7, pp. 615–621.

第九章　看不见的敌人

Blake, J. B. 1952. The Inoculation Controversy in Boston: 1721–1722. *New England Quarterly*, v. 25, pp. 489–506.

Crawford, D. H. 2000. *à e Invisible Enemy: A Natural History of Viruses*. Oxford: Oxford University Press, 275 pp.

Crawford, D. H. 2007. *Deadly Companions: How Microbes Shaped Our History*. Oxford: Oxford University Press, 250 pp.

Dixon, B. 1994. *Power Unseen: How Microbes Rule the World*. New York: W. H. Freeman & Co., 237 pp.

Hopkins, D. R. 1983. *Princes and Peasants: Smallpox in History*. Chicago: University of Chicago Press, 380 pp.

Rhodes, J. 2013. *à e End of Plagues: à e Global Battle Against Infectious Disease*. New York: Palgrave Macmillian, 235 pp.

Riedel, S. 2005. Edward Jenner and the history of smallpox and vaccination. *Baylor University Medical Center Proceedings*, v. 18, pp. 21–25.

Stearns, R. P. 1950. Remarks upon the introduction of inoculation for smallpox in England. *Bulletin of the History of Medicine*, v. 24, pp. 103–122.

Williams, G. 2010. *Angel of Death: à e Story of Smallpox*. New York: Palgrave Macmillan, 425 pp.

第十章　医学先驱中的一对宿敌

Centers for Disease Control and Prevention (CDC). 2013. *Antibiotic Resistance àr eats in the United States, 2013*. U.S. Department of Health and Human Services, 113 pp.

Crawford, D. H. 2007. *Deadly Companions: How Microbes Shaped Our History*. Oxford: Oxford University Press, 250 pp.

De Kruif, P. 1926. *Microbe Hunters*. New York: Harcourt, Brace, 363 pp.

Dixon, B. 1994. *Power Unseen: How Microbes Rule the World*. New York: W. H. Freeman & Co., 237 pp.

Fleming, A. 1929. On the antibacterial action of cultures of a penicillium, with special reference to their use in isolation of B. influenza. *British Journal of Experimental Pathology*, v. 10, pp. 226–236.

Hagar, T. 2006. *à e Demon Under the Microscope: From Battlefield Hospitals to Nazi Labs, One Doctor's Heroic Search for the World's First Miracle Drug*. New York: Harmony Books, 340 pp.

Hopwood, D. A. 2007. *Streptomyces in Nature and Medicine: à e Antibiotic Makers*. Oxford: Oxford University Press, 250 pp.

Jones, D. S.; Podolsky, S. H.; and Greene, J. A. 2012. The burden of disease and the changing task of medicine. *New England Journal of Medicine*, v. 366, pp. 2333–2338.

Keans, S. 2010. *à e Disappearing Spoon: And Other True Tales of Madness, Love, and the History of the World from the Periodic Table of the Elements*. New York: Little Brown, 391 pp.

Lax, E. 2004. *à e Mold in Dr. Florey's Coat: à e Story of the Penicillin Miracle*. New York: Henry Holt & Co., 307 pp.

Ling, L. L., et al. 2015. A new antibiotic kills pathogens without detectable resistance. *Nature*, v. 517, pp. 455–459.

McKenna, M. 2010. *Superbug: * e Fatal Menace of MRSA*. New York: Free Press, 271 pp.

Morgun, A., et al. 2015. Uncovering effects of antibiotics on the host and microbiota using transkingdom gene networks. *Gut*, doi: 10.1136/gutjnl-2014-308820.

Pringle, P. 2012. *Experiment Eleven: Dark Secrets Behind the Discovery of a Wonder Drug*. New York: Walker & Co., 278 pp.

Rhodes, J. 2013. ** e End of Plagues: * e Global Battle Against Infectious Disease*. New York: Palgrave Macmillian, 235 pp.

Ullmann, A. 2007. Pasteur–Koch: Distinctive ways of thinking about infectious diseases. *Microbe*, v. 2, pp. 383–387.

Vallery-Radot, R. 1926. ** e Life of Pasteur*. Garden City, N.Y.: Doubleday, Page & Co., 484 pp.

Williams, G. 2010. *Angel of Death: * e Story of Smallpox*. New York: Palgrave Macmillan, 425 pp.

Zimmer, C. 2008. *Microcosm: E. coli and the New Science of Life*. New York: Pantheon, 243 pp.

第十一章　私人的炼金术士

Bäckhed, F.; Manchester, J. K.; Semenkovich, C. F.; Gordon, J. I. 2007. Mechanisms underlying the resistance to diet-induced obesity in germ-free mice. *Proceedings of the National Academy of Sciences*, v. 104, pp. 979–984.

Bertola, A., et al. 2012. Identification of adipose tissue dendritic cells correlated with obesity-associated insulin-resistance and inducing Th17 responses in mice and patients. *Diabetes*, v. 61, pp. 2238–2247.

Bulcão, C.; Ferreira, S. R. G.; Giuffrid, F. M. A.; and Ribeiro-Filho, F. F. 2006. The new adipose tissue and adipocytokines. *Current Diabetes Reviews*, v. 2, pp. 19–28.

Cani, P. D. 2012. Crosstalk between the gut microbiota and the endocannabinoid system: Impact on the gut barrier function and the adipose tissue. *Clinical Microbiology and Infection*, v. 4, supplement 4, pp. 50–53.

Cani, P. D., et al. 2007. Metabolic endotoxemia initiates obesity and insulin resistance. *Diabetes*, v. 56, pp. 1761–1772.

Cani, P. D., et al. 2007. Selective increases of bifidobacteria in gut microflora improve high-fat-diet-induced diabetes in mice through a mechanism associated with endotoxaemia. *Diabetologia*, v. 50, pp. 2374–2383.

Cani, P. D., et al. 2008. Changes in gut microbiota control metabolic endotoxemia-induced inflammation in high-fat-diet-induced obesity and diabetes in mice. *Diabetes*, v. 57, pp. 1470–1481.

den Besten, G., et al. 2013. The role of short-chain fatty acids in the interplay between diet, gut microbiota, and host energy metabolism. *Journal of Lipid Research*, v. 54, pp. 2325–2340.

Di Sabatino, A., et al. 2005. Oral butyrate for mildly to moderately active Crohn's disease. *Alimentary Pharmacology & * erapeutics*, v. 22, pp. 789–794.

Duncan, S. H., et al. 2007. Reduced dietary intake of carbohydrates by obese subjects results in decreased concentrations of butyrate and butyrate-producing bacteria in feces. *Applied and Environmental Microbiology*, v. 73, pp. 1073–1078.

Duncan, S. H.; Louis, P.; and Flint, H. J. 2004. Lactate-utilizing bacteria, isolated from human feces, that produce butyrate as a major fermentation product. *Applied Environmental Microbiology*, v. 70, pp. 5810–5817.

El Kaoutari, et al. 2013. The abundance and variety of carbohydrate-active enzymes in the human gut microbiota. *Nature Reviews Microbiology*, v. 11, pp. 497–504.

Fei, N., and Zhao, L. 2013. An opportunistic pathogen isolated from the gut of an obese human causes obesity in germfree mice. *ISME Journal*, v. 7, pp. 880–884.

Fukuda, S ., e t a l. 2 011. B ifidobacteria c an p rotect f rom e nteropathogenic i nfection through production of acetate. *Nature*, v. 469, pp. 543–547.

Furusawa, Y., et al. 2013. Commensal microbe-derived butyrate induces the differentiation of colonic regulatory T cells. *Nature*, v. 504, pp. 446–450.

Gourko, H.; Williamson, D. I.; a nd Tauber, A. I. 2000. *ᴂ e Evolutionary Biology Papers of Elie Metchnikoff.* D ordrecht, B oston, a nd L ondon: K luwer A cademic P ublishers, 221 pp.

Harig, J. M.; S oergel, K. H.; K omorowski, R. A.; a nd Wood, C. M. 1989. Treatment of diversion colitis with short-chain-fatty-acid irrigation. *New England Journal of Medicine*, v. 320, pp. 23–28.

Hullar, M. A. J.; Burnett-Hartman, A. N.; and Lampe, J. W. 2014. Gut microbes, diet, and cancer. In *Advances in Nutrition and Cancer*. Ed. V. Zappia et al. *Cancer Treatment and Research*, v. 159. Berlin and Heidelberg: Springer Verlag, pp. 377–399.

Hvistendahl, M. 2012. My microbiome and me. *Science*, v. 336, pp. 1248–1250.

Kau, A. L., et al. 2011. Human nutrition, the gut microbiome, and the immune system. *Nature*, v. 474, pp. 327–336.

Kuo, S .-M. 2 013. The i nterplay b etween f iber a nd t he i ntestinal m icrobiome i n t he inflammatory response. *Advances in Nutrition*, v. 4, pp. 16–28.

Ley, R. E., et al. 2006. Microbial ecology: Human gut microbes associated with obesity. *Nature*, v. 444, pp. 1022–1023.

Mackenbach, J. P., and Looman, C. W. N. 2013. Life expectancy and national income in Europe, 1900–2008: An update of Preston's analysis. *International Journal of Epidemiology*, v. 42, pp. 1100–1110.

McLaughlin, T., e t a l. 2 014. T-cell p rofile i n a dipose t issue i s a ssociated w ith i nsulin resistance and systemic inflammation in humans. *Arteriosclerosis, ᴂ rombosis, and Vascular Biology*, v. 34, pp. 2637–2643.

Metchnikoff, É. 1908. *ᴂ e Prolongation of Life: Optimistic Studies*. Trans. P. C. Mitchell. New York and London: Knickerbocker Press, G. P. Putnam's Sons, 343 pp.

Metchnikoff, O. 1921. *Life of Elie Metchnikoff, 1845–1916*. Boston and New York: Houghton Mifflin, 297 pp.

Podolsky, S. 1998. Cultural divergence: Elie Metchnikoff's *Bacillus bulgaricus* therapy and his underlying concept of health. *Bulletin of the History of Medicine*, v. 72, pp. 1–27.

Podolsky, S. H. 2012. The art of medicine: Metchnikoff and the microbiome. *ᴂe Lancet*, v. 380, pp. 1810–1811.

Ridaura, V. K., et al. 2013. Gut microbiota from twins discordant for obesity modulate metabolism in mice. *Science*, v. 341, 1241214, doi:10.1126/science.1241214.

Ridlon, J. M.; K ang, D. J.; a nd H ylemon, P. B. 2 006. B ile s alt b iotransformations b y human intestinal bacteria. *Journal of Lipid Research*, v. 47, pp. 241–259.

Roy, C. C.; Kien, C. L.; Bouthillier, L.; and Levy, E. 2006. Short-chain fatty acids: Ready for prime time? *Nutrition in Clinical Practice*, v. 21, pp. 351–366.

Scheppach, W., e t a l. 1992. E ffect o f b utyrate e nemas o n t he c olonic m ucosa i n d istal ulcerative colitis. *Gastroenterology*, v. 103, pp. 51–56.

Sekirov, I.; R ussell S. L.; A ntunes, L. C. M.; a nd Finlay, B. B. 2 010. G ut m icrobiota i n health and disease. *Physiological Reviews*, v. 90, pp. 859–904.

Singh, N., e t a l. 2 014. A ctivation o f G pr109a, r eceptor f or n iacin a nd t he c ommensal metabolite butyrate, suppresses colonic inflammation and carcinogenesis. *Immunity*, v. 40, pp. 128–139.

Smith P. M., e t a l. 2 013. The m icrobial m etabolites, s hort-chain f atty a cids, r egulate colonic Treg cell homeostasis. *Science*, v. 341 pp. 569–573.

Surmi, B. K., and Hasty, A. H. 2008. Macrophage infiltration into adipose tissue: Initiation, propagation, and remodeling. *Future Lipidology*, v. 3, pp. 545–556.

Taubes, T. 2009. Prosperity's plague. *Science*, v. 325, pp. 256–260.

Tilg, H., and Kaser, A. 2011. Gut microbiome, obesity, and metabolic dysfunction. *Journal of Clinical Investigation*, v. 121, pp. 2126–2132.

Tremaroli, V., and Bäckhed, F. 2012. Functional interactions between the gut microbiota and host metabolism. *Nature*, v. 489, pp. 242–249.

van Immerseel, F., et al. 2010. Butyric acid-producing anaerobic bacteria as a novel probiotic treatment approach for inflammatory bowel disease. *Journal of Medical Microbiology*, v. 59, pp. 141–143.

Vrieze, A., et al. 2012. Transfer of intestinal microbiota from lean donors increases insulin sensitivity in individuals with metabolic syndrome. *Gastroenterology*, v. 143, pp. 913–916.

Walker, A. W., and Parkhill, J. 2013. Fighting obesity with bacteria. *Science*, v. 341, p. 1069.

Wellen, K. E., and Hotamisligil, G. S. 2005. Inflammation, stress, and diabetes. *Journal of Clinical Investigation*, v. 115, pp. 1111–1119.

Wong, J. M., et al. 2006. Colonic health: Fermentation and short-chain fatty acids. *Journal of Clinical Gastroenterology*, v. 40, pp. 235–243.

Xiao, S., et al. 2014. A gut microbiota-targeted dietary intervention for amelioration of chronic inflammation underlying metabolic syndrome. *FEMS Microbiology Ecology*, v. 87, pp. 357–367.

Zhang, C., et al. 2010. Interactions between gut microbiota, host genetics, and diet relevant to development of metabolic syndromes in mice. *ISME Journal*, v. 4, pp. 232–241.

Zhang, C., et al. 2012. Structural resilience of the gut microbiota in adult mice under high-fat dietary perturbations. *ISME Journal*, v. 6, pp. 1848–1857.

Zhao, L. 2013. The gut microbiota and obesity: From correlation to causality. *Nature*, v. 11, pp. 639–647.

Zoetendal, E. G., et al. 2012. The human small intestinal microbiota is driven by rapid uptake and conversion of simple carbohydrates. *ISME Journal*, v. 6, pp. 1415–1426.

第十二章 料理花园

Anukam, K. C., et al. 2006. Augmentation of antimicrobial metronidazole therapy of bacterial vaginosis with oral *Lactobacillus rhamnosus* GR-1 and *Lactobacillus reuteri* RC-14: Randomized, double-blind, placebo-controlled trial. *Microbes and Infection*, v. 8, pp. 1450–1454.

Anukam, K. C., et al. 2006. Clinical study comparing *Lactobacillus* GR-1 and RC-14 with metronidazole vaginal gel to treat symptomatic bacterial vaginosis. *Microbes and Infection*, v. 8, pp. 2772–2776.

Atassi, F., and Servin, A. L. 2010. Individual and co-operative roles of lactic acid and hydrogen peroxide in the killing activity of enteric strain Lactobacillus johnsonii NCC933 and vaginal strain Lactobacillus gasseri KS120.1 against enteric, uropathogenic, and vaginosis-associated pathogens. *FEMS Microbiology Letters*, v. 304, pp. 29–38.

Bajaj, J. S., et al. 2014. Randomized clinical trial: Lactobacillus GG modulates gut microbiome, metabolome, and endotoxemia in patients with cirrhosis. *Alimentary Pharmacology and Therapeutics*, v. 39, pp. 1113–1125.

Barrett, J. S. 2013. Extending our knowledge of fermentable, short-chain carbohydrates for m anaging g astrointestinal s ymptoms. *Nutrition i n C linical P ractice*, v. 2 8, pp. 300–306.

Barrons, R., and Tassone, D. 2008. Use of *Lactobacillus* probiotics for bacterial genitourinary infections in women: A review. *Clinical & erapeutics*, v. 30, pp. 453–468.

Bermudez-Brito, M., et al. 2012. Probiotic mechanisms of action. *Annals of Nutrition and Metabolism*, v. 61, pp. 160–174.

Bernstein, A. M., et al. 2013. Major cereal grain fibers and psyllium in relation to cardiovascular health. *Nutrients*, v. 5, pp. 1471–1487.

Brandt, L. J., and A roniadis, O. C. 2013. A n overview o f fecal m icrobiota t ransplantation: Techniques, i ndications, a nd o utcomes. *Gastrointestinal E ndoscopy*, v. 7 8, pp. 240–249.

Clemens, R., et al. 2012. Filling America's fiber intake gap: Summary of a roundtable to probe r ealistic s olutions w ith a f ocus on g rain-based foods. *Journal of Nu trition*, v. 142, pp. 1390S–1401S.

David, L. A., et al. 2014. Diet rapidly and reproducibly alters the human gut microbiome. *Nature*, v. 505, pp. 559–563.

Delzenne, N.; Neyrinck, A. M.; Bäckhed, F.; and Cani, P. D. 2011. Targeting gut microbiota i n obesity: Effects o f prebiotics a nd probiotics. *Nature Reviews Endocrinology*, v. 7, pp. 639–646.

Delzenne, N.; Neyrinck, A. M.; and Cani, P. D. 2013. Gut microbiota and metabolic disorders: How prebiotic can work? *British Journal of Nutrition*, v. 109, pp. S81–S85.

Eiseman, B., et al. 1958. Fecal enema as an adjunct in the treatment of pseudomembranous enterocolitis. *Surgery*, v. 44, pp. 854–859.

El Kaoutari, A., et al. 2013. The abundance and variety of carbohydrate-active enzymes in the human gut microbiota. *Nature Reviews Microbiology*, v. 11, pp. 497–504.

Falagas, M. E.; Betsi, G. I.; and Athanasiou, S. 2007. Probiotics for the treatment of women with bacterial vaginosis. *Clinical Microbiology and Infection*, v. 13, pp. 657–664.

Gough, E.; Shaikh, H.; and Manges, A. R. 2011. Systematic review of intestinal microbiota transplantation (fecal b acteriotherapy) f or r ecurrent *Clostridium di fficile* i nfection. *Clinical Infectious Diseases*, v. 53, pp. 994–1002.

Gross, L. S.; Li, L.; Ford, E. S.; and Lui, S. 2004. Increased consumption of refined carbohydrates and the epidemic of type 2 diabetes in the United States: An ecologic assessment. *American Journal of Clinical Nutrition*, v. 79, pp. 774–779.

Hill, C., and Sanders, M. E. 2013. Rethinking "probiotics." *Gut Microbes* v. 4, pp. 269–270.

Hume, M. E. 2011. Historic perspective: Prebiotics, probiotics, and other alternatives to antibiotics. *Poultry Science*, v. 90, pp. 2663–2669.

Kassam, Z.; Lee, C. H.; Yuan, Y.; and Hunt, R. H. 2013. Fecal microbiota transplantation for *Clostridium di fficile* i nfection: S ystematic r eview a nd m eta-analysis. *Am erican Journal of Gastorenterology*, v. 108, pp. 500–508.

Kelly, C. P. 2013. Fecal microbiota transplantation: An old therapy comes of age. *New England Journal of Medicine*, v. 368, pp. 474–475.

Khoruts, A.; Dicksved, J.; Jansson, J. K.; and Sadowsky, M. H. 2010. Changes in the composition o f t he h uman f ecal m icrobiome a fter b acteriotherapy f or r ecurrent *Clostridium difficile*–associated d iarrhea. *Journal of Clinical Gastroenterology*, v. 44, pp. 354–360.

Korecka, A., and Arulampalam, V. 2012. The gut microbiome: Scourge, sentinel, or spectator? *Journal of Oral Microbiology*, v. 4, p. 9367, doi:10.3402/jom.v4i0.9367.

Kumar, V., et al. 2012. Dietary roles of non-starch polysaccharides in human nutrition: A review. *Critical Reviews in Food Science and Nutrition*, v. 52, pp. 899–935.

Lemon, K. P.; A rmitage, G. C.; Relman, D. A.; and Fischbach, M. A. 2012. M icrobiotatargeted therapies: An ecological perspective. *Science Translational Medicine*, v. 4, p. 137rv5.

Ling, Z., et al. 2013. The restoration of the vaginal microbiota after treatment for bacterial vaginosis with metronidazole or probiotics. *Microbial Ecology*, v. 65, pp. 773–780.

Macfarlane, G. T., and Macfarlane, S. 2011. Fermentation in the human large intestine: Its physiologic consequences and the potential contribution of prebiotics. *Journal of Clinical Gastroenterology*, v. 45, pp. S120–S127.

MacPhee, R. A., et al. 2010. Probiotic strategies for the treatment and prevention of bacterial vaginosis. *Expert Opinion on Pharmacotherapy*, v. 11, pp. 2985–2995.

Mastromarino, P.; Vitali, B.; and Mosca, L. 2013. Bacterial vaginosis: A review on clinical trials with probiotics. *New Microbiologica*, v. 36, pp. 229–238.

Mirmonsef, P., et al. 2014. Free glycogen in vaginal fluids is associated with Lactobacillus colonization and low vaginal pH. *PLOS ONE*, v. 9, p. e102467.

O'Keefe, S. J., et al. 2009. Products of the colonic microbiota mediate the effects of diet on colon cancer risk. *Journal of Nutrition*, v. 139, pp. 2044–2048.

Petrof, E. O., et al. 2013. Stool substitute transplant therapy for the eradication of *Clostridium difficile* infection: "RePOOPulating" the gut. *Microbiome*, v. 1, p. 3.

Rastall, R. A., and Gibson, G. R. 2015. Recent developments in prebiotics to selectively impact beneficial microbes and promote intestinal health. *Current Opinion in Biotechnology*, v. 32, pp. 42–46.

Reid, G.; Jass, J.; Sebulsky, M. T.; and McCormick, J. K. 2003. Potential uses of probiotics in clinical practice. *Clinical Microbiology Reviews*, v. 16, pp. 658–672.

Reid, G., et al. 2003. Oral use of *Lactobacillus rhamnosus* GR-1 and *L. fermentum* RC-14 significantly alters vaginal flora: Randomized, placebo-controlled trial in 64 healthy women. *FEMS Immunology and Medical Microbiology*, v. 35, pp. 131–134.

Ritchie, M. L., and Romanuk, T. N. 2012. A meta-analysis of probiotic efficacy for gastrointestinal diseases. *PLOS ONE*, v. 7, p. e34938. doi:10.1371/journal.pone.0034938.

Roberfroid, M. 2007. Prebiotics: The concept revisited. *Journal of Nutrition*, v. 137, pp. 830S–837S.

Roberfroid, M., et al. 2010. Prebiotic effects: Metabolic and health benefits. *British Journal of Nutrition*, v. 104, supp. 2, pp. S1–S63.

Rohlke, F.; Surawicz, C. M.; and Stollman, N. 2010. Fecal flora reconstitution for recurrent *Clostridium difficile* infection: Results and methodology. *Journal of Clinical Gastroenterology*, v. 44, pp. 567–570.

Russell, W. R., et al. 2011. High-protein, reduced-carbohydrate weight-loss diets promote metabolite profiles likely to be detrimental to colonic health. *American Journal of Clinical Nutrition*, v. 5, pp. 1062–1072.

Sears, C. L., and Garrett, W. S. 2014. Microbes, microbiota, and colon cancer. *Cell Host & Microbe*, v. 17, pp. 317–328.

Shankar, V., et al. 2014. Species and genus level resolution analysis of gut microbiota in *Clostridium difficile* patients following fecal microbiota transplantation. *Microbiome*, v. 2, p. 13.

Smith, M. B.; Kelly, C.; and Alm, E. J. 2014. How to regulate faecal transplants. *Nature*, v. 506, pp. 290–291.

Song, Y., et al. 2013. Microbiota dynamics in patients treated with fecal microbiota transplantation for recurrent *Clostridium difficile* infection. *PLOS ONE*, v. 8, p. e81330, doi:10.1371/journal.pone.0081330.

Surawicz, C. M., and Alexander, J. 2011. Treatment of refractory and recurrent *Clostridium difficile* infection. *Nature Reviews Gastroenterology*, v. 8, pp. 330–339.

Talbot, H. K., et al. 2011. Effectiveness of season vaccine in preventing confirmed influenza-associated hospitalizations in community dwelling older adults. *Journal of Infectious Disease*, v. 203, pp. 500–508.

van Nood, E., et al. 2013. Duodenal infusion of donor feces for recurrent *Clostridium difficile*. *New England Journal of Medicine*, v. 368, pp. 407–415.

Vipperla, K., and O'Keefe, S. J. 2012. The microbiota and its metabolites in colonic mucosal health and cancer risk. *Nutrition in Clinical Practice*, v. 27, pp. 624–635.

Walter, J., and Ley, R. 2011. The human gut microbiome: Ecology and recent evolutionary changes. *Annual Review of Microbiology*, v. 65, pp. 411–429.

Wang, J., et al. 2015. Modulation of gut microbiota during probiotic-mediated attenuation of metabolic syndrome in high-fat-diet-fed mice. *ISME Journal*, v. 9, pp. 1–15.

Wilson, M. 2008. *Bacteriology of Humans: An Ecological Perspective*. Malden, Mass.; Oxford, U.K.; Victoria, Austral.: Blackwell Publishing, 351 pp.

第十三章　迎接来自远古的朋友

Ackermann, W., et al. 2015. The influence of glyphosate on the microbiota and production of botulinum neurotoxin during ruminal fermentation. *Current Microbiology*, v. 70, pp. 374–382.

Adesemoye, A. O.; Torbert, H. A.; and Kloepper, J. W. 2009. Plant growth-promoting rhizobacteria allow reduced application rates of chemical fertilizers. *Microbial Ecology*, v. 58, pp. 921–929.

Ahemad, M., and Khan, M. S. 2011. Toxicological effects of selective herbicides on plant growth promoting activities of phosphate solubilizing *Klebsiella* sp. strain PS19. *Current Microbiology*, v. 62, pp. 532–538.

Albrecht, W. A. 1938. Loss of soil organic matter and its restoration In *Soils and Men*, Yearbook of Agriculture, U.S. Department of Agriculture. Washington, D.C.: U.S. Government Printing Office, pp. 347–360.

Albrecht, W. A. 1939. Variable levels of biological activity in Sanborn Field after fifty years of treatment. *Soil Science Society of America Proceedings*, v. 3, pp. 77–82.

Albrecht, W. A. 1947. Our teeth and our soil. *Annals of Dentistry*, v. 8, no. 4 (December), pp. 199–213.

Alloway, B. J., ed. 2008. *Micronutrient Deficiencies in Global Crop Production*. Heidelberg: Springer, 353 pp.

Baig, K., et al. 2012. Comparative effectiveness of *Bacillus* spp. possessing either dual or single growth-promoting traits for improving phosphorus uptake, growth, and yield of wheat (*Triticum aestivum* L.). *Annals of Microbiology*, v. 62, pp. 1109–1119.

Bais, H. P., et al. 2005. Mediation of pathogen resistance by exudation of antimicrobials from roots. *Nature*, v. 434, pp. 217–221.

Balemi, T., and Negisho, K. 2012. Management of soil phosphorus and plant adaptation mechanisms to phosphorus stress for sustainable crop production: A review. *Journal of Soil Science and Plant Nutrition*, v. 12, pp. 547–561.

Balfour, E. B. 1943. *The Living Soil: Evidence of the Importance to Human Health of Soil Vitality, with Special Reference to National Planning*. London: Faber & Faber, 246 pp.

Beauregard, P. B., et al. 2013. *Bacillus subtilis* biofilm induction by plant polysaccharides. *Proceedings of the National Academy of Sciences*, v. 110, pp. E1621–E1630.

Belimov, A. A.; Kojemiakov, A. P.; and Chuvarliyeva, C. V. 1995. Interaction between barley and mixed cultures of nitrogen fixing and phosphate-solubilizing bacteria. *Plant and Soil*, v. 173, pp. 29–37.

Berendsen, R. L.; Pieterse, C. M. J.; and Bakker, P. A. H. M. 2012. The rhizosphere microbiome and plant health. *Trends in Plant Science*, v. 17, pp. 478–486.

Birkhofer, K., et al. 2008. Long-term organic farming fosters below and aboveground biota: Implications for soil quality, biological control, and productivity. *Soil Biology & Biochemistry*, v. 40, pp. 2297–2308.

Bloemberg, G. V., and Lugtenberg, B. J. J. 2001. Molecular basis of plant growth promotion and biocontrol by rhizobacteria. *Current Opinion in Plant Biology*, v. 4, pp. 343–350.

Bøhn, T., et al. 2014. Compositional differences in soybeans on the market: Glyphosate accumulates in Roundup Ready GM soybeans. *Food Chemistry*, v. 153, pp. 207–215.

Cordell, D.; Rosemarin, A.; Schröder, J. J.; and Smit, A. L. 2011. Towards global phosphorus security: A systems framework for phosphorus recovery and reuse options. *Chemosphere*, v. 84, pp. 747–758.

Cushnie, T. P. T., and Lamb, A. J. 2005. Antimicrobial activity of flavonoids. *International Journal of Antimicrobial Agents*, v. 26, pp. 343–356.

Daldy, Y. 1940. Food production without artificial fertilizers. *Nature*, v. 145, pp. 905–906.

Davis, D. R. 2009. Declining fruit and vegetable nutrient composition: What is the evidence? *HortScience*, v. 44, pp. 15–19.

Davis, D.; Epp, M.; and Riordan, H. 2004. Changes in USDA food composition data for 43 garden crops, 1950–1999. *Journal of the American College of Nutrition*, v. 23, pp. 669–682.

Dennis, P. G.; Miller, A. J.; and Hirsch, P. R. 2010. Are root exudates more important than other sources of rhizodeposits in structuring rhizosphere bacterial communities? *FEMS Microbiology Ecology*, v. 72, pp. 313–327.

Farrar, J.; Hawes, M.; Jones, D.; and Lindow, S. 2003. How roots control the flux of carbon to the rhizosphere. *Ecology*, v. 84, pp. 827–837.

Gaiero, J. R., et al. 2013. Inside the root microbiome: Bacterial root endophytes and plant growth promotion. *American Journal of Botany*, v. 100, pp. 1738–1750.

Garbaye, J. 1994. Helper bacteria: A new dimension to the mycorrhizal symbiosis. *New Phytologist*, v. 128, pp. 197–210.

Garvin, D. F.; Welch, R. M.; and Finley, J. W. 2006. Historical shifts in the seed mineral micronutrient concentration of US hard red winter wheat germplasm. *Journal of the Science of Food and Agriculture*, v. 86, pp. 2213–2220.

Glick, B. R. 1995. The enhancement of plant growth by free-living bacteria. *Canadian Journal of Microbiology*, v. 41, pp. 109–117.

Goldstein, A. H.; Rogers, R. D.; and Mead, G. 1993. Mining by microbe. *BioTechnology*, v. 11, pp. 1250–1254.

Hameeda, B., et al. 2008. Growth promotion of maize by phosphate solubilizing bacteria isolated from composts and macrofauna. *Microbiological Research*, v. 163, pp. 234–242.

Herr, I., and Büchler, M. W. 2010. Dietary constituents of broccoli and other cruciferous vegetables: Implications for prevention and therapy of cancer. *Cancer Treatment Reviews*, v. 36, pp. 377–383.

Hoitink, H., and Boehm, M. 1999. Biocontrol within the context of soil microbial communities: A substrate-dependent phenomenon. *Annual Review of Phytopathology*, v. 37, pp. 427–446.

Hong, H. A., et al. 2009. *Bacillus subtilis* isolated from the human gastrointestinal tract. *Research in Microbiology*, v. 160, pp. 134–143.

Howard, A. 1939. Medical "testament" on nutrition. *British Medical Journal*, v. 1, p. 1106.

Howard, A. 1940 (1945). *An Agricultural Testament*. London, New York, and Toronto: Oxford University Press, 253 pp.

Jarrell, W. M., and Beverly, R. B. 1981. The dilution effect in plant nutrient studies. *Advances in Agronomy*, v. 34, pp. 197–224.

Jones, D. L.; Nguyen, C.; and Finlay, R. D. 2009. Carbon flow in the rhizosphere: Carbon trading at the soil-root interface. *Plant and Soil*, v. 321, pp. 5–33.

Jones, D. L., et al. 2013. Nutrient stripping: The global disparity between food security and soil nutrient stocks. *Journal of Applied Ecology*, v. 50, pp. 851–862.

Kaempffert, W. 1940. Science in the news. *New York Times*, June 30, 1940, p. 41.

Khan, M. S.; Zaidi, A.; and Wani, P. A. 2007. Role of phosphate-solubilizing microorganisms in sustainable agriculture: A review. *Agronomy and Sustainable Development*, v. 27, pp. 29–43.

Khan, S. A., et al. 2007. The myth of nitrogen fertilization for soil carbon sequestration. *Journal of Environmental Quality*, v. 36, pp. 1821–1832.

Kloepper, J. W.; Lifshitz, K.; Zoblotowicz, R. M. 1989. Free-living bacterial inocula for enhancing crop productivity. *Trends in Biotechnology*, v. 7, pp. 39–43.

Knekt, P., et al. 2002. Flavonoid intake and risk of chronic diseases. *American Journal of Clinical Nutrition*, v. 76, pp. 560–568.

Krüger, M.; Shehata, A. A.; Schrödl, W.; and Rodloff, A. 2013. Glyphosate suppresses the antagonistic effect of *Enterococcus* spp. on *Clostridium botulinum*. *Anaerobe*, v. 20, pp. 74–78.

Kucey, R. M. N.; Janzen, H. H.; and Leggett, M. E. 1989. Microbially mediated increases in plant-available phosphorus. *Advances in Agronomy*, v. 42, pp. 199–228.

Lasat, M. M. 2002. Phytoextraction of toxic metals: A review of biological mechanisms. *Journal of Environmental Quality*, v. 31, pp. 109–120.

Lee, B.; Lee, S.; and Ryu, C. M. 2012. Foliar aphid feeding recruits rhizosphere bacteria and primes plant immunity against pathogenic and nonpathogenic bacteria in pepper. *Annals of Botany*, v. 110, pp. 281–290.

López-Guerrero, M. G., et al. 2013. Buffet hypothesis for microbial nutrition at the rhizosphere. *Frontiers in Plant Science*, v. 4, pp. 1–4.

Marschner, H., and Dell, B. 1994. Nutrient uptake in mycorrhizal symbiosis. *Plant and Soil*, v. 159, pp. 89–102.

Mayer, A. M. 1997. Historical changes in the mineral content of fruits and vegetables. *British Food Journal*, v. 99, pp. 207–211.

Mendes, R., et al. 2011. Deciphering the rhizosphere microbiome for disease-suppressive bacteria. *Science*, v. 332, pp. 1097–1100.

Miller, D. D., and Welch, R. M. 2013. Food system strategies for preventing micronutrient malnutrition. *Food Policy*, v. 42, pp. 115–128.

Mulvaney, R. L.; Khan, S. A.; and Ellsworth, T. R. 2009. Synthetic nitrogen fertilizers deplete soil nitrogen: A global dilemma for sustainable cereal production. *Journal of Environmental Quality*, v. 38, pp. 2295–2314.

Neumann, G., et al. 2006. Relevance of glyphosate transfer to non-target plants via the rhizosphere. *Journal of Plant Diseases and Protection*, v. 20, pp. 963–969.

Pachikian, B. D., et al. 2010. Changes in intestinal bifidobacteria levels are associated with the inflammatory response in magnesium-deficient mice. *Journal of Nutrition*, v. 140, pp. 590–514.

Peters, R. D.; Sturz, A. V.; Carter, M. R.; and Sanderson, J. B. 2003. Developing disease-suppressive soils through crop rotation and tillage management practices. *Soil & Tillage Research*, v. 72, pp. 181–192.

Raaijmakers, J. M., et al. 2009. The rhizosphere: A playground and battlefield for soilborne pathogens and beneficial microorganisms. *Plant and Soil*, v. 321, pp. 341–361.

Raghu, K., and MacRae, I. C. 1966. Occurrence of phosphate-dissolving microorganisms in the rhizosphere of rice plants and in submerged soils. *Journal of Applied Bacteriology*, v. 29, pp. 582–586.

Ramesh, R.; Joshi, A.; and Ghanekar, M. P. 2008. *Pseudomonads*: Major antagonistic endophytic bacteria to suppress bacterial wilt pathogen. *Ralstonia solanacearum* in the eggplant (*Solanum memongena* L.). *World Journal of Microbiology & Biotechnology*, v. 25, pp. 47–55.

Ramírez-Puebla, S. T., et al. 2013. Gut and root microbiota commonalities. *Applied and Environmental Microbiology*, v. 79, pp. 2–9.

Ray, J.; B agyaraj, D . J .; a nd M anjunath, A . 1 981. I nfluence o f s oil i noculation w ith vesicular-arbuscular m ycorrihza a nd a p hosphate-dissolving b acterium o n p lant growth and ^{32}P uptake. *Soil Biology and Biochemistry*, v. 13, pp. 105–108.

Rodríguez, H., and Fraga, R. 1999. Phosphate solubilizing bacteria and their role in plant growth promotion. *Biotechnology Advances*, v. 17, pp. 319–339.

Ryan, M. H.; D errick, J. W.; a nd D ann, P. R. 2 004. G rain m ineral c oncentrations a nd yield o f w heat g rown u nder o rganic a nd c onventional m anagement. *Journal of the Science of Food and Agriculture*, v. 84, pp. 207–216.

Ryan, P. R.; D elhaize, E .; a nd J ones, D. L . 2 001. Fu nction a nd m echanism o f o rganic anion e xudation f rom p lant r oots. *Annual Review of Plant Physiology and Plant Molecular Biology*, v. 52, pp. 527–560.

Santi, C.; Bogusz, D.; and Franche C. 2013. Biological n itrogen fixation in non-legume plants. *Annals of Botany*, v. 111, pp. 743–767.

Santos, V. B., et al. 2012. Soil microbial biomass and organic matter fractions during transition from conventional to organic farming systems. *Geoderma*, v. 170, pp. 227–231.

Schrödl, W., e t al. 2 014. Possible e ffects o f g lyphosate o n *Mucorales* a bundance i n t he rumen of dairy cows in Germany. *Current Microbiology*, v. 69, pp. 817–823.

Seghers, D., et al. 2004. Impact of agricultural practices on the *Zea mays* L. endophytic community. *Applied and Environmental Microbiology*, v. 70, pp. 1475–1482.

Sharma, K. N., and Deb, D. L. 1988. Effect of organic manuring on zinc diffusion in soil of varying texture. *Journal of the Indian Society of Soil Science*, v. 36, pp. 219–224.

Shehata, A . A ., e t a l. 2 013. The e ffect o f g lyphosate o n p otential p athogens a nd b eneficial m embers o f p oultry m icrobiota i n v itro. *Current M icrobiology*, v . 6 6, pp . 350–358.

Tarafdar, J. C., and Claassen, N. 1988. Organic phosphorus compounds as a phosphorus source for higher plants through the activity of phosphatases produced by plant roots and microorganisms. *Biology and Fertility of Soils*, v. 5, pp. 308–312.

Thomas, D.. 2 003. A s tudy o n t he m ineral depletion o f t he f oods a vailable t o u s a s a nation over the period 1940 to 1991. *Nutrition and Health*, v. 17, pp. 85–115.

Thomas, D. 2007. The mineral depletion of foods available to us as a nation (1940–2002): A review of the 6th edition of McCance and Widdowson. *Nutrition and Health*, v. 19, pp. 21–55.

Toro, M.; Azcón, R.; and Barea, J. M. 1997. Improvement of arbuscular mycorrhiza development by inoculation of soil with phosphate-solubilizing rhizobacteria to improve rock phosphate bioavailability (^{32}P) and nutrient cycling. *Applied and Environmental Microbiology*, v. 63, pp. 4408–4412.

Tu, C.; R istaino, J. B.; a nd Hu. S. 2006. Soil m icrobial b iomass a nd a ctivity i n o rganic tomato farming systems: Effects of organic inputs and straw mulching. *Soil Biology & Biochemistry*, v. 38, pp. 247–255.

Tu, C., et al. 2006. Responses of soil microbial biomass and N a vailability to t ransition strategies from conventional to organic farming systems. *Agriculture, Ecosystems and Environment*, v. 113, pp. 206–215.

U.S. Department of Agriculture. 2011. *Composition of Foods: Raw, Processes, Prepared.* USDA National Nutrient Database for Standard Reference, Release 24.

Vessey, J. K. 2003. Plant growth promoting rhizobacteria as biofertilizers. *Plant and Soil*, v. 255, pp. 571–586.

Waksman, S. A., and Tenney, F. G. 1928. Composition of natural organic materials and their decomposition in the soil: III. The influence of nature of plant upon the rapidity of its decomposition. *Soil Science*, v. 26, pp. 155–171.

Welbaum, G. E.; Sturz, A. V.; Dong, Z. M.; and Nowak, J. 2007. Managing soil microorganisms to improve productivity of agroecosystems. *Critical Reviews of Plant Science*, v. 23, pp. 175–193.

White, P. J., and Broadley, M. R. 2005. Historical variation in the mineral composition of edible horticultural products. *Journal of Horticultural Science and Biotechnology*, v. 80, pp. 660–667.

White, P. J., and Brown, P. H. 2010. Plant nutrition for sustainable development and global health. *Annals of Botany*, v. 105, pp. 1073–1080.

Yang, J. W., et al. 2011. Whitefly infestation of pepper plants elicits defense responses against bacterial pathogens in leaves and roots and changes the below-ground microflora. *Journal of Ecology*, v. 99, pp. 46–56.

Yazdani, M., and Bahmanyar, M. 2009. Effect of phosphate solubilization microorganisms (PSM) and plant growth promoting rhizobacteria (PGPR) on yield and yield components of corn (*Zea mays* L.). *World Academy of Science, Engineering and Technology*, v. 49, pp. 90–92.

第十四章　培育健康

Balfour Sartor, R. 2008. Microbial influences in inflammatory bowel diseases. *Gastroenterology*, v. 134, pp. 577–594.

Blaser, M. J. 2014. *Missing Microbes: How the Overuse of Antibiotics Is Fueling Our Modern Plagues*. New York: Henry Holt, 273 pp.

Bravo, J. A., et al. 2012. Communication between gastrointestinal bacteria and the nervous system. *Current Opinion in Pharmacology*, v. 12, pp. 667–672.

Collins, S. M.; Surette, M.; and Bercik, P. 2012. The interplay between the intestinal microbiota and the brain. *Nature Reviews Microbiology*, v. 10, pp. 735–742.

Ege, M. J., et al. 2011. Exposure to environmental microorganisms and childhood asthma. *New England Journal of Medicine*, v. 364, pp. 701–709.

Hanski, I., et al. 2012. Environmental biodiversity, human microbiota, and allergy are interrelated. *Proceedings of the National Academy of Sciences*, v. 109, pp. 8334–8339.

Hsiao, E., et al. 2012. Modeling an autism risk factor in mice leads to permanent immune dysregulation. *Proceedings of the National Academy of Sciences*, v. 109, pp. 12,776–12,781.

Hsiao, E., et al. 2013. Microbiota modulate behavioral and physiological abnormalities associated with neurodevelopmental disorders. *Cell*, v. 155, pp. 1451–1463.

Koeth, R. A., et al. 2013. Intestinal microbiota metabolism of L-carnitine, a nutrient in red meat, promotes atherosclerosis. *Nature Medicine*, v. 19, pp. 576–585.

Lee, Y. K., et al. 2011. Proinflammatory T-cell responses to gut microbiota promote experimental autoimmune encephalomyelitis. *Proceedings of the National Academy of Sciences*, v. 108, pp. 4615–4622.

Mayer, E. A., et al. 2014. Gut microbes and the brain: Paradigm shift in neuroscience. *Journal of Neuroscience*, v. 34, pp. 15,490–15,496.

Missaghi, B. 2014. Perturbation of the human microbiome as a contributor to inflammatory bowel disease. *Pathogens*, v. 3, pp. 510–527.

Ochoa-Repáraz, J., et al. 2010. A polysaccharide from the human commensal *Bacteroides fragilis* protects against CNS demyelinating disease. *Mucosal Immunology*, v. 3, pp. 487–495.

Sessitsch, A., and Mitter, B. 2015. 21st century agriculture: Integration of plant microbiomes for improved crop production and food security. *Microbial Biotechnology*, v. 8, pp. 32–33.

Shreiner, A. B.; Kao, J. Y.; and Young, V. B. 2015. The gut microbiome in health and in disease. *Current Opinion in Gastroenterology*, v. 31, pp. 69–75.

Stefka, A. T., et al. 2014. Commensal bacteria protect against food allergen sensitization. *Proceedings of the National Academy of Sciences*, v. 111, pp. 12,145–13,150.

Suez, J., et al. 2014. Artificial sweeteners induce glucose intolerance by altering the gut microbiota. *Nature*, v. 514, pp. 181–186.

Velasquez-Manoff, M. 2012. *An Epidemic of Absence: A New Way of Understanding Allergies and Autoimmune Diseases*. New York: Scribner, 385 pp.

West, C. E.; Jenmalm, M. C.; and Prescott, S. L. 2015. Microbiota and its role in the development of allergic disease: a wider perspective. *Clinical & Experimental Allergy*, v. 45, pp. 43–53.

Xuan, C., et al. 2014. Microbial dysbiosis is associated with human breast cancer. *PLOS ONE*, v. 9, p. e83744, doi:10.1371/journal.pone.0083744.

致　谢

我们曾不止一次地自问，为什么决定一起写一本不属于我们各自领域的书。我们与我们的主角——土壤一起踏上一条探究之旅，经过一个有趣的转弯，然后发现我们自己深陷于微生物世界。人类与已知的最小生命形式之间的亲密联系在我们面前徐徐展开，彻底迷住了我们。

如果不是因为许多人的帮助，我们讲述这个故事的时候完全没有底气。我们庆幸拥有这么棒的团队。在开始沿着这条道路行进之时，我们和经纪人伊丽莎白·威尔斯讨论了很多出书计划，而她则在每个关头指引我们接近我们想要表达的内容，并帮助我们找到故事。她扮演了许多角色：共鸣板、律师和缪斯。她对我们的信任和鼓励，以及这本书背后的大观念（the big idea）让我们在写作的诸多关键阶段保持顺畅。

我们的编辑——W.W.诺顿出版社的王牌编辑玛利亚·瓜尔纳斯凯利帮助我们将想法编织成一个个包蕴着深刻问题的故事，从而极大地提升了这本书的品质。玛利亚的助理苏菲·杜维诺依不仅很好合作，而且擅于推动我们赶上进度。我们也感谢弗雷德·维默尔高超的审稿技巧。

"星期五女孩"制作公司的英格丽·埃默里克帮我们把庞杂的想法梳理成连贯的思路，以便我们既能统一"发声"，又能保持各自的看法。每个作者都知道，发出什么样的声音对于读者的体验至关重要，而在这方面英格丽教给我们很多。有时，一张配图胜过千言万语，凯特·斯威里把我们不成熟的想法画成了精美的插图。虽然这本书与我们最初设想的并不相同，大卫·米勒（现在供职于岛屿出版社）与我们一起，将我们如何利用花园的想法汇集在一起，形成完整的故事。他的洞见和建议无比珍贵，既帮助我们探索出合作写书的方法，也帮助我们练习将历史、科学和回忆录编织在一起。

微生物研究涉及领域之多、之广到现在仍然令我们惊讶不已。众多领域的专家阅读了本书的一些章节、关键信息或简短的摘要。他们机智的纠正、评语和说明让我们思路更加清晰，也让我们写作的内容更加精简准确。我们对他们心存感激。

我们尤其要感谢谢策特的慷慨分享，他关于微生物的哲思和知识让人受益匪浅。免疫学骨干们——克里斯汀·安德森、威廉·克拉克、伊丽莎白·格雷、艾米·斯通，在我们解密和理解人类免疫系统的复杂世界过程中至关重要。同样值得我们感谢的是丽莎·汉农，她拓宽了我们对不可思议的植物和根际微生物世界的认识。道格·弗劳尔在染色体的一些重要细节上为我们指引了方向，罗杰·巴克则在关于生命的早期历史的重要细节上给了我们启发。我们还感谢豪伊·弗兰金把我们介绍给了维斯·范·沃里斯，后者为我们澄清了免疫学疾病的几个关键点。自然，我们二人为全书中可能出现的所有错误负全部责任。

理解我们是谁以及我们从哪里来，要依靠探索和交流。虽然这里已经罗列了太多名字，但值得一提的是，我们受惠于古往今来的众多科学家、研究者和作者。没有他们，也就没有我们这本书。我们能立于这么多宽广的肩膀上，着实感恩。

许多朋友也曾阅读和评论过书中的一些摘要、章节草稿，乃至整本书的草稿。任何一个作者都知道，有机会与他人讨论自己书稿中的主题、主人公和故事框架会大有裨益。尤其值得一提的是安妮写作小组的伙伴们——伊丽莎白·弗劳尔和杰克·西罗夫斯基，他们读了相关内容的草稿，有时还读好几遍！他们的思想、点评、校订和鼓励让我们明白了故事在哪里很失败，又在哪里充满闪光点。老友、跨界作者和卓越思想者安·索普见证了书稿的进展。一路上，她一直提供珍贵的建议，告诉我们如何把复杂的想法编织在书里。波莉·范德普对标题和封面提出了批评并进行了讨论，只有真心朋友才能如此真诚和富有见地。

我们俩拥有许多很棒的读者，他们也是这本书的一部分。安妮感谢她的食物类图书俱乐部同仁对书中食物部分的兴趣和意见，尤其要感谢琼·李和卡拉·莱维斯克，他们阅读了有关在今天的美国可供选择的食物的草稿。安妮的贝克街读书俱乐部始终是友谊和建议的源泉，他们就标题的拟定提供了许多想法，就封面设计发表了意见，以及对她因为写作本书而无故缺席俱乐部活动予以包容。我们的格林读书俱乐部承担了阅读草稿的任务。他们都是大思想家和实干家，他们的点评和讨论丰富了本书，并继续滋养着我们。尤其是同辈作家盖尔·黑思，给了我们非常有帮助的详细点评。

我们感谢戴夫在华盛顿大学地球空间科学系的同事和学生们，他们对本书充满兴趣，并给予我们以支持。他们还很慷慨地允许安妮使用约翰逊大厅三层电梯厅的那张桌子，在她写作、研究的紧张阶段，桌上堆满了论文、便利贴、书籍和茶杯。尤其要感谢布莱恩·柯林斯，他对我们的帮助远比他自己意识到的大。他一个字都没有读过，却每天都鼓励我们："这书一定棒极了！"这在手稿写作的最后几周大大提升了两个身心疲惫的作者的士气。还要感谢缅因州维农山上的森林之角实验室（Woods End Laboratories）的威尔·布莱顿，他慷慨地让我们使用他关于不同肥料下生长的西红柿根的修正版数据。

这本书是为普通读者写的，我们没有使用学术引用范式和详细的脚注，而是在书尾将各章所引用的参考文献汇集在一起。这本书探讨的主题比任何一部专著所涉及的内容要广泛得多，我们也鼓励好奇的读者进一步去探索。但是要注意，你可能像我们一样，发现自己很快就沉浸在诸如你是谁、你的身体如何运作、肥沃土壤下到底躺着什么东西这类复杂高深的问题里。

最后，我们花园和身体健康上的变化令我们印象深刻，这些变化引发我们开始留意、关注并研究自然那看不见的部分。因此，最终我们要感谢数也数不清、沉默又秘密的合作者，它们在幕后、在我们体内、在我们脚下，默默劳作，从不停歇。

作者介绍

　　大卫·R. 蒙哥马利（David R. Montgomery）是华盛顿大学地貌学教授、麦克阿瑟天才奖获得者。他是全球知名的地理学家，研究方向是地貌演变和地理进程对生态系统和人类社会的影响。作为三本获奖的科普读物的作者，他在一系列纪录片、网络新闻、电视和广播节目中出过镜，如诺瓦电视台、美国公共广播公司《新闻时刻》、福克斯的《朋友》和《晓知天下事》栏目。在专业研究与写作之外的闲暇时光，他会在"大尘土"乐队弹吉他。

　　安妮·贝克尔（Anne Biklé）是一位兴趣广泛的生物学家，研究领域包括水域生态恢复、环境规划和公共健康。她也是一位吸引人的演说家，话题包括公共健康、自然环境等。同时，她还与社会团体和非营利组织在环境管理、城市宜居等项目上密切合作。本书是她的第一本书。她的空闲时间都在花园里，用双手与植物和土壤交流。

　　婚后，他们与从实验室"辍学"的黑色导盲犬洛基一起住在西雅图。

译后记

瘟疫和战争伴随着人类的历史。

一场疫情，让人类意识到了微观世界的巨大力量。

无论多坚固的屏障、多严密的防范，这小小病毒无坚不摧，无孔不入。

直到我们写下这篇译后记时，人类与新冠病毒的斗争已历经快一年，却完全不能以"战胜"来形容，甚至还谈不上以微弱的优势取胜。身在海外，常听国人笑言"国内打上半场，海外打下半场"，面对每日飙升的欧美确诊数，不得不承认：全球的下半场战役，确实任重而道远。

这个肉眼完全不可见的世界，越发让人无法忽略。

病毒、细菌、微生物，都是这看不见世界中的重要一员。

病毒，虽是有机身，既不是生物亦不是非生物，在生物学之"五界"间游走，却展现了令人可畏的能力。RNA 的"核酸"之名现在已是妇孺皆知。

细菌，具有裸露 DNA 的原始单细胞生物，是在自然界分布最广、个体数量最多的有机体，也曾在战争和和平年代发挥过或好或坏的各种作用，可谓人类运用过的双刃剑。

而微生物，才是本书真正的主角。书的英文原名是"The Hidden Half of Nature"，直译为"大自然隐秘的另一半"。我想，之所以最终定为"看不见的大自然"，是因为这"另一半"远大于实际的"一半"。虽然地上的世界看似繁盛，门纲目科属种划分有序，这地下的自然，实则超乎想象、令人讶异。如同作者前言中所说："我们越研究这些新发现，就越为微生物在保持植物和人类健康上所起的相同作用所吸引……看不见的大自然深藏于我们的体内，正如我们也深藏在它们之中。"

本书从各个角度介绍了微生物的发现、分类及广泛应用，从作者的亲身经历一直深入科学史的众多方面，涉及范围包括土壤学、地理学、生物学（动物学和植物学）、医学、化学、营养学甚至园丁学，旁征博引，既简明扼要、又生趣盎然，是一本跨度极大的交叉学科佳作。

作为免疫学科的临床医生，我对免疫系统疾病研究的前沿应用相对了解，T 细胞、B 细胞、代谢问题，都在我的研究范围内。我本以为，科学世界对微生物的探索已经非常先进。没想到，如同一棵树的根须，微生物的世界涉及如此多的跨学科内容。

我太太曾是文字工作者，对科学领域的了解很大程度上限于我们生活中的谈资。通过此书的翻译工作，她也获益匪浅，直言"像是看了一本科学史"，而微生物，就是串联起这本科学史的重大线索。我们也很怀念每个周日的下午坐在新加坡碧山公园咖啡馆里翻译的情景。目之所及，是新加坡特有的的"雨树"，根须繁茂，树冠参天，可以想见"看不见的另一半"占据了多大的体积；锻炼者、遛狗者众，儿童喧闹玩耍，是岁月静好的模样。李白有诗云"问余何意栖碧山，笑而不答心自闲。桃花流水窅然去，别有天地非人间。"碧山公园确实是这样一个充满美好的所在。

感谢北大出版社的周志刚，他的热情邀约和悉心编辑给我们打开了一个新世界。感谢最初参与本书编辑工作的王彤，她的专业、细致，也让我们领教了国内出版业的蓬勃生态。感谢浙江科技学院的陆江教授，他的参与和专业水平，让此书翻译能够顺利完成；感谢北京大学李鑫博士的协助翻译。再次感谢编辑团队对我们交稿速度和文字疏漏的包容。

感恩的话很多，不一一赘述。正如作者在前言第一句话中所言，"哥白尼的日心说揭开了现代科学的序幕，我们正在经历一场同样激动人心的科学革命"，请读者朋友打开本书，享受这一趟看不见的自然之旅吧！

徐传辉

北京大学出版社

自然 — 博物书单

博物文库·生态与文明系列

1. 世界上最老最老的生命	〔美〕蕾切尔·萨斯曼 著
2. 日益寂静的大自然	〔德〕马歇尔·罗比森 著
3. 大地的窗口	〔英〕珍·古道尔 著
4. 亚马逊河上的非凡之旅	〔美〕保罗·罗索利 著
5. 生命探究的伟大史诗	〔美〕罗布·邓恩 著
6. 食之养：果蔬的博物学	〔美〕乔·罗宾逊 著
7. 人类的表亲	〔法〕让－雅克·彼得 著
	〔法〕弗朗索瓦·德博尔德 著
8. 土壤的救赎	〔美〕克莉斯汀·奥尔森 著
9. 十万年后的地球	〔美〕寇特·史塔格 著
10. 看不见的大自然	〔美〕大卫·R. 蒙哥马利 著
	〔美〕安妮·贝克尔 著
11. 种子与人类文明	〔英〕彼得·汤普森 著
12. 感官的魔力	〔美〕大卫·阿布拉姆 著
13. 我们的身体，想念野性的大自然	〔美〕大卫·阿布拉姆 著
14. 狼与人类文明	〔美〕巴里·H.洛佩斯 著

博物文库·博物学经典丛书

1. 雷杜德手绘花卉图谱	〔比利时〕雷杜德 著 / 绘
2. 玛蒂尔达手绘木本植物	〔英〕玛蒂尔达 著 / 绘
3. 果色花香 —— 圣伊莱尔手绘花果图志	〔法〕圣伊莱尔 著 / 绘
4. 休伊森手绘蝶类图谱	〔英〕威廉·休伊森 著 / 绘
5. 布洛赫手绘鱼类图谱	〔德〕马库斯·布洛赫 著
6. 自然界的艺术形态	〔德〕恩斯特·海克尔 著
7. 天堂飞鸟 —— 古尔德手绘鸟类图谱	〔英〕约翰·古尔德 著 / 绘
8. 鳞甲有灵 —— 西方经典手绘爬行动物	〔法〕杜梅里、〔奥地利〕费卿格 / 绘
9. 手绘喜马拉雅植物	〔英〕胡克 著 菲奇 绘
10. 飞鸟记	〔瑞士〕欧仁·朗贝尔
11. 寻芳天堂鸟	〔法〕勒瓦扬〔英〕古尔德、华莱士 著
12. 狼图绘：西方博物学家笔下的狼	〔法〕布丰、〔英〕奥杜邦、古尔德 等
13. 缤纷彩鸽 —— 德国手绘经典	〔德〕埃米尔·沙赫特察贝 著；舍讷 绘

博物文库·自然博物馆系列

1. 蘑菇博物馆 〔英〕罗伯茨、埃文斯 著
2. 贝壳博物馆 〔美〕M.G.哈拉塞维奇 莫尔兹索恩 著
3. 蛙类博物馆 〔英〕蒂姆·哈利迪 著
4. 兰花博物馆 〔英〕马克·切斯 等著
5. 甲虫博物馆 〔加拿大〕帕特里斯·布沙尔 著
6. 病毒博物馆 〔美〕玛丽莲·鲁辛克 著
7. 树叶博物馆 〔英〕J.库姆斯〔匈牙利〕德布雷齐 著
8. 鸟卵博物馆 〔美〕马克·E.豪伯 著
9. 毛虫博物馆 〔美〕戴维·G.詹姆斯 著
10. 蛇类博物馆 〔英〕马克·O.希亚 著
11. 种子博物馆 〔英〕保罗·史密斯 著

徐仁修荒野游踪系列

大自然小侦探 徐仁修 著
村童野径 徐仁修 著
与大自然捉迷藏 徐仁修 著
仲夏夜探秘 徐仁修 著
思源垭口岁时记 徐仁修 著
家在九芎林 徐仁修 著
猿吼季风林 徐仁修 著
自然四记 徐仁修 著
荒野有歌 徐仁修 著
动物记事 徐仁修 著
探险途上的情书（上、下） 徐仁修 著

东亚鸟类野外手册 〔英〕马克·布拉齐尔 著
"鸟人"应该知道的鸟问题 〔美〕劳拉·埃里克森 著
西布利观鸟指南 〔美〕戴维·艾伦·西布利 著
风吹草木动 莫非 著
北京野花 杨斧 著
勐海植物记 刘华杰 著
西方博物学文化 刘华杰 主编
垃圾魔法书（中小学生环保教材） 自然之友 著

大美悦读·自然与人文系列

极地探险 柯潜 编著
沙漠大探险 柯潜 编著
美妙的数学 吴振奎 著
中国最美的地质公园 吴胜明 著
穿越雅鲁藏布大峡谷 高登义 著

科学元典丛书

攀援植物的运动和习性	〔英〕达尔文 著
食虫植物	〔英〕达尔文 著
宇宙发展史概论	〔德〕康德 著
兰科植物的受精	〔英〕达尔文 著
星云世界	〔美〕哈勃 著
费米讲演录	〔美〕费米 著
宇宙体系	〔英〕牛顿 著
对称	〔德〕外尔 著
植物的运动本领	〔英〕达尔文 著
博弈论与经济行为（60 周年纪念版）	〔美〕冯·诺伊曼 摩根斯坦 著
生命是什么（附《我的世界观》）	〔奥地利〕薛定谔 著
同种植物的不同花型	〔英〕达尔文 著
生命的奇迹	〔德〕海克尔 著
阿基米德经典著作	〔古希腊〕阿基米德 著
性心理学	〔英〕霭理士 著
宇宙之谜	〔德〕海克尔 著
圆锥曲线论	〔古希腊〕阿波罗尼奥斯 著
化学键的本质	〔美〕鲍林 著
九章算术（白话译讲）	张苍 等辑撰，郭书春 译讲

科学元典丛书（彩图珍藏版）

自然哲学之数学原理（彩图珍藏版）	〔英〕牛顿 著
物种起源（彩图珍藏版）（附《进化论的十大猜想》）	〔英〕达尔文 著
狭义与广义相对论浅说（彩图珍藏版）	〔美〕爱因斯坦 著
关于两门新科学的对话（彩图珍藏版）	〔意大利〕伽利略 著

科学的旅程（珍藏版）	〔美〕雷·斯潘根贝格等 著
物理学之美（插图珍藏版）	杨建邺 著
科学大师的失误	杨建邺 著
道与名：古代中国和希腊的科学与医学	〔美〕罗维、席文 著
科学史十论	席泽宗 著
科学史学导论	〔丹麦〕克奥 著
科学史方法论讲演录	〔美〕席文 著
科学革命新史观讲演录	〔美〕狄博斯 著
对年轻科学家的忠告	〔英〕P.B.梅多沃 著
二十世纪生物学的分子革命	〔法〕莫朗热 著
道德机器：如何让机器人明辨是非	〔美〕瓦拉赫、艾伦 著
科学，谁说了算	〔意大利〕布齐 著

李四光纪念馆系列科普丛书

听李四光讲地球的故事	李四光纪念馆 著
听李四光讲古生物的故事	李四光纪念馆 著
听李四光讲宇宙的故事	李四光纪念馆 著